JN092487

ジェットエンジン史の徹底研究

基本構造と技術変遷

石澤和彦

グランプリ出版

主要ジェットエンジン搭載機の変遷

　ジェットエンジンの生い立ちの時期から今日に至るまでの間、そのエンジンの出現によって誕生または画期的な発展を遂げた代表的な航空機の写真を大略の時代順に掲載した。

　これらの写真は全て筆者が各地の空港やその周辺、自衛隊の基地祭、または海外の航空ショーや航空博物館で撮影したものである。

　機体名の横にその航空機の出現した時代を知るために当該機の初飛行の年月を記してある。航空機はエンジンが新型に換装されたり、胴体を延長したりすることによって型式番号が原型機と変わるので、写真はできるだけ原型機のものにしたいところであるが、進んだ型式番号の写真しかない場合は、「原型機初飛行」の年月を記した。また、エンジンを換装することによって型式番号が変わって新規登場した航空機については、その型番での初飛行の年月を記してある。

　博物館のものを除き、説明文の末尾にその写真を撮影した年月と場所を付記してあり、当該航空機の活躍していた時期や場所についてのヒントを与えるようにしてある。航空機のメーカー名は度重なる吸収合併等で当該航空機の開発当初と大きく変わっている場合があるので、ここでは敢えて開発初飛行当時の社名に戻してある。

　スペースの関係上、航空機の愛称は省略してあるが、本文中には極力記載するようにした。同様の理由で著名なエンジンメーカーは以下のように英字略称で表してある。

　　GE：ジェネラル・エレクトリック　　　　P&W：プラット・アンド・ホイットニー
　　RR：ロールスロイス　　　　　　　　　　IAE：インターナショナル・エアロエンジン
　　EA：エンジン・アライアンス　　　　　　CFMI：CFMインターナショナル

1. メッサーシュミット Me 262（初飛行1942年2月）
ユンカース Jumo 004 エンジンを搭載。第2次世界大戦末期に世界で初めて量産され、実戦に投入されたが、戦局を変えるには至らなかった。（同形機：スミソニアン航空宇宙博物館）

2. ハインケル He 162（初飛行1944年12月）
BMW 003A エンジンを背中に搭載。第2次世界大戦末期に実戦に投入されたが、扱い難く、十分な戦果は上げられなかった。BMW 003Aは日本の「橘花」のエンジン、ネ20の設計に影響を与えた。
（同形機：スミソニアン航空宇宙博物館PEG）

3. アラド Ar. 234B（初飛行1944年9月）
ユンカース Jumo 004B エンジンを2発搭載。離陸には補助ロケット（外側の梱包状のポッド）を使用。ジェット爆撃機／偵察機として世界で初めて実戦に参加した。BMW 003Aを2または4発搭載した型式もあった。（スミソニアン航空宇宙博物館）

4. グロスター E. 28/39（初飛行1941年5月）
ホイットルのW.1エンジンを搭載したイギリス初のジェット機。量産には至らなかった。（実機：ロンドン科学博物館）

5. グロスター「ミーティア」（初飛行1943年3月）
ハルフォードH-1エンジンで初飛行。後にRR社「ダーウェント」や「ウィーランド」を搭載。第2次世界大戦中に連合国側で唯一実戦に参加したジェット機。写真はRR社「ダーウェントⅧ」を搭載した後期型の「ミーティアF8」。
（ヘンドン英空軍博物館）

6. ベルXP-59A（初飛行1942年10月）
アメリカ初のジェット機。エンジンとしてホイットルW.2Bに基づきGE社が開発したI-Aを搭載。I-16エンジン搭載のYP-59Aに進んだが、プロペラ機より性能が劣り、練習機に格下げとなり、実戦への参加はなかった。
（スミソニアン航空宇宙博物館）

7. ロッキードP-80（初飛行1944年1月）
H-1B「ゴブリン」エンジン搭載で初飛行。後にI-40（J33）に換装。戦後朝鮮戦争で活躍。写真はF-80C。
（デイトン米空軍博物館）

8. 中島・特殊攻撃機「橘花」（初飛行1945年8月7日）
日本初のジェット機。第1海軍技術廠が開発したエンジン、ネ20を搭載。ドイツのBMW003Aを参考にした。2回目の飛行で離陸断念して損傷し、終戦を迎えた。写真はエンジンポッドの形状が異なる同形機。
（スミソニアン航空宇宙博物館PEG）

9. ノースアメリカンF-86（初飛行1947年1月）
GE社のJ47ターボジェットを搭載。朝鮮戦争を契機にJ47は38,000台も大量生産され、ジェットエンジンのベストセラーとなった。写真はブルーインパルス塗装のF-86F。
（入間、1973年10月）

10. ノースアメリカンF-100（初飛行1953年5月）
P&W社のアフターバーナー（AB）付き2軸式ターボジェットJ57を搭載し、初飛行でジェット機として初めて音速を突破。センチュリー・シリーズの幕開けとなった。写真はF-100D。
（入間基地祭、1966年11月）

11. ロッキードF-104（初飛行1954年2月）
マッハ2級のB-58爆撃機用に開発したGE社のAB付き可変静翼式のJ79ターボジェットを搭載。最後の有人戦闘機ともいわれた高性能機。このエンジンは後にF-4にも搭載。写真は航空自衛隊のF-104J。（入間基地、1964年11月）

12. リパブリックF-105（初飛行1955年10月）
P&W社のJ57の推力を増加したAB付きJ75ターボジェットを搭載。ベトナム戦争で対地攻撃に活躍。写真は横田基地にいたF-105D。（厚木基地祭、1965年5月）

13. デハビランド「コメット4」（初飛行1958年4月）
RR社「エイボン」ターボジェット搭載。初期型の事故を克服し、世界に先駆けて国際線に就航。ジェット旅客機時代の幕開けとなった。（羽田空港、1962年2月）

14. ボーイング707-320（同型機初飛行1959年1月）
P&W社J75の民間型JT4Aターボジェットを搭載。太平洋路線にも就航。消音器が付いている。（羽田空港、1962年4月）

15. ボーイング707-420（初飛行1959年5月）
いち早くJT4Aの代わりにRR社「コンウェイ」ターボファンを搭載。（羽田空港、1964年6月）

16. ボーイング707-320B（初飛行1962年1月）
JT4AをJT3Dターボファンに換装した国際線用。旅客機のターボファン化の普及に貢献。（羽田空港、1974年6月）

17. ダグラスDC-8-32（原型機初飛行1958年5月）
P&W社J75の民間型JT4Aターボジェットを搭載。国際線にも投入された。消音器を付けている。（羽田空港、1962年4月）

18. ダグラス DC-8-61（初飛行1966年3月）
エンジンをJT3Dターボファンに換装し、胴体を延長してボーイング707に対抗した。（羽田空港、1971年10月）

19. ロッキードC-141（初飛行1963年12月）
P&W社JT3Dターボファンの軍用型TF33を搭載した長距離輸送機。軍用機もターボファン化が促進される。（横田基地、1972年10月）

20. ボーイングB-52H（原型機初飛行1952年10月）
エンジンをJ57ターボジェットからTF33に換装（H型初飛行は1961年3月）して活躍する大型戦略爆撃機。（エアタトゥー＜RIAT＞、2010年7月）

21. コンベア CV 880（初飛行1959年1月）
GE社のJ79ターボジェットのアフターバーナーを除去して民間型にしたCJ805-3を搭載。当時は最速の旅客機といわれた。比較的短命であった。（入間航空祭、1966年11月）

22. ボーイング 727-100（初飛行1963年2月）
中短距離用旅客機もターボファン化が進む。軍用のJ52ターボジェットのコアを基にターボファン化したJT8Dを搭載。後に胴体延長型の727-200に発展。（羽田空港、1971年8月）

23. ダグラス DC-9-40（-10の初飛行1965年2月）
P&W社のJT8Dを搭載。近距離旅客機もターボファン化し至便性が増大。胴体を逐次延長してMD-80シリーズを経てMD-90に発展。（羽田空港、1975年5月）

24. ボーイング 737-200（初飛行1967年8月）
P&W社のJT8Dを搭載。ボーイング727より近距離を狙って開発。後に胴体の延長やエンジンの換装で737-400を経て737-900まで発展する。（羽田空港、1975年5月）

25. ロッキード C-5A（初飛行1968年6月）
アメリカの超大型輸送機計画CX-4の競争設計の結果、GE社のTF39ターボファン搭載のロッキードC-5Aが採用され、高バイパス比エンジン時代の幕開けとなった。
（横田基地付近、1995年頃）

26. ボーイング 747-100（初飛行1969年4月）
超大型輸送機計画の競争に負けたボーイングが、P&W社に開発させた高バイパス比エンジンJT9Dを搭載して開発。いわゆるジャンボジェットによる大量輸送時代が始まった。後に2階席の延長やエンジンの推力増強、燃費低減などにより、-300を経て-400に発展。エンジンもP&W社のPW4000のほか、GE社のCF6やRR社のRB211から選んで搭載できるようになった。（羽田空港、1971年8月7日）

27. エアバス A300-600（原型機初飛行1972年10月）
英・独・仏3国で設立したエアバス社が開発した広胴機で、原型機のエンジンはGE社のCF6-50が搭載され、このエンジンによってCF6もボーイング747にも搭載可能な推力に到達した。後にCF6-80やP&W社のPW4100から選択できるようになった。（羽田空港、2004年12月2日）

28. ダグラス DC-10（初飛行1970年8月）
C-5AのエンジンTF39から大型中距離用3発機向けに開発されたCF6-6がダグラスDC-10-10に搭載された。その後、長距離用のDC-10-30／40（CF6-50搭載）を経てMD-11に発達する。DC-10、A-300、L-1011の出現で、広胴機によるエアバス時代が始まった。（ロサンゼルス空港、1978年9月23日）

29. ロッキード L-1011（初飛行1970年11月）
ダグラスDC-10と同様の発想で開発された3発の広胴機。エンジンとして3軸式のRR社のRB211が搭載されていた。（羽田空港、1975年11月3日）

30. グラマン F-14A（初飛行1970年12月）
P&W社のTF30アフターバーナー（AB）付きターボファンを搭載した可変翼機。F-111やA-7と共に戦闘機もターボファンの時代に入った。（東京国際航空宇宙ショー＜入間＞、1976年10月）

31. マクダネル・ダグラス F-15（初飛行1972年7月）
TF30を高性能化したP&W社のAB付きターボファンF100を搭載。航空自衛隊でも運用。
（東京国際航空宇宙ショー＜入間＞、1976年10月）

32. ジェネラルダイナミックスF-16（初飛行1974年2月）
P&W社のAB付きターボファンF100を搭載。
（パリ航空ショー、1979年6月）

33. マクダネル・ダグラスFA-18C（原型機1978年10月）
F-16との競争に負けたYF-17を海軍向けに開発。GE社のAB付きターボファンF404を搭載。
（エアタトゥー＜RIAT＞、2008年7月）

34. 三菱 F-1（初飛行1975年6月）
RR-チュルボメカ社のAB付きターボファンTF40「アドーア」を搭載。国産の超音速練習機T-2を基に単座化した支援戦闘機。（入間基地祭、1979年11月）

35. パナビア「トーネード」（初飛行1974年8月）
ターボユニオン社のAB・逆推進装置付き3軸式ターボファンRB199を搭載した可変翼多目的支援戦闘機。
（エアタトゥー＜RIAT＞、2009年7月）

36. ダッソー・ブレゲー「ミラージュ2000」
（初飛行1978年3月）
スネクマ社のAB付き1軸式ターボファンM53を搭載したマッハ2級の戦闘機。（エアタトゥー＜RIAT＞、2006年7月）

37. 川崎 T- 4（初飛行1985年7月）
国産開発したIHI社のF3-30ターボファンを搭載した純国産の中等練習機。ブルーインパルスとしても活躍している。（三沢基地祭、2011年9月）

38. ロックウェル B-1B
（-1A初飛行1974年10月）
GE社のAB付きターボファンF101を搭載した可変翼の低高度侵入型の戦略略爆撃。F101エンジンは後にそのコアを使い、F110やCFM56に発展。
（エアタトゥー＜RIAT＞、2006年7月）

39. 三菱 F- 2（初飛行1995年10月）
GE社のF101のコアを基にF101DFEとしてF-14、F-15、F-16のエンジン換装用に開発されてF110となったAB付きターボファンを搭載。F-16をベースに開発された支援戦闘機。
（三沢基地祭、2011年9月）

40. ボーイング KC-135R（初飛行1982年8月）
F101のコアを基にGE社とスネクマ社の合弁会社、CFMI社が開発したCFM56（F108）ターボファンをそれまでのTF33に換装し、航続距離を大幅に延長した空中給油機。機体は707とほぼ同等。（RIAT＜エアタトゥー＞、2010年7月）

41. ボーイング 737- 800（初飛行1997年7月）
CFMI社のCFM56-7ターボファンを搭載した737の最新シリーズ機の一つ。CFM56- 3C搭載の737-300シリーズは1984年2月に初飛行。737は150席級機のベストセラーになっている。（関西空港、2009年3月）

42. エアバス A 320（初飛行1987年2月）
CFMI社のCFM56または5ヵ国共同のIAE社のV2500を搭載した150席級機で、737と市場を二分するベストセラー機。写真はCFM56搭載機。（大阪伊丹空港、2012年2月）

43. 航技研 STOL 実験機「飛鳥」(初飛行1985年10月)
大型プロジェクトで開発された FJR 710 ターボファンを搭載。RJ 500 を経て V 2500 の国際共同開発に発展。
(岐阜基地祭、1988年7月)

44. マクダネル・ダグラス MD-90 (初飛行1993年2月)
IAE 社の V 2500-D 5 ターボファンを搭載し、DC-9 から MD-80 を経て胴体を最大限延長した高性能、低騒音機。
(羽田空港、2004年12月)

45. BAe「ハリアー」(初飛行1966年5月)
RR 社の2軸式ターボファン「ペガサス」のバイパスとコア両出口で流れをそれぞれ2方向に分け、推力変向ノズルで垂直離陸から水平飛行まで可能にした V/STOL 機。米軍では AV-8A として運用中。(RIAT、2009年7月)

46. マクダネル・ダグラス FA-18F (初飛行1995年11月)
FA-18C/D のエンジンの推力を40%増強した GE 社の AB 付きターボファン F 414 を搭載して機体を大型化、高性能化。ステルス性も向上した。(ファンボロー航空ショー、2010年7月)

47. ユーロファイター「タイフーン」(初飛行1994年3月)
国際共同のユーロジェット社の AB 付きターボファン EJ 200 を搭載し、英独伊とスペインが共同開発したマッハ2級の戦闘機。AB なしでの超音速巡航が可能。
(ファンボロー航空ショー、2010年7月)

48. ダッソー「ラファール」(初飛行1986年7月)
スネクマ社の AB 付きターボファン M 88 を搭載。ユーロファイターの共同開発から脱退してフランスが独自に開発したマッハ2級の戦闘機。(RIAT、2009年7月)

49. サーブ JAS 39「グリペン」(初飛行1988年12月)
ボルボ社の AB 付きターボファン F 404 改 RM 12 を1台搭載。道路からも離陸可能。(エアタトゥー<RIAT>、2009年7月)

50. ロッキード・マーチン F-22A (初飛行1990年9月)
P&W 社の AB 付きターボファン F 119 を搭載した最先端のステルス戦闘機。AB なしで超音速巡航が可能。上下方向の2次元変向ノズルを持ち、機動性にも優れる。
(エアタトゥー<RIAT>、2010年7月)

51. ボーイング 747-400 (-400初飛行1988年4月)
エンジンをGE社のCF6-80C2、P&W社のPW4056、RR社のRB211-524Gの3機種のターボファンの中から選択可能。747-100シリーズから-300を経て2階席を延長。ウィングレットの追加等で高性能化。(成田空港、2005年3月)

52. ボーイング 767-300 (-200初飛行1981年9月)
エンジンはCF6-80C2のほか、PW4050やRB211-524Hターボファンも搭載可能。767-200は航空自衛隊の空中給油機KC-767や早期警戒機E-767にも転用。(伊丹空港、2010年6月)

53. ボーイング 777-300ER (-200初飛行1994年6月)
-300ER（長距離型）のエンジンは世界最大のGE90-115Bの独占であるが、-200等の他の型式ではGE90のほか、RR社の「トレント800」やPW4070が搭載可能。従来の747-400に代わって活躍中。(成田空港、2005年3月)

54. ボーイング 787 (初飛行2009年12月)
エンジンをRR社の「トレント1000」またはGE社のGEnxから選択可能。超高バイパス比エンジンと機体の複合材化などで燃料消費を20%削減。空調などはエンジン抽気の代わりに発電した電気によるのが特徴。写真は「トレント1000」搭載機。(伊丹スカイパーク、2012年2月)

55. エアバス A340-500 (-300初飛行1981年10月)
-200/-300ではCFM56-5Cを搭載。長胴、長距離型の-500/-600ではRR社「トレント500」を搭載。-600は世界最大の胴体長であったときもあった。(成田空港、2011年9月)

56. エアバス A330-200 (初飛行1997年8月)
A340の双発型姉妹機。-200にはGE社のCF6-80E、-300にはこれに加えてRR社「トレント700」、PW4000が搭載可能。(関西空港、2009年3月)

57. エアバス A380 (初飛行2005年4月)
総2階建てキャビンを持つ世界最大の旅客機。最大800席に対して550席程度のスペーシャスなサービスを提供。エンジンはRR社「トレント900」またはGE-P&W合弁のEA社のGP7200のいずれかを搭載。写真はGP7200搭載機。
(ファンボロー航空ショー、2010年7月)

58. 富士ベルUH-1H（原型機初飛行1956年10月）
アンセルム・フランツ（戦時中にJumo 004ターボジェットを開発）がライカミング社で担当したT53ターボシャフトを搭載。軸流＋遠心式圧縮機の原型を確立。世界中で16,000機以上が製造された。（立川基地、2011年10月）

59. 三菱シコルスキーS-61A（原型機初飛行1959年3月）
南極観測船に搭載されて活躍し、同型機HSS-2Bも海上自衛隊で活躍したが、いずれも退役している。また、同型機VH-3Dは米大統領専用ヘリコプターとしても運用された。全段軸流式圧縮機を有するエンジンとしては世界最小のGE製可変静翼付きターボシャフトT58を搭載、信頼性の高さを誇る。（海上自衛隊観艦式、2003年10月24日）

60. 三菱シコルスキーUH-60J（初飛行1974年10月）
GE社のターボシャフトT700を搭載。T700はベトナム戦争での経験に基づき、頑丈な軸流＋遠心式圧縮機を使用し、整備性と運用性に優れたエンジンとして開発された。（熊谷基地祭、2010年4月）

61. ビッカース「バイカウント」（初飛行1948年7月）
RR社のエンジン「ダート7」を搭載した世界初のターボプロップ旅客機。「ダート」は遠心式2段圧縮機が特徴。日本のYS-11（「ダート10」）やアブロ748、フォッカーF27「フレンドシップ」などに多用されている。（羽田空港、1964年6月）

62. ロッキードC-130J（原型機初飛行1954年8月）
アリソン社のターボプロップT56から発展したAE 2100を搭載し、プロペラを低騒音6枚翼に替える等の近代化を図ったC-130の最新型。C-130はT56搭載の型式も含めて2,300機（エンジンは18,000台）以上が製造され、世界の多くの国で幅広い用途で実績を残す傑作機。（ファンボロー航空ショー、2010年7月）

63. エアバスA400M（初飛行2009年12月）
ユーロプロップ社が開発した西側で史上最大の出力（11,000shp）を持つターボプロップTP400-D6を搭載した軍用輸送機。後退角付き8枚翼低騒音プロペラは、片翼ごとに互いに反対方向に回転して空気を下に押し込むこと（ダウン・ビトゥイン・エンジン）で整流化を図っている。（ファンボロー航空ショー、2010年7月）

まえがき

　1903年12月にアメリカのライト兄弟が、世界で初めて動力飛行に成功してから一世紀以上が経過した。初飛行からわずか34年目の1937年にイギリスとドイツで、ジェットエンジンという新しい概念の動力装置が初運転され、ジェット機時代の幕開けを迎えた。その2年後の1939年にはドイツでジェット機が初めて飛行し、折から勃発した第2次世界大戦を契機にイギリス、アメリカ、日本でもジェット機の開発が進められた。この大戦中に実用化されたジェット機はドイツとイギリスの一部の機体に過ぎないが、1945年の終戦とともに冷戦時代を目前にしてジェット機は急速に発展するに至った。当初はプロペラ機に毛の生えた程度のジェット機から始まり、エンジン推力の増加により1950年代には超音速飛行が可能なほどになった。そして、ジェットエンジンの民間への転用によってジェット旅客機の時代に入った。

　それまでは高推力の追求が主であったが、燃料消費の削減や低騒音化の要求からターボファンの時代に入っていく。さらには、高バイパス比の大型ターボファンの出現により、長距離大型旅客機が出現し、大量輸送時代となっていく。軍用機にもターボファンが使用されるようになる。その間、垂直離着陸機やマッハ3級の航空機が開発されたが、それは、いずれもその目的に合致したジェットエンジンが開発されたからであった。

　ジェットエンジンの構造や形状は1950年代にほぼ決まってしまい、今日の姿となったが、エンジンの中身は高圧力比化、高温化、高バイパス比等により第4世代の高性能エンジンが出現し、航空輸送をさらに発展させた。

　一世紀を超える航空史の多くはジェット機の時代であるともいえる。ジェット機の発達を左右するのは言うまでもなくジェットエンジンの発展そのものである。したがって、ジェットエンジンの発達過程を見ていくと、航空史そのものが見えてくるといっても過言ではなかろう。

　そのような発想で、日本航空技術協会の機関誌『航空技術』のコラム欄「飛行機Now & Then」を執筆させていただいた。このコラム欄では歴史に残る特定のジェットエンジンの生い立ちと搭載機体のその後の発展を資料で調査するのに加え、各地の航空ショーや航空博物館での見聞および随想も含めて120余回にわたって連載してきた。ここでは、このコラム欄の集大成を行ない、連載では言い尽くせなかった事項も加えて、ジェットエンジンから見た航空史という形でまとめてみた。

　なお、本章で使用している「ジェットエンジン」という言葉は、広い意味で使っており、後述するターボジェット、ターボファン、ターボプロップ、ターボシャフトエンジンなどを総称したものである。詳細は第1章を参照されたい。

石澤和彦

目 次

まえがき …… 11

第1章　ジェットエンジンの基本原理と分類 ……………………………… **15**
　1.1　航空エンジンの種類と作動原理 …… 15
　1.2　ガスタービンエンジン（ジェットエンジン）の分類 …… 17
　1.3　その他のエンジン …… 24
　1.4　ジェットエンジンの構造 …… 25

第2章　世界各国におけるジェットエンジンの出現 ………………………… **35**
　2.1　ジェットエンジン出現の背景 …… 35
　2.2　世界各国におけるジェットエンジンの始まり …… 36
　2.3　ジェットエンジン創成期における各国のエンジン …… 38
　エピソード：日本初のジェットエンジン・ネ20の意外な功績 …… 57

第3章　第2次世界大戦以降のジェットエンジンの急速な発展 ……………… **61**
　3.1　世界の動向（概要）…… 61
　3.2　ジェットエンジンのベストセラー出現（GE社 J47）…… 62
　3.3　第2次世界大戦後ジェットエンジンに参画した国々 …… 63
　3.4　早くも民間機もジェット化（デハビランド「コメット」）…… 67
　3.5　超音速飛行を可能にしたエンジン（J57）…… 69
　3.6　マッハ2を目指して開発されたエンジン（GE社 J79）…… 74
　3.7　日本の追い上げ …… 77
　3.8　回転翼機の発展を促進したターボシャフトエンジン …… 80
　3.9　大型ターボプロップエンジンの開発も盛ん …… 89
　3.10　T64 ターボプロップエンジン—国産エンジン開発の陰に …… 92
　3.11　成功したユニークな設計の小型エンジン …… 96

第4章　ターボファンエンジンの出現（低バイパス比ターボファンの誕生） …… **103**
　4.1　概要 …… 103
　4.2　創成期の頃のターボファンエンジン …… 104

第5章　高バイパス比ターボファンエンジンの発展 ················ **115**

　5.1　概要 ······ 115

　5.2　超大型輸送機 C-5A の開発で誕生した
　　　　　高バイパス比ターボファン TF39 ······ 115

　5.3　ジャンボ機時代をスタートさせたエンジン JT9D ······ 119

　挿話：スペーシャス時代の盛衰 ······ 122

　5.4　ロッキード「トライスター」で実用化された
　　　　　3 軸式ターボファン RB211 ······ 124

第6章　戦闘機もターボファン化（アフターバーナー付きターボファンの定着） ··· **133**

　6.1　概要 ······ 133

　挿話：大エンジン戦争（Great Engine War）······ 144

第7章　新分野への挑戦 ····················· **151**

　7.1　垂直離着陸（VTOL）機 ······ 151

　7.2　マッハ 3 への挑戦 ······ 163

　7.3　SST（超音速輸送機）の開発競争 ······ 166

　挿話：「バルカン」XH558 号の復活 ······ 172

第8章　第4世代エンジンへの発展 ················ **177**

　8.1　はじめに ······ 177

　8.2　NASA の省エネ・エンジン研究の成果 ······ 177

　8.3　第 4 世代の民間エンジンの出現 ······ 179

　8.4　先進的な軍用機エンジンも出現 ······ 202

　8.5　近代的なターボプロップ／ターボシャフトエンジンの出現 ······ 208

　8.6　日本での練習機（T-4）用エンジン、F3 ターボファンの開発 ······ 210

第9章　環境に優しいエンジンを目指して ············ **213**

　9.1　飛行機の音 ······ 213

　9.2　飛行機の煙 ······ 220

　挿話：地球規模の環境破壊の心配 ······ 228

第10章 環境に強く、信頼性の高いエンジンを目指して ……………………… **229**

   10.1　設計／開発技術の進歩 …… 229

   10.2　二次空気（副次的でない重要なもの）…… 232

   10.3　テーラー・メイドのエンジン …… 235

   10.4　継続は力なり …… 238

   10.5　鳥の吸込み …… 241

   10.6　火山噴火と航空エンジン …… 245

   10.7　アンコンテインド・エンジン・フェイリャー …… 248

第11章 将来動向 …………………………………………………………… **251**

   11.1　燃料の節約（低燃費）への傾向が強まる …… 251

   11.2　リエンジンか、オールニューか―150席級旅客機の後継機問題 …… 254

   11.3　ギアドファン …… 261

   挿話：ギアドファンでビジネス機を育てた TFE731 エンジン …… 264

   11.4　オープンローター …… 267

   余談：カウンターローテーション …… 271

   11.5　未来の航空機 …… 275

   引用・参考文献 …… 279

   あとがき …… 287

■ 編集部より ■

本書の初版は 2013 年 6 月 27 日に、ジェットエンジンに関する基本構造や歴史的な変遷を理解するための書籍として刊行されました。

その後しばらく品切れ状態がつづいておりましたところ、再刊のご要望を頂戴するようになり、新装版として再刊の運びとなりました。

新装版の刊行に当たっては、編集部において記載内容の再確認を行ないました。著者の石澤和彦氏がすでにお亡くなりになられていることから、基本的には原文を尊重しつつ、本文の変更や修正などは必要最低限にとどめています。また、ジェットエンジンや航空機の名称、登場する企業名などについても、その後に変更があった場合でも、初版刊行時の表記のままとしていますのでご了承ください。

グランプリ出版　編集部

第1章 ジェットエンジンの基本原理と分類

1.1 航空エンジンの種類と作動原理

　航空エンジンといっても、空気のある大気圏内のみを飛行する場合と、宇宙空間のように空気のないところに行く場合とでは使用するエンジンの様式が自ら異なってくる。前者の場合は大気中の酸素を吸入して燃焼を行なって推進力を得ることから、一般にエアブリージングエンジンと呼ばれる。一方、宇宙空間に行く場合には酸素は自分で持っていて真空中でも燃焼を行ない、推進力を発生できるようになっている。これがロケットエンジンである。ただし、大気圏内においてもミサイルのように非常に高速で飛行する場合とか、宇宙船を打ち上げるときのように巨大な推進力を得る必要がある場合にはロケットエンジンを使用することがある。しかし、その逆にエアブリージングエンジンを真空中で使用することはできない。ここでは大気中で使用するエアブリージングエンジンに絞って話を進めたい。

　エアブリージングエンジンは、レシプロエンジン（ピストンエンジン）とガスタービンエンジンおよびラムジェット／パルスジェットの３つに大別できる（図1-1）。

　レシプロエンジンは文字通り、ピストンがシリンダー内で往復運動をして間欠的に圧縮・爆発・膨張を繰り返して動力を発生し、プロペラを回して推進するようになっている。レシプロエンジンは第２次世界大戦までは主力であったが、プロペラでは高速で飛行できないことなどから、折から実用化の目途がついたガスタービンエンジンを用いたジェット推進式の時代に移行していった。レシプロエンジンは、小型飛行機に小出力のものが使用されているに過ぎず、ほとんどの航空機にはガスタービンエンジンが使用されている。

　ガスタービンエンジンの基本構造と原理は（図1-2）に示すように、前から圧縮機、燃焼器およびタービンの３大要素から構成されている。圧縮機では大気から吸入した空気を圧縮し、高温・高圧にする役目がある。燃焼器ではその高温・高圧の空気に燃料を噴射して連続的に燃焼させて、さらに高温のガスを作り出す。そしてター

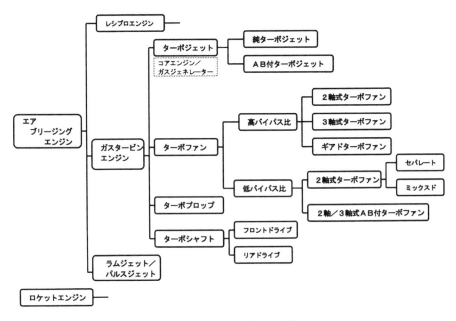

図1-1 航空用エンジンの分類
（ジェットエンジンはエアブリージングエンジンに属す）

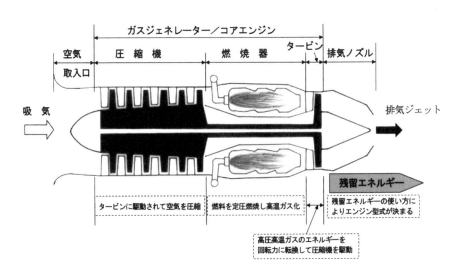

図1-2 ターボジェットエンジンの作動原理
残留エネルギーの使い方によってエンジンの型式が決まってくる。

ビンではこの高温ガスを膨張させて発生した回転力で圧縮機を駆動する。したがって、この3大要素で構成される部分はコアエンジン（主にターボファンエンジンの場合）とかガスジェネレーター（主にターボプロップやターボシャフトエンジンの場合）と呼ばれている。タービンを出た高温ガスにはまだ相当量のエネルギーが残っており、この残留エネルギーをどのように使うかによってガスタービンエンジンの形式が1.2項のように類別できる。

　ラムジェット／パルスジェットエンジンについては1.3項で説明する。

1.2 ガスタービンエンジン（ジェットエンジン）の分類

　ガスタービンエンジンは、残留エネルギーの使用法により、以下の(1)〜(5)に分類される。なおこれらのエンジンを総称して、航空用ガスタービンエンジンというが、本文中で構造を述べる個所では、特に記述していない限りこれらすべてを「ジェットエンジン」と表現することにする。

(1) 純ターボジェットエンジン（図1-2）

　タービンの後方に先を絞った排気ノズルを付けて、残留エネルギーの全てをここから高速で噴出させて推進力とする方式で、ガスタービンエンジンの中で最も単純な形態である。ターボファンエンジンと区別するため、「純ジェット」ということもある。実例としては、メッサーシュミットMe262（口絵1）搭載のJumo004やハインケルHe162（口絵2）やアラドAr.234B（口絵3）搭載のBMW003、グロスター「ミーティア」搭載（口絵5）のRR（ロールスロイス）社「ダーウェント」や日本の「橘花」（口絵8）搭載のネ20エンジン、戦後のノースアメリカンF-86F戦闘機（口絵9）やボーイングB-47爆撃機に搭載されたGE（ジェネラル・エレクトリック）社のJ47、ボーイング707-320（口絵14）やダグラスDC-8-30シリーズ（口絵17）に搭載のP&W（プラット＆ホ

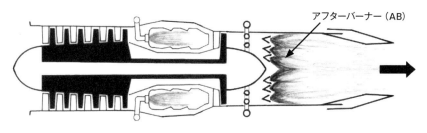

図1-3　アフターバーナー（AB）付きターボジェットエンジン

イットニー）社JT4A、デハビランド「コメット4」（口絵13）に搭載のRR社「エイボン」などがある。

(2) アフターバーナー（AB）付きターボジェットエンジン（図1-3）

　ターボジェットエンジンの後方にアフターバーナー（排気ノズルから噴出する前の高温ガスにさらに燃料を噴射）を付けて推力増強を図ったエンジンであり、超音速飛行を必要とする戦闘機や爆撃機および超音速旅客機などに使用された。実例としては、ノースアメリカンF-100（口絵10）、コンベアF-102戦闘機に搭載されたP&W社のJ57エンジン、リパブリックF-105（口絵12）やコンベアF-106戦闘機用のJ75エンジン、ロッキードF-104戦闘機（口絵11）やコンベアB-58爆撃機用のGE社のJ79エンジン、超音速旅客機「コンコルド」に搭載のRR/スネクマ社の「オリンパス593」エンジンなどがある。

(3) ターボファンエンジン

　残留エネルギーの一部で、タービンの後方に追加的に取付けた（低圧）タービンを駆動し、その動力で（通常）エンジン前端に取付けたファンを駆動する方式である。ファンで圧縮された空気は内外2方向に分かれ、外側の空気はバイパスダクトを通るバイパス流となり、内側の空気はコアエンジンを通って燃焼ガスとしてコアノズルから噴出するコア流となる。このバイパス流の空気流量がコア流の空気流量の何倍であるかという比率を表す数値がバイパス比というものである。初期にはタービン外周にファンを取り付けたアフトファンエンジンもあった。バイパス比の大きさにより、以下のように低バイパス比と高バイパス比のターボファンに大きく分けることができる。

(a) 低バイパス比ターボファンエンジン（図1-4）

　バイパス比が1以下〜2程度のターボファンエンジンである。コアエンジンの残留エネルギーの一部で低圧タービンを回して比較的小さいファンを駆動し、圧縮した空気をバイパスダクトで後方に導き、コアエンジンから出てくるガスと混合しないで直接ファンノズルから噴出させるセパレートフロー形態と、反対にコア流とバイパス流とを混合した後、排気ノズルから噴出させるミックスドフロー形態とがある。純ターボジェットに比較して燃料消費率が少なく、航続距離が延ばせる。1960年代に純ジェットエンジンに替わって低バイパス比ターボファンが採用され、ジェット旅客機によるアメリカ大陸横断を可能にした。これを契機にジェット旅客

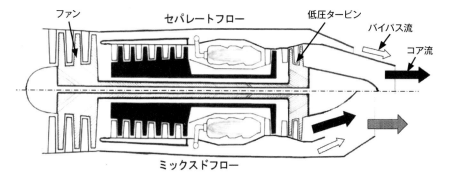

図1-4　低バイパス比ターボファンエンジン
上半分がセパレートフロー、下半分がミックスドフローの場合を表している。
（バイパス比＝バイパス流量÷コア流量）

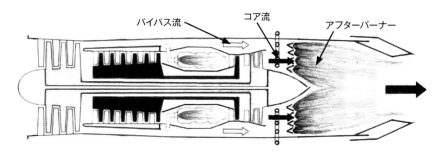

図1-5　アフターバーナー（AB）付き低バイパス比エンジン

機に多用されたが、近年では高バイパス比ターボファンが主流となり、中短距離用
旅客機やビジネス機および超音速飛行を必要としない軍用機などに搭載されている
程度である。

　ミックスドフローの例としては、BAC111や「トライデント」に搭載されたRR
社の「スペイ512」、マクダネル・ダグラスMD-80シリーズのP&W社JT8D-200
エンジンがある。混合する際に適切なミキサーを設けると、低騒音化と低燃費化に
寄与することが期待される。また、セパレートフローの例としてはボーイング707-
320B（口絵16）やダグラスDC-8-50搭載のJT3Dやボーイング727（口絵22）搭載の
JT8D、川崎T-4練習機（口絵37）のF3エンジンなどがある。

(b) アフターバーナー付き（低バイパス比）ターボファンエンジン（図1-5）

　低バイパス比ターボファンの中で、バイパス流とコア流を1本の排気ダクトにま
とめてここにアフターバーナーを付けたエンジンである。バイパス流は燃焼器を通

らないで来るため大量の酸素を含有しているので、ABでの燃料の量を多くすることができ、純ターボジェットに比較して大きな推力増強が可能である。ABを使用しない巡航中は、純ターボジェットよりの燃料消費率が少ないことにより経済的であることに加え、必要時にはABを焚いて超音速への急加速が可能である。この種のエンジンは戦闘機用エンジンの主力となっている。

AB付きターボファンエンジンの実例としては、マクダネル・ダグラスF-15（口絵31）搭載のP&W社F100、三菱F-2（口絵39）搭載のGE社F110、ロッキード・マーチンF-22（口絵50）搭載のP&W社F119、F-35用のP&W社F135、マクダネル・ダグラスFA-18E/F（口絵46）搭載のF414、ユーロファイター「タイフーン」（口絵47）搭載のユーロジェット社EJ200、ダッソー「ラファール」（口絵48）搭載のスネクマ社M88などがある。なお、コアエンジンの性能や機体の性能が著しく向上したため、ABに点火しなくても超音速で巡航できる、いわゆるスーパー・クルーズが可能な戦闘機、例えばF-22Aやユーロファイター「タイフーン」も出現している。

（c）高バイパス比ターボファンエンジン

バイパス比が5とか、近年では12という高い数値を持ったターボファンエンジンである。コアエンジンの残留エネルギーの大部分を低圧タービンで吸収してエンジン先端の大きなファンを駆動し、推進力の大部分をファンで圧縮された空気の噴射で得ているエンジンである。コアエンジンの排気からも少量ながら推進力を得ている。高バイパス比ターボファンは燃料消費率が低く、低騒音であることから、長距

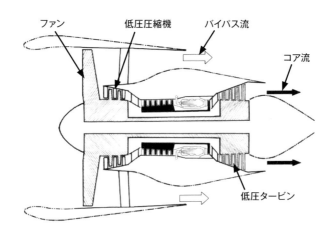

図1-6　高バイパス比2軸式ターボファンエンジン

離用のみならず中短距離用も含めた旅客機用エンジンの主力になっている。高バイパス比ターボファンはその構造から以下の3通りに大別できる。

●**2軸式ターボファン**（図1-6）：ファンを駆動する低圧軸と高圧圧縮機（またはコアエンジン）を駆動する高圧軸の2軸から構成される基本的な形態である。高圧圧縮機の圧力比が不足する場合、低圧軸に低圧圧縮機を付加する場合が多い。2軸式の実例としてはロッキードC-5A（口絵25）搭載のGE社TF39、ボーイング747-100（口絵26）搭載のP&W社JT9D、ダグラスDC-10（口絵28）やエアバスA300（口絵27）搭載のGE社CF6、ボーイング737-800（口絵41）搭載のCFMI（CFMインターナショナル）社CFM56やエアバスA320（口絵42）搭載のCFMI社CFM56またはIAE（インターナショナル・エアロ・エンジンズ）社V2500-D5、ボーイング777-300ER（口絵53）搭載のGE90、GE社のGEnx、エアバスA380（口絵57）搭載のEA（エンジン・アライアンス）社GP7200などがある。

●**3軸式ターボファン**（図1-7）：2軸式ターボファンエンジンにおいてファンを駆動する低圧軸および高圧圧縮機を駆動する高圧軸に加え、中圧軸を加えて3軸としたエンジンである。2軸式エンジンではファンと同じ軸に低圧圧縮機が結合されている場合が多いが、3軸式では、これを中圧圧縮機として独立させ、専用の中圧タービンで駆動するようになっている。これにより、ファン、中圧圧縮機および高圧圧縮機がそれぞれの最適な条件で運転できるため、高性能なエンジンとなることが期待できる。この形態はRR社の大型エンジンであるRB211系および「トレント」系のエンジンに主に採用されている。実例としてはロッキードL-1011「トライスター」

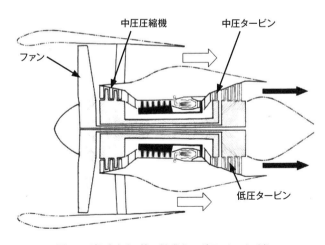

図1-7　高バイパス比3軸式ターボファンエンジン

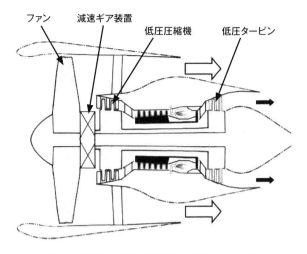

ファン　　　減速ギア装置

低圧圧縮機　　　低圧タービン

図1-8　高バイパス比ギアドターボファンエンジン

（口絵29）搭載のRR社RB211、A380搭載（口絵57）搭載のRR社「トレント900」、ボーイング787搭載のRR社「トレント1000」エンジンなどがある。なお、低バイパス比ターボファンエンジンであってもパナビア「トーネード」（口絵35）搭載のターボユニオン社のRB199は3軸式を採用したAB付きのターボファンであり、寒冷地の着陸のためにスラストリバーサーまで備えた珍しいエンジンである。

●**ギアドターボファン**（**図1-8**）：燃料消費率と騒音の低減のためバイパス比は増加の一途をたどっている。バイパス比を増加させるとさらに直径の大きなファンを駆動せねばならず、低圧タービンの負担が非常に大きくなる。そのため低圧タービンの回転数を増加したいところであるが、一方、ファンは先端の回転速度が音速を大幅に超えて損失を生じたり、大きな騒音を発生したりしないように直径の大きくなった分だけ回転数を下げる必要があり、相反する要求を同時に満足する必要がある。

　対策には2つの方向がある。一般的なのは低圧タービンの直径を増加するのに加え、段数を増加する方法がある。第2の方法として低圧タービンとファンとの間に減速ギア装置を挿入して、低圧タービンの回転数を高く保ったままファン回転数を下げる方法であり、これをギアドターボファンと称している。

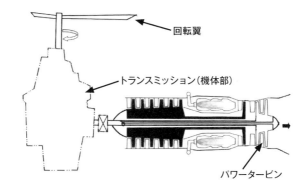

図1-9　ターボシャフトエンジン

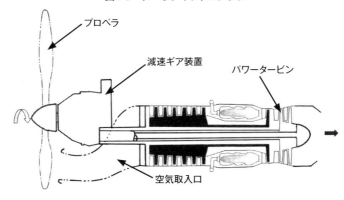

図1-10　ターボプロップエンジン

(4) ターボシャフトエンジン(図1-9)

　ガスジェネレーターの残留エネルギーのほぼ全てをタービン(パワータービン)で吸収して、その動力を出力軸に伝え、トランスミッションを介してヘリコプターの回転翼を回転させるエンジンである。実例としては富士·ベルUH-1H(口絵58)搭載のライカミングT53や三菱シコルスキーUH-60J(口絵60)搭載のGE社T700などがある。また、川崎バートルKV-107搭載のGE社T58は出力軸が前方ではなく、後方に向いているエンジンである。補助動力装置(APU)に使用されるエンジンもターボシャフトエンジンの変形である。航空機以外では火力発電所で発電機を回したり、艦船のスクリューを回したりするのに使われる。この場合は陸舶用ガスタービンエンジンと呼んでいる。

(5) ターボプロップエンジン（図1-10）

　ターボシャフトエンジンと同様に、ガスジェネレーターの残留エネルギーのほとんど全てをタービン（パワータービン）で吸収し、その動力で減速装置を介してプロペラを駆動して推進するエンジンである。ターボシャフトエンジンとの違いは、ガスジェネレーターの残留エネルギーを全てパワータービンで吸収するのではなく、エネルギーをごく少し残して排気ノズルから噴射させて推進力の一部に充当しているところが異なる。したがってプロップジェットなどと呼ばれたこともあった。実例としてビッカース「バイカウント」（口絵61）や日航（日本航空機製造）製YS-11搭載のRR社「ダート」、ロッキードC-130（口絵62）搭載のアリソン社T56またはRR社のAE2100、エアバスA400M（口絵63）搭載のユーロプロップ社TP400-D6などがある。

　ターボプロップエンジンは燃料消費率が高バイパス比ターボファンよりも低く、経済的であるが、さらにプロペラを3次元的に傾斜したブレードにして枚数を増加するなどして、さらに経済性向上と低騒音化に寄与している。しかし、飛行速度がプロペラの先端速度で制限されるため、巡航速度はターボファン搭載機よりも遅くならざるを得ない。将来的には、ターボプロップと高バイパス比ターボファン双方の良さを取り混ぜたようなオープンローターという形式のエンジンが出現することが期待されている。これは1980年代にプロップファンとかアンダクテッドファンなどと呼ばれて飛行試験まで行なわれたこともあるが、当時は燃料価格が心配されたほど高騰しなかったため実用化まで進まなかった。

1.3　その他のエンジン

　以下のエンジンと、1.2項（1）〜（5）のエンジンも含めて本書では「ジェット推進」と表現してある。

(1) パルスジェットおよびラムジェットエンジン

　エアブリージングエンジンに含まれるエンジンであるが、いずれも「ターボ」と呼ばれる回転部分を持たず、高速飛行でエンジンに押し込まれて高圧・高温になった空気に燃料を噴射して燃焼させ、排気ノズルから噴射することで推進力を得るエンジンである。ラムジェットが連続的に燃焼するのに対し、パルスジェットは間欠的に燃焼が行なわれる。いずれにしても自立燃焼ができる速度まで何らかの方法で加速してやる必要がある。パルスジェットの実例として第2次世界大戦末期にドイ

ツで開発されたミサイル、V-1がある。ラムジェットは将来の極超音速機用エンジンとして試験されている。

(2) カンピーニ式エンジン

　ターボジェットとレシプロエンジンを組み合せたようなエンジンである。このエンジンではタービンの代わりに内蔵されたレシプロエンジンで圧縮機（またはファン）を駆動し、その後流に燃料を噴射して燃焼させ、推力を得るようになっている。第2次世界大戦中にイタリアでカプロニ・カンピーニN1が試験飛行に成功しているが、効率が悪く、実用化はされなかった。日本でも特攻機「桜花22」にこのアイデアが用いられて飛行試験も行なわれたが、成功といえるものではなかった。

1.4 ジェットエンジンの構造

　以下にジェットエンジン（航空用ガスタービンエンジン）を構成する各要素についてエンジンの前の方から順に見ていく。ジェットエンジンではこれらの要素をそれぞれ独立に開発して単独で台上試験をすることができ、その結果、高圧圧縮機、燃焼器および高圧タービンを中核とするコアエンジンまたはガスジェネレーターが構築されれば、これに対してファンや低圧タービンなどを目的に応じてサイズを調整して組み合わせることにより、任意の種類の適切なサイズの航空用ガスタービンを開発することができる。これをビルディング・ブロック方式とか、コア・コンセプト方式とも呼び、航空用ガスタービンエンジンの大きな長所の一つとなっている。

(1) インテーク（空気取入口）

　航空機が飛行中には高速の空気がエンジンに向かって来るが、そのままファンや圧縮機に入ったのでは速度が高過ぎたり、乱れ（インレットディストーション）たりしていて、効率の良い圧縮仕事ができない。そこで、インテークでは損失の少ないスムーズな末広がりの圧力回復部を設け、圧縮機に入る以前に流入空気の速度を十分に低下させ、圧力を回復上昇させるとともに乱れの少ない均一な流れになるようにしてある。これによりファンや圧縮機の仕事を楽にして高い圧力比と高性能を確保している。旅客機などの亜音速機では丸みのある唇状の入口を持ったダクトが通常であり、これをピトー形とも呼んでいる（図1-11）。しかし、超音速飛行になるとピトー形では衝撃波を生じて大きな損失となるので、近年の戦闘機などでは2次元形状の入口を持ち、通路面積可変式のインテークが用いられている（図1-12）。こ

図1-11　旅客機のエンジン空気取入口とナセル
（ボーイング777搭載のGE90ターボファンエンジン）

図1-12　戦闘機のエンジンの2次元可変式の空気取入口（ボーイング F-15E の例）

のインテークではエンジンの必要空気流量と機速に応じて可変部が弱い衝撃波を敢えて作り出し、その後流で圧力を回復した空気がファンや圧縮機に流入するようになっている。超音速機ではインテークはエンジン性能に致命的影響を与える重要な要素である。インテークは機体側の部品として取り扱われるが、圧力回復の程度やインレットディストーションの許容限度などについてエンジンメーカーとの間で密接な調整が必要である。

(2) ファン

　ファンはターボファンエンジンを特徴付けるものの一つである。ファンというとプロペラや扇風機を連想するが、ターボファンエンジンのファンは、後述のように、れっきとした軸流圧縮機の1種である。プロペラには何も囲いがなく、スクリューのように空気を漕ぐようにして前に進むようになっている。これに対して、ファンは、ダクトの中で回転しており、軸流圧縮機と同様にして圧縮した空気を後端の排気ノズルから噴出して推進力（推力）を得ていることが異なる。圧力比（ファンの入口圧力と出口圧力の比）は高バイパス比ターボファンで1.5前後（段数は通常1段）、低バイパス比ターボファンで2～3（段数は通常2～3段）程度の値になっている。純ターボジェットに比較して大量の空気を比較的遅い速度で噴出するので、推進効率が良く、かつ、ジェット騒音が小さくなる。

　ターボファンエンジンが出現した頃は製造技術の制約からファン動翼は幅（コード長）の薄い細長い直線的なものしか作れず、エンジン運転中に振動しないように中間シュラウド（スナバー）を設けて隣同士の動翼で支え合えるようにしていた（図1-13）。スナバーは空気流路の邪魔者でエンジン性能上も好ましくない。また、耐空性証明試験などで鳥を打ち込んだときに堅いスナバーの破片がエンジン内部を壊すという不利益があった。製造技術の進歩に伴い、幅の広い、いわゆるワイドコー

図1-13　スナバー（中間シュラウド）が付いたファン（RB211エンジンの例）

図1-14　最新式の複合材製のファン
ワイドコードで3次元的に設計されている。（GEnxの例、ファンボロー航空ショー2010）

ドのファン動翼が製造できるようになり、スナバーは不要となった。特にファン動翼をチタン合金板でハニカムをサンドイッチして作る方式が開発されたり（例：V2500）、翼全体を複合材で製造できる（例：GE90やGEnx）ようになるとCFD（数値流体力学）の発展も相まってワイドコードで3次元的な設計と製造が可能となり、翼全体にわたって損失の少ない高性能なものができるようになった。また、低騒音化のため回転方向にもエンジンの前後方向にも傾斜させたファンもある（図1-14）。ファンの根元付近で圧縮された空気はコアエンジンに入り、圧縮機でのさらなる圧力比上昇に寄与する。

(3) 圧縮機

　空気を圧縮し、燃焼器内で連続的な燃焼ができるような高圧・高温の空気を得る装置で、圧縮のやり方で遠心式と軸流式とに大別できる。ジェットエンジンの創成期には遠心式（図1-15）が主流であった。遠心式では円盤（インペラー）の上に半径方向外周に向かうベーンによって空気通路が作られている。このインペラーが回転すると、中央部分から吸入された空気は遠心力で半径方向外周に押付けられて速度と圧力が上昇する。これをディフューザーに導き、速度を低下させてさらに圧力を上昇させるようになっている。高い圧力比を得ようとするとインペラーの直径を大きくする必要があり、抵抗が大きくなるので、航空機の場合、小型のエンジン以外には使用されなくなった。

　一方、軸流式は飛行機の翼のような形の断面をした翼が周方向に多数植え付けられた翼列が、回転する動翼の次に静止している静翼というように交互に何段も並ん

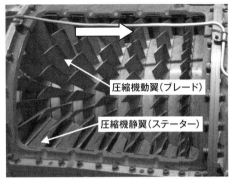

図1-16　軸流式圧縮機の例（J3ターボジェットの例）

図1-15　遠心式圧縮機の例　（J42ターボジェットの例）

でいる（図1-16）。翼列を通過する際に翼によって空気の流入方向に対して流出方向が変向させられると同時に速度が低下し、圧力が上昇する。1段当たりの圧力上昇は遠心式に比較して小さいが、これらの翼列を何段も空気が通過して後方に進むにしたがい、圧力が次第に上昇していく。遠心式に比較して直径が小さくて済むため、第2次世界大戦中のドイツでは戦闘機用のエンジンとして早くも軸流式が優先的に採用されていた。段数が増加すれば圧力比も高くできるが、重量が増加したりするので、少ない段数でいかに高い圧力比を得ながら、効率よく、安定して運転できるかが軸流圧縮機での課題である。ジェットエンジンの創設期には圧力比3〜4を得るのに8段程度を要したが、その後のターボファンでは10段で圧力比23というエンジンもあり、技術進歩の跡が見られる。

　小型のエンジンになると軸流圧縮機の場合、後段の動静翼が小さくなり過ぎ、製造も難しい上、性能的にも劣るので、前段を軸流にして後段を遠心式とする軸流−遠心結合形態が有利である。2,000shp（軸馬力）以下程度のターボシャフトエンジンではこの形態が多い。

　圧縮機出口でエンジン内の圧力は最も高くなる。エンジン入口の圧力と圧縮機出口の圧力の比を全体圧力比と呼び、高いほど性能が良い。ジェットエンジンの性能を表す一つの重要なパラメーターである。特に燃料消費率は全体圧力比の上昇により低減させることができる。創設期のジェットエンジンでは圧力比が4程度であったが、今日ではファンを含めた全体圧力比が50を超えるターボファンエンジンも出現している。

(4) 燃焼器

　圧縮機から出た高圧・高温の空気はディフューザーで速度を落とし、さらに燃焼器で燃焼するのに十分な速度まで減速させられる。燃料噴射弁から燃料を噴射して電気式の点火栓で着火した後は、電源を止めても連続的に燃焼が継続する。焔（ほのお）は2000℃以上の高温になるので、燃焼器の壁面に空けられた多数の穴や隙間から冷却空気を流入して燃焼空気を希釈して温度を下げて、燃焼器やタービン材料の耐熱温度を超えないようにしている。燃焼器に対しては、始動性が良いこと、特に高空飛行中の再着火性が良いことが要求されるほか、後流のタービンへの影響を考慮して出口で均一な温度分布になること、煙や有害排気ガスを出さないことなどが要求され、互いに相反する対策を施さねばならない場合もある。

　燃焼器はその構造によって次の3種類に大別できる。

(a) キャン式（図1-17）

　最も旧式な形態で、独立した何本かの外筒（キャン）に燃焼室がそれぞれ収められている形態である。空気はそれぞれのキャンに個別に流入するが後端のタービンノズルに入る前に全て合流するほか、それぞれのキャンは途中で連結チューブで結合されており、温度分布が極力均一な燃焼ガスがタービンノズルに達するように配慮されている。実例としてロッキードP-80（口絵7）のJ33、ノースアメリカF-86（口絵9）のJ47ターボジェットの時代まではこの形態が多かった。

(b) キャニュラー式（図1-18）

　キャン式より進んだ形態で、キャン式燃焼器では個々に独立していた外筒が円周

図1-17　キャン式燃焼器の例
（J48ターボジェットの例）

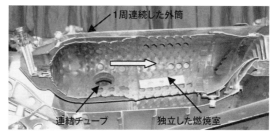

図1-18　キャニュラー式燃焼器の例
（J79ターボジェットの例）

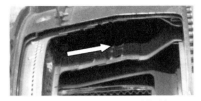

図1-19　アニュラー式燃焼器（直流）　　**図1-20　アニュラー式燃焼器（逆流）**
（T53ターボシャフトエンジンの例）

上１本にまとまり、燃焼室のみが何本かに分かれて独立している形態である。各燃焼室は連結チューブで結合されている。キャン式に比べ温度分布がより均一にできる利点がある。

　実例として、Me 262（口絵1）のJumo 004、F-104（口絵11）のJ79、F-105（口絵12）のJ75ターボジェット、ボーイング727（口絵22）や737（口絵24）のJT 8Dターボファンの時代辺りまではキャニュラー式であった。

(c) アニュラー式

　最も進んだ形態で、外筒も燃焼室も全周1本にまとめられて全体がリング状になった燃焼器である。温度分布も最も均一であり、今日の航空用ガスタービンエンジンのほとんどはこの形態になっている。ただし、創成期の頃のドイツのHe 162（口絵2）のBMW 003や日本の「橘花」（口絵8）のネ20ターボジェットは早くもアニュラー式燃焼器を採用していたのは特筆すべきである。また、空気の流れの方向からみると、直流式（図1-19）が一般的であるが、遠心式圧縮機を使ったターボシャフトエンジンなどでは、逆流式（図1-20）の燃焼器が使われている。この場合、燃焼器はタービンの外側を取り囲むようにして置かれるので、直流式に比べてエンジンの全長を短縮して軽量でコンパクトなエンジンにすることができる。実例としてUH-1（口絵58）のT53ターボシャフトが典型的である。

(5) タービン（図1-21）

　翼型をした静翼が周方向に多数固定されているタービンノズル（静翼）の列とタービン動翼が植え込まれて回転するタービンローターの列が交互に並んでいる。燃焼器から入ってくる高温・高圧の燃焼ガスをこのタービンノズルを経てタービン動翼に吹き付けることによってタービンローターを回転させ、圧縮機またはファンを駆動するための動力を得るものである。これには大別して２種類がある。第１の衝動タービンではタービンノズルのみで膨張が行なわれ、高速の燃焼ガスをタービン動翼に吹き付けた衝撃によってタービンローターが回転するのに対し、第２の反動

タービンではタービンノズルでは膨張は行なわれず、流れの方向を変向するだけで、膨張はタービン動翼のみで行なわれ、タービン動翼から噴出する燃焼ガスの反動で回転が行なわれる形態である（図1-22）。

タービンノズルとタービン動翼の双方で膨張が行なわれる衝動タービンと反動タービンとを兼用した形態もある。今日のタービンのほとんどはこの混合形態が使われている。燃焼器出口を出てタービンノズルに流入する燃焼ガスの温度をタービン入口温度（TIT）と呼び、ジェットエンジン内部で最も高温の部分となる。これはエンジン

図1-21 タービン（T64ターボプロップの例）

性能に係わる重要なパラメーターのひとつであるが、耐熱材料や耐熱コーティングおよび冷却技術に依存するところが大きい。TITはジェットエンジン創成期の頃は750〜800℃程度であったが、その後のジェットエンジンでは1500℃に達するものもあり、その間の技術進歩の著しさが分かる。TITが高いほど単位重量当たりの推力（推重比）を大きくすることができ、戦闘機エンジンなどでは重要なパラメーターである。

ターボファンエンジンの場合を見てみる。まず、高圧圧縮機を駆動する高圧タービンは、高圧圧縮機の圧力比や設計者のポリシーにもよるが、通常1〜2段である。高圧タービンではタービンノズルのみならず、近年ではタービン動翼も空冷されているのが通例である。冷却効率を高めるため、翼内部には複雑な冷却空気通路

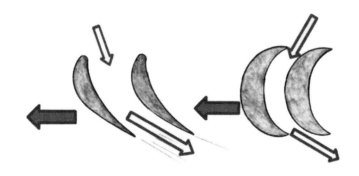

図1-22 反動タービン（左）と衝動タービン（右）

が作られ、翼の前縁および後縁などからフィルム状に冷却空気を噴出するような工夫がされている。高圧タービンで膨張した燃焼ガスは少し低温・低圧となり、次にファンを駆動する低圧タービンに入っていく。低バイパス比ターボファンでは段数が1～3段程度であるが、高バイパス比になると4～7段で背の高い翼が使われるので、振動対策等のため、タービン動翼の先端にはティップシュラウドが設けられており、組み立てた際、隣同士のシュラウドが噛み合わされて全体として外輪を形成するようになっている。

(6) アフターバーナー

　アフターバーナー（AB）はジェットエンジンの推力を増加させるのに最も簡便な方法である。推力を増加するためにタービン入口温度（TIT）や全体圧力比（π_0）を増加させようとすると関連要素の地道な研究開発が必要であるし、またTITやπ_0を変えずに増加しようとするとエンジン直径を拡大することになり、航空機への搭載上にも影響を与える。それに対して、アフターバーナーは、エンジン直径などを一切変更せずに推力の増強が可能であるからである。

　構造的にはタービンの出口から排気ノズルまでの間にAB燃料噴射弁と点火栓およびフレームホルダーを持ったダクトが追加される。タービンを出た燃焼ガスは非常に高速なのでディフューザーで減速された後、アフターバーナーに入る。燃料マニフォールドを経て同心円状に配置された数本のリングまたは円周上半径方向に突き出した数本のスプレーバーなどの燃料ノズルからAB燃料が噴射され、パイロットバーナーやカタリストなどによって着火して燃焼が始まる。燃焼して発生した火炎は断面がV字形で同心円状に配置されたリング、すなわち、フレームホルダーで保持され、安定した燃焼が行なわれる（図1-23）。ターボジェットでは主燃焼器での燃焼に消費された残りの酸素しかないので、ABによる推力増加率には限界があるが、

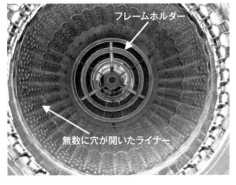

図1-23　アフターバーナーを後方から見る

AB付きターボファンエンジンではファン側から十分な酸素を含有した空気が供給されるので、推力増強率は高くできる。ただし、酸素をあるだけ使用すると燃焼温度が上昇しすぎてABダクトが耐え切れなくなるので、自ら限度はある。

また、ターボファンの場合、バイパス流とコア流が混合した後に燃焼する場合と、それぞれ独立に燃焼が行なわれる場合があり、後者をファンバーニングとも呼んでいる。いずれにせよ、アフターバーナーの急激な燃焼による圧力変化がファンや圧縮機の作動に影響しないように、また、順調に燃焼が広がるように着火順序などはきめ細かく制御されるようになっている。また、燃焼が行なわれるダクト内は高温になるので、多数の冷却孔があり、表面には耐熱コーティングされたライナーと呼ばれる内筒が用いられており、バイパス空気などにより冷却されるようになっている。

なお、「アフターバーナー」という言葉はGE社が主に使用しているが、RR社では、アフターバーナーのことを「リヒート」と称する場合が多く、P&W社では「オーグメンター」といっている。

(7) 排気ノズル

ファンからの圧縮空気およびコアエンジンからの高温燃焼ガスを高速で噴出して推力を得るところである。飛行場で良く見かける旅客機や輸送機の場合、近年では高バイパス比エンジンが多用されており、バイパス流はバイパス（排気）ノズルから、コア流はコア（排気）ノズルからそれぞれ噴射されるようになっている（図1-24）。純ターボジェットエンジンではコンバージェント（先細）ノズルが使用され、その面積はMe262（口絵1）やHe162（口絵2）などは可変であるという特例を除き、固定されているのが通常である。一方、アフターバーナー付きのターボジェットおよび（低バイパス比）ターボファンで、特に超音速飛行をするようなエンジンではコンバージェント・ダイバージェント（先細・末広）ノズルが使用され、その面積や形

バイパスノズル　　コアノズル

図1-24　高バイパス比エンジンの排気ノズル
（KC-135R搭載のF108ターボファンエンジンの例）
（F108はCFM56の軍用名）

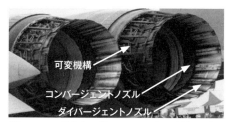

可変機構

コンバージェントノズル

ダイバージェントノズル

図1-25　AB付きターボファンエンジンの排気ノズル
（ボーイングF-15搭載のP&W社F100ターボファンエンジンの例）

状はリンク機構などによって可変となっている(図1-25)。低速ではコンバージェントノズルとして作動し、超音速ではコンバージェント・ダイバージェント・ノズルとして作動する。アフターバーナー内の温度や圧力を感知しながら、上流のファンや圧縮機の作動に影響しないように、また、最も効率よく高推力が得られるよう、ノズル面積が制御されるようになっている。

(8) 補機系統

上記の要素で構成されるエンジンをスムーズに作動させるための縁の下力持ちの役として以下のような系統がある。

(a) 燃料コントロール系統

燃焼器に供給する燃料流量をその時の運転状態に応じて計量し、制御するシステムである。ネ20のような初期のエンジンでは、単純なバルブを手動で操作して燃料流量を変えて推力の調整を行なっていた。

やがてハイドロ・メカニカル(油圧・機械)式のコントロールになった。この方式では3次元形状のカムに回転数や圧縮機入口温度および圧縮機出口圧力に応じた燃料スケジュールが刻まれており、リンケージ機構を通じて燃料流量を決めるという方式であった。さらにこれに加えてタービン出口温度などを感知して電気的に燃料流量に制限を与える電気式バックアップを併用するエンジンが増加していった。

今日では、全てを電子的に制御するFADEC(全デジタル電子式エンジン制御)が普及しており、エンジンがより精度良く、安全に、かつ、経済的に制御できるようになっている。

(b) 潤滑油系統

高速で回転する圧縮機やタービンローターを支持する軸受、ポンプ等の補機類、始動のためのスターターなどが装着されるギアボックスの歯車や軸受などの潤滑や冷却を司る。

(c) 電気系統

始動時の点火用の電源、制御用の電源、計測系統の電気的な信号等を制御する。

(d) 2次空気系統

タービン等高温部品の冷却および軸受室のシールや推力軸受に対する負荷調整(バランス・ピストン)等に使用する空気の系統である。

第2章 世界各国における ジェットエンジンの出現

2.1 ジェットエンジン出現の背景

　1903年にライト兄弟の「フライヤー」が初の動力飛行に成功して以来、航空機のスピード向上への努力が続けられ、1920年代には200km/h程度であったスピードは、わずか20年後の第2次世界大戦の時代には、650km/hのレベルまで向上するという大きな発展をした。これは、エンジンの出力が200hp級から2,000hp級へ大幅な向上をしたこと、および機体の空気力学的な改善により空気抵抗を著しく低減できたことが挙げられる。しかし、第2次世界大戦末期以降は、プロペラ駆動の実用航空機の最高速度の増加は止まってしまった。レース用に特別に改造されたプロペラ機で達成したFAI（国際航空連盟）公認速度記録を見ても、1939年にドイツのメッサーシュミット209V1が755.1km/hの記録を出してから1969年になってアメリカのグラマンF8F「ベアキャット」改造機（「コンクエスト号」）が776.4km/hを出すまで30年間、レシプロ機による速度記録の更新はなかった。

　さらにその20年後の1989年にグラマンF8F（図2-1）改造機（「レア・ベア号」）が850.2km/hという高速を出し、これがプロペラ機によるFAI公認の最高速度として止まっている[*1]。これは、プロペラ機には速度の限界があることを示している。プロペラは毎分1,000回転前後の回転数で回転しながら航空機の飛行速度で空気中を進んでおり、回転によるプロペラ先端速度と前進による速度とで合成される相対速度が飛行速度の増加に伴って大きくなり、先端部が音速を超えるような高速にな

図2-1　グラマンF8F「ベアキャット」
プロペラ機として最高速を誇る。写真は、実質的に初代「ブルーエンジェルス」の時の塗装でデモ飛行しているところ。
（ペンサコーラ航空ショー、2011年11月）

ると、損失が大きくなって効率が低下し、いくら馬力をかけてプロペラを回していても音ばかり大きくなり、前進速度の増加には寄与しなくなってしまうことが生じる。第2次世界大戦の頃はプロペラ機では750km/hくらいが限界で、それ以上の速度はジェットエンジンのような噴射式のエンジンでなければ達成できない段階に達していた。各国ではジェットエンジンの開発には必ずしも積極的ではなかったが、いったんその優位性を認識すると、各国ではこぞってジェットエンジンの開発が進められた。

2.2 世界各国におけるジェットエンジンの始まり

　1937年（昭和12年）は今日の姿のジェットエンジンが世界で初めて地上運転を行なった年である。すなわち、1937年4月12日、イギリスのパワージェット社がBTH社との契約で試作したフランク・ホイットルの遠心式のジェットエンジン、W.U.（ホイットル・ユニット）の地上運転を開始したのである。また、日時は明確には記録されていないが、1937年2月末または3月初旬にドイツでは、ハインケル社の支援を受けてマックス・ハーンとの協力で試作したハンス・フォン・オハインの遠心式のジェットエンジン、He.S1が水素を燃料として地上運転を開始し、4月にはほとんどの試験を終わったとされている。つまり、ドイツのこのエンジンが世界で最初に運転されたジェットエンジンということになる。

　このエンジン試験の成功により自信を得たハインケルは独自にジェット機の開発を進め、第2次世界大戦勃発4日前の1939年8月27日に通常の液体燃料を使用する改良型の遠心式のエンジンHe.S.3bを搭載したハインケルHe178によって世界で初めてジェット推進での飛行に成功した。また、レシプロエンジンでファンを駆動し、その後流に燃料を噴射して推力を得るというカプロニ・カンピーニ方式のエンジンを搭載したイタリアのカプロニ・カンピーニN1が1940年8月28日に初飛行を行ない、ジェット推進で飛行した2番目の機体となった。3番目に飛行したジェット機は、さらに改良したドイツの遠心式のエンジンHe.S8を2発搭載したHe280があり、これは1941年4月2日に初飛行をしたが、ジェットエンジンに対する関心は依然として低く、ハインケルの成果を評価していた空軍の一部の理解者のみが開発を推進しようとしていたにすぎない。しかも、その促進派の人たちも機体性能の向上を考慮して「前面面積当たりの推力」という評価基準を設け、暗黙の中に軸流式のエンジンの開発を促進した結果、ユンカースのJumo004やBMW003などの軸流式のエンジンが出現した。戦争の拡大とともにジェットエンジンへの期待が高

まり、Jumo004BはメッサーシュミットMe262に搭載され、世界で初めて大量生産・実用化されたジェットエンジンとなった。

　イギリスでもホイットルのエンジンは初地上運転のときから燃焼器やタービンを中心に問題を抱えており、経済的な支援も得られず、悪戦苦闘をしたようである。ホイットルのW.1エンジンがグロスターE.28/39に搭載されて初飛行を行なったのは、1941年5月15日で、ドイツから2年近くも遅れていた。しかし、本格的なジェット機としては、グロスター「ミーティア」の出現が待たれた。「ミーティア」の初飛行は、デハビランドH-1エンジン(後の「ゴブリン」)によって1943年3月に行なわれ、本命のエンジンW.2Bで飛行したのは1943年7月であった。そして1944年7月にW.2B/23(RR社「ウィーランド」)エンジンが搭載された量産機が出荷され、連合国側で戦時中に唯一実戦に参加したジェット機となった。

　アメリカでは、ジェットエンジンの重要な要素技術については細々と研究が行なわれていたが、1941年米空軍のH.アーノルド将軍がイギリスに援助を申し出て、ホイットルのW.2Bエンジンを基にGE社で開発を行なわせたのが、アメリカでの本格的なジェットエンジンの始まりだった。図面、エンジンの現物、および技術者がアメリカで支援する中、GE社独自の改良を加え、タイプI-A(アイ・エー)エンジンを6ヵ月で完成させ、ベルXP-59Aに搭載して1942年10月2日に初飛行を行なった。ドイツに遅れること3年余でアメリカもジェット機を持ったわけだが、性能的に満足できるものではなかった。さらに強力なエンジンであるGE社のI-40(後のアリソンJ33)を搭載したロッキードXP-80A(1944年6月に初飛行)の出現を待たねばならなかった結果、終戦までに実戦に参加することはなかった。

　日本は世界で5番目にジェット機を開発した国である。1941年の開戦のころから種子島時休大佐などが中心となって排気タービン過給機を基に遠心式のジェットエンジンの開発を始めていた。開発では苦労を重ねていたが、1944年7月に入手したドイツのBMW003Aの図面からヒントを得て、軸流式のネ20エンジンを設計からわずか8ヵ月で完成させ、特殊攻撃機「橘花」に搭載して1945年8月7日に初飛行に成功した。しかし、実戦に参加する間もなく終戦を迎えた。

　ロシア(ソ連)では戦後にRR社の「ニーン」エンジンを基に造ったVK-1を搭載したMiG-15が朝鮮戦争で姿を現したのは1949年頃であった。

　また、フランスでは終戦後、ドイツのBMW003Aエンジンの技術者集団がフランスでこれを発展させ開発した「アター101」が同国での本格的なジェットエンジンの始まりであった。

　高速性の点でプロペラ機に優位性のあるジェットエンジンが、その創成期の各国

の状況を見てみると、前述のように必ずしも順風満帆という訳ではなかった。ジェットエンジンは新しい時代を担う希望の星であったはずであり、研究も行なわれてジェットエンジンやガスタービンの基礎技術は良く知られていたにもかかわらず、実用化に至る過程で各種の技術的な問題に遭遇したり、ジェットエンジンの使用についての適切な評価が得られなかったりして、開発は遅々としていた。

　結局、第2次世界大戦中にジェット機が実戦に参加したのは、ドイツとイギリスのみであり、その他の国も含めてジェットエンジンの持っている特性を十分に引き出せないまま終戦になってしまった。したがって、ジェットエンジンが本格的に発展を遂げたのは、第2次世界大戦が終わってからということになる。

2.3 ジェットエンジン創成期における各国のエンジン

(1) イギリス

■W.U.エンジン

　世界で最初にガスタービンをジェット推進式のエンジンとして提案したのはイギリスのフランク・ホイットルで、彼が22歳、英空軍の将校であった1929年のことであった。事前にこの提案を空軍省に説明したが、結論として燃焼器の高温で、高応力に耐えるような材料がないので、ガスタービンは長い歴史の中で実際的ではないとされてきたという理由で、空軍省は興味を示さず、一時は特許出願を諦めかけたが、結局、1930年自発的に申請し、18ヵ月後の1932年にはターボジェットエンジンの特許として認可された。しかし、この特許は秘密扱いにもされず、世界中に広く公表されることになった〔*2〕。この事実から、空軍省がいかにジェットエンジンを軽視していたかが分かる。この特許に使われた図面が図2-2〔*2〕である。

　民間企業においてすら、どこも興味を示すところはなかったが、1936年になって、理解者である小さな銀行の支援を受け、資本金£10,000のパワージェットLtd.という小さな会社が設立されて、「ホイットル・ユニット（W.U.）」として知られるジェットエンジンの開発がようやく本格的に開始されたのである。そして1937年4月12日、ラグビーにあったブリティッシュ・トムソン・ヒューストン（B.T.H.）社のタービン工場で世界で初めての、記録に残るジェットエンジンの試運転が行なわれた。しかし、軸受の損傷、圧縮機インペラー先端の折損、燃焼器の焼損によって生じた破片によるタービン動翼の損傷等、種々の不具合のため、最終的に16,500rpmに回転を上げるまでに丸1年を要した〔*2〕。1938年から1939年までは、

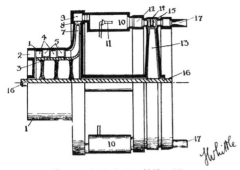

図2-2 イギリスのホイットルの特許の図
1930年12月16日付 英国特許No.347,206より。

図2-3 ホイットルのW.U.エンジン
(courtesy of Science Museum, London) 2008.7

エンジンの2回にわたる作り直しや燃焼器の台上試験などのため、開発が思うように進まなかった。

■グロスターE28/39用エンジン

　ジェットエンジンの飛行試験のためにグロスターE28/39という機体が計画された。これに搭載するために飛行型W.1エンジンの契約が成立し、1939年9月3日にイギリスがドイツに宣戦布告をした頃、燃焼器の燃料ノズルを蒸発式から噴霧式に変更することが提案され、これによって3年間にわたって煩わされた燃焼器問題が解決の方向に転じることになった。W.1エンジンはそれまでの形態ではタービンの冷却に水を使用していたが、飛行型のエンジンとするために空冷式にする必要があった。W.1エンジンは17,750rpmで推力1,240lb（562kgf）を出すように設計されていた。1940年末に完成に近づいたが、途中で部品が廃却されたりしたため、W.U.エンジン（図2-3）のために造られたローターを組込み、ラッシュアップ型のW.1Xエンジンとして1940年12月に初回運転が行なわれた。機体との勘合チェックや地上運転まではこのラッシュアップ型のエンジンで行なわれた。1941年5月にはW.1エンジン（図2-4）搭載のグロスターE28/39（図2-5）（口絵4）の初飛行が行なわれたが、当初、当局はあまり関心を示さなかった。

■W.2エンジン

　W.1エンジンはパワー・ジェット社からB.T.H.社に下請に出されていたが、十分な品質が得られなかったことから、自動車で信望のあったローバー社にも担当させることを計画し、W.2Bエンジン（W.1の推力向上型で、初期にはW.2と呼ばれた）の製造計画が進められた。双発機グロスターF9／40への搭載のためにW.2エンジンの開発が急務となったため、W.2エンジンとW.1エンジンとを混合したようなW.1Aというエンジンが計画され、B.T.H.社がこれを担当した。これでW.2エンジ

図2-4　ホイットルのW.1エンジン
イギリス初のジェット機グロスターE28/39に
搭載された。(courtesy of Science Museum,
London) 2008.7

図2-5　イギリス初のジェット機、グロスターE28/39
(courtesy of Science Museum, London) 2008.7

ンの事前確認をしようと試みた。パワージェット社はW.2エンジンを推力の大き
いW.2Bに改良設計し、ローバー社もB.T.H.社もこの図面で製造を行なうことになっ
た。1941年11月にウオータールーの工場でローバー社製造のW.2Bの運転が行な
われたが、その後、3社のエンジンとも圧縮機のサージ、板金部品のクラック、ター
ビン動翼の折損等の不具合のため性能、信頼性、耐久性が満足できないという問題
が発生した。一つの問題がさらに別の問題を発生させるという具合で、事象の理解
とその解決に多くの時間を割かれることになった。その中、F9／40「ミーティア」
用エンジンの準備に圧力がかかり、ローバー社は推力1,000lb(454kgf)以上のエン
ジン4台と、引き続いて1,200lb(544kgf)のエンジン8台を完成することに成功し
た。問題の解決のため企業や研究機関の協力を得たが、特に燃焼器についてはルー
カス社が開発を進め、1942年3月に「コランダ」式燃焼器を導入した。

　この燃焼器システムの導入されたエンジンをW.2B/23と称し、後日ロールスロ
イス社に「ウィーランド」として引き継がれたのもこの名称であった。それでも不
具合は収まらず、さらなる研究開発が行なわれた結果、1942年5月に定格を下げた
エンジンの領収試験にやっと合格することができた。「ミーティア」に搭載されて
地上滑走試験が何回か行なわれたが、推力が1,000lb(454kgf)出ているか、疑問視
され、離陸時に1発停止した場合に上昇できないのではないかとの心配から、初回
飛行は延期されてしまった〔*3 p.51〕。

　一方、W.2Bに関してローバー社がてこずっている間に、パワージェット社が中
心になってW.2／500という改良型エンジンの設計を1942年3月に完結させ、同年
9月には、設計通りの性能を出すことに成功している。W.2／500エンジンは推力
が800kgfとW.1エンジンの2倍に増強されているため、1944年このエンジンをE28
／39の初号機に換装して飛行試験が行なわれた結果、750km/hの高速を出すことに

成功している。1943年1月にはローバー社のエンジンが完全にロールスロイス社に移管されてから、W.2Bは著しく改善され、所定の1,600lb（726kgf）の推力が出るようになった。このW.2Bエンジンは量産型を「ウィーランド」と称し、小規模の製造が行なわれた〔*2 p.20〕。量産型の「ウィーランド」となって少量ながら生産されることになる。

■グロスター「ミーティア」

　グロスターF9/40「ミーティア」の量産先行型1機はデハビランド社のエンジンH-1（推力：681kgf、後の「ゴブリン」）が搭載できるように改修され、1943年3月ローバー社やパワージェット社のエンジンよりも先に初飛行に成功している。このH-1エンジンはデハビランドのハルフォードがホイットルと接触して設計したエンジンで、ホイットルのエンジンと大きく異なることは、遠心圧縮機の空気取入口がホイットルの両側方式から片側方式になっていること、および当時のホイットルエンジンでの難点ともいわれた逆流式の燃焼器が直流式になっていることであり、推力も1942年4月の初回運転の2ヵ月後に1,365kgfに達するというほど優れたエンジンであった〔*4 p.53〕。このエンジンは後にアメリカのXP-80に搭載されることになる。

　1943年7月になって初めてローバー社のW.2B（推力：693kgf）エンジン搭載のグロスター「ミーティア」が初飛行を行なった。「ミーティア」はH-1とW.2Bの2型式のエンジンのみならず、1943年11月にはイギリスで初の軸流式のターボジェットであるメトロヴィックF.2エンジン（推力：908kgf）の量産先行型を搭載して初飛行を行なっている〔*5 p.54〕。このエンジンは後にメトロポリタン・ビッカースF2/4「ベリル」と呼ばれる推力1,585kgfのエンジンに発展し、サンダース・ローSR.A1ジェット飛行艇に搭載された〔*6〕。このエンジンはイギリスにおける軸流式エンジンの基礎を確立した。

　「ミーティア」の量産先行型（F9/40）（図2-6）には、W.2B/23「ウィーランド」（推力772kgf）（図2-7）が搭載され、1944年7月に20機中12機が出荷された。「ミーティア」はその高速性を活かしてドイツのV1飛行爆弾（図2-8）の迎撃に活躍し、終戦までにV1を約30機撃墜したといわれている。V1はジェット推進で飛行するが、エンジンはパルスジェットといってターボジェットとは異なり、回転部品を持たないエンジンである（図1-1）。

　一方、ローバー社が開発した直流式の燃焼器を持ったW.2B/26エンジン（推力：908kgf）はパワージェットのW.2/500の設計思想も取り入れられてB37「ダーウェントⅠ」として「ミーティアF.Mk.Ⅲ」に搭載され、合計210機が製造されたが、最初の15機は「ウィーランド」エンジンであった。これらの機体はベルギーの部

図2-6 グロスター「ミーティア」F9/40量産先行型
W.2B/23「ウィーランド」搭載。
(courtesy of Royal Air Force Museum, Cosford) 2009.7

図2-7 W.2B/23「ウィーランド」エンジン
グロスター「ミーティア」F9/40量産先行型に搭載。
(courtesy of Royal Air Force Museum, Cosford)
2009.7

図2-8 ドイツの飛行爆弾V1
エンジンはパルスジェットであり、ジェットエンジンのような
回転部品はなく、バルブの開閉のみで吸気-燃焼-排気を繰
り返して推進力を得る。(courtesy of Imperial War Museum,
Duxford)1997.11

隊に配属され戦争終末直前には北部フランスでの地上攻撃にわずかに使用されただ
けで終戦となった。

　また、パワージェット社では、逆流式燃焼器を持つW.2／700（推力:1,000kgf）
という優秀なエンジンまで開発したが、結局ロールスロイス社が引き取って発展さ
せた直流式燃焼器を持つ「ダーウェント」エンジンが主流となった。この系列では
「ダーウェントⅣ」(推力:1,089kgf)まで発達した。パワージェット社のエンジン
は試験飛行やアフターバーナーの基礎研究に使用されただけで、実用機向けとして
の量産は行なわれることはなかった。

　さらにロールスロイス社では、1944年に空軍から出された仕様で推力4,000lb
(1,814kgf)のエンジンを最大径55インチ(1,397mm)、重量2,200lb(998kg)に収ま
るように造るという要求に対応するべく〔＊7 p.158〕、直流式燃焼器を有するRB40を経
てRB41を自社開発し、これを「ニーン」エンジンとして1944年10月に試運転し
て最初から目標推力を達成した〔＊8 pp.89-90〕。(注：RB = Rolls Royce Barnoldswick
の略〔＊4 p.148〕。このエンジンは最大径も重量も要求仕様に対して十分な余裕を持っ
たうえ、推力は5,000lb(2,268kgf)に達する強力なエンジンとなった。グロスター
「ミーティア」に搭載するための検討が行なわれ、「ニーン」エンジンを85.5%に縮

図2-9 RR「ダーウェントⅧ」

RR社のRB41（「ニーン」）を85.5%に縮小してグロスター「ミーティア」に搭載。戦後も長く使用された。(courtesy of Royal Air Force Museum,Hendon) 2009.7

図2-10 デハビランド DH-100「バンパイア」F3

「ゴブリン」エンジン搭載。初期型のF1から長距離用に設計変更された機体。(courtesy of Royal Air Force Museum, Hendon) 2009.7

小することで対応できることが分かり、これを新規の「ダーウェントⅤ」として開発することになった。推力3,000lb（1,360kgf）の「ダーウェントⅤ」が「ミーティアⅣ」搭載され、初飛行をしたのは、1945年5月であった。「ミーティア」の飛行性能が著しく向上したことは言うまでもない。このエンジンはその後「ダーウェントⅧ」（推力：3,600lb＝1,633kgf）（図2-9）まで発達し、戦後のグロスター「ミーティアⅧ」に搭載され、長く使用された。

　グロスター「ミーティア」機に続いてH-1エンジンから発達した「ゴブリン」エンジン搭載で双胴のジェット機、デハビランドDH-100「バンパイア」（図2-10）も1943年9月20日に初飛行を行なったが、最初の量産型機が飛行したのは、終戦の数日前であり、実戦には役に立たなかった。後述のようにH-1エンジンはアメリカのXP-80にも搭載されたが、第2次世界大戦中に量産に入ることはなかった。

(2) ドイツ
■ハインケル

　イギリスのホイットルのジェットエンジンの特許を見たハンス・フォン・オハインは、これに対抗して軽量で単純構造のジェットエンジンの開発を計画した。遠心圧縮機とラジアル・タービンとを背中合わせに抱き合わせた形態のエンジンを考案し、1934年ゲッチンゲンにあるマックス・ハーンの自動車修理工場で自費で製作に取りかかった。基本的な試験まで進んだが、大きな企業の支援の必要性を感じたオハインは1936年、ジェットエンジンの開発をハインケル社長に呼びかけた。即座に支援が得られ、直ちに開発に入ることができた。開発リスクを避けるため燃焼器も水素燃料で燃焼できるようにし、1937年にはHeS1（He=Heinkel＝ハインケル、S=Strahltriebwerk＝ジェットエンジン）〔＊9 p.37〕の初運転に成功した。これを基に液体燃料でも燃焼可能な飛行用ジェットエンジンの開発を急ぎ、ハインケル

図2-11　ハインケルHeS3Bエンジン
左半分が圧縮機で右側背中合わせにタービンがある。(courtesy of Smithsonian National Air and Space Museum) 1981.8

図2-12　世界で初めて飛行したジェット機、ハインケルHe178（模型）
ハインケルHeS3Bエンジンを搭載。(courtesy of Smithsonian National Air and Space Museum) 1981.8

HeS3B（図2-11）を完成させ、ハインケル社の自助努力で開発した機体ハインケルHe178（図2-12）で1939年8月27日に世界初のジェットエンジンによる飛行に成功した。しかし、飛行機会社であるハインケル社ではジェットエンジンの開発は無理だと判断した航空省は、当時は興味を示さなかった業界に対して根気強く交渉した結果、ユンカースおよびBMWがジェットエンジンの研究開発の契約をすることになった。

　ユンカースのJumo004エンジンの開発には、アンセルム・フランツが指名され、BMW003の開発には、ヘルマン・オーストリッヒが指名された。これに対抗したハインケルは、自社でエンジン部門を所有するべく、ハーツ・エンジン・カンパニーを買収することに成功した。折しも同社のHe-280（HeS8A搭載）が初飛行を行なった1941年4月2日の数日後であった。1942年には、このエンジン会社はハインケル・ハーツという会社になった。He-280は、プロペラ機に対して優位性のあることが確認されたが、メッサーシュミットMe-262（当初はBMW003先行型を搭載したが、不具合によりJumo004に換装、いずれも軸流圧縮機付）が開発され、He-280（エンジンは遠心圧縮機付）よりも優位性のあることが実証された結果、He-280は9機が製造されただけで1943年3月には、その製造が打ち切られてしまった[*10]。

■ユンカース

　当時、ドイツ航空省はエンジンの前面面積当たりの推力を大きくすることを要求していた。軸流圧縮機付きのエンジンの方がエンジン直径を小さくすることができ、特に双発の機体には軸流式の方が優れているということから、必然的に軸流式のJumo004やBMW003エンジンの開発が促進された。Jumo004はドイツ航空省の要求によりユンカースのエンジン会社でアンセルム・フランツの指揮下1939年に開発が開始された。実用化まで到達した世界初の軸流式のジェットエンジンとなった。

図 2-13 ユンカース Jumo004B エンジン
世界で初めて量産化された軸流式ジェットエンジ
ン。メッサーシュミットMe262に搭載。
(courtesy of Smithsonian National Air and Space
Museum) 2000.3

図 2-14 メッサーシュミット Me262
世界で初めて量産化されたジェット戦闘機。
Jumo004B搭載。(courtesy of Royal Air Force
Museum, Hendon) 2008.7

　試作型のJumo004Aは1940年春に設計が完了し、同年10月11日に運転が開始され、その後圧縮機静翼の折損という不具合を克服し1941年8月には要求推力の600kgfを達成した〔＊11 p.71〕。

　1942年7月18日に、Jumo004A搭載のMe262が初飛行した。しかし、このエンジンは耐熱材料等、入手難の戦略物資を多用していることから、中空タービン翼などを使用し、戦略物資の使用量を試作型Jumo004Aの半分に削減し、重量も850kgから750kgに低減した量産型Jumo004Bの開発が進められた。1943年6月には推力910kgの004B-1（図2-13）が出荷され、Me-262（口絵1および図2-14）に搭載されて10月に飛行を開始した。世界で初の実用ジェット機として量産されたメッサーシュミットMe262も戦闘機として高速性を活かした用途に専念するべきであったが、1943年11月にデモ飛行を見て、当機の素晴らしさに魅せられたヒトラーが数ヵ月後に予想された連合軍の総攻撃を水際で撃退することを期待して、本機を戦闘爆撃機として開発するよう命じた。そのため、爆撃機としての設計変更、改装のみならず、後方支援や乗員の訓練についても戦闘機と爆撃機の二重の対応が必要となり、運用まで長時間を要することになった

　Jumo004Aエンジンはアラド Ar.234A（長距離偵察型）に2発搭載され、1943年7月30日に初飛行を行なった。やがてJumo004B搭載の爆撃機型Ar.234B（口絵3および図2-15）が開発され、1944年9月25日に初飛行を行なった。離陸はRATO（補助ロケット）を使い、推力の不足を補っていた。この機体は後方が見られるペリスコープなどを搭載し、爆撃機としての能力は持っていたが、イギリス本土まで足を延ばせる偵察機としても重用された。1945年1月1日、オランダ、ベルギー、フランス北部への爆撃を開始し、ジェット爆撃機として世界で初めて実戦に参加した機体となったが、損失も大きかった〔＊12 p.96〕。Ar.234Bは終戦までに約200機が量産された。

図2-15 アラドAr.234B爆撃型
Jumo004B搭載。(courtesy of Smithsonian National Air and Space Museum) 2004.6

　このほか、第2次世界大戦中にドイツではJumo004B-1を4発搭載したユンカースJu287を1機試作している。後にJumo004を6発（主翼下に3発ずつ束ねて装着）搭載したEF131という機体に発展したが、終戦となり、ソ連が進駐して本国に持ち帰ってさらなる開発を進めた。

■BMW

　もう一つの軸流式のエンジンBMW003（図2-16）は、BMWに合併する前のブラモ社が契約で独自に開発していたBMW P3302（ドイツ航空省名109-003）を基に開発したエンジンである。元来P3302は軸流圧縮機6段で圧力比2.77で、推力は260kgfしか出ず、要求推力にはるかに及ばないだけでなく、タービン動翼の折損や燃焼器の不具合が続出し、特に燃焼器の効率は60％と低い値であった。Me262がレシプロエンジンと併用してジェット推進で1942年3月25日に初飛行したときのエンジンがこのBMW P3302である。この時は2発のジェットエンジンが空中で停止し、残ったレシプロエンジンで辛うじて着陸したというエピソードがある。1942年半ばになって新しく改良された7段圧縮機、燃焼器およびタービンが組み込まれ、初のBMW003Aが1942年末に運転試験を行ない、推力550kgfを達成することができた。推力増大を要求され、新たに発生した燃焼器の不具合や、圧縮機の振動に起因する圧縮機動翼の折損およびエンジンが始動できないという問題を克服しながら開発を進めた。1943年半ばになって各要素の改良が進み、800kgfの推力が出せるようになった。1943年10月にJu88を母機として空中試験が行なわれた。その時点でJumo004は推力900kgfを出していたが、BMW003AはJumo004より前面面積が小さく、軽いながらJumo004と同等の推力が出せる能力があり、かつ整備性が優れていると評価された。

　一方のJumo004は改良されないまま量産型としての設計は凍結されてしまったが、BMW003Aについては開発を急ピッチで継続するように航空省から指示された。終戦直前には900kgfの推力を出すことに成功し、BMW003A-2の型式名称が与えられたが、時すでに遅く、1台も出荷されることはなかった〔＊12 p.241〕。BMW003A-0の4発を2発ずつ束ねて搭載したAr.234Aが1944年2月に、また、

図2-16　BMW003ターボジェット エンジン

ハインケルHe162などに搭載。日本の「橘花」のエンジン、ネ20の設計にも影響を与えるとともに、戦後のフランスのジェットエンジンの開発に貢献した。(courtesy of Science Museum, London) 2008.7

図2-17　ハインケルHe162

背中にBMW003ターボジェットエンジンを搭載。(courtesy of Royal Air Force Museum, Hendon) 2009.7

　4発を独立に搭載した試験目的のジェット爆撃機アラドAr.234Aは1944年4月に初飛行を行なった〔*12 p.105〕。BMW003A-1を2発ずつ束ねて搭載した4発形態で量産型のアラドAr.234C-3の初飛行が1944年11月に行なわれたが、終戦までに12機の量産先行型と19機の量産型が製造されたに過ぎない。4発機なのでエンジン出力が揃っていることが必要であるが、BMW003の燃料コントロールは自動制御ではなかったため、非常に操縦しにくかったようである。その後Jumo004の自動制御を導入して改善されている。

　また、BMW003を機体胴体の上に背負うような形で搭載したユニークな形態のハインケルHe162（口絵2および図2-17）も1944年12月に初飛行した。性能的には優れた飛行機であったが、操縦安定性が悪いといわれている。終戦までに300機が製造された。1945年4月26日に初めて戦闘に参加したが、その後、事故が続いたりした。同年5月4日にはイギリスのレシプロ戦闘機「タイフーン」を撃墜したという。しかし、急ごしらえのエンジンと機体であったため、飛行やエンジン操作に関して制限が多く、十分にその機能・性能を発揮しないまま終戦となった。そのためHe162は失敗作であるとの評価があったが、BMW003エンジンの燃料制御を自動式のものに変更した結果、全ての問題は解決されたといわれる。

(3) アメリカ

■ベルXP-59A

　ドイツのMe262が初飛行し、本格的に戦闘に参加する可能性が出てきた1941年、米空軍のH.アーノルド将軍（米空軍の父とも呼ばれる）がイギリスに行き、フランク・ホイットルのエンジンの国産化を交渉し、ターボ過給器で経験のあるGE社に

急遽製造を命じたのが米国でのジェットエンジンの本格的な開発のスタートであった。1941年10月4日（日本軍による真珠湾攻撃の2ヵ月余前）にイギリスからホイットルのW.2Bエンジンの図面と分解されたW1-Xエンジン部品一式が技術者とともにアメリカに到着した。これを基にGE社ではアメリカおよびGE社の基準に合致するように設計変更を行なった。構造の再設計、材料の変更、自動制御システムなどの不足部品の追加などを行ない、6ヵ月後、GEのタイプ-Iエンジンという全く新しいエンジンとして完成させた。1942年5月18日には初回運転を行なった。

このGEタイプI-A（アイ・エイと読む）（図2-18）という推力1,250ポンド（567kgf）のエンジンがベル社のXP-59A（口絵6および図2-19）に2発搭載されて1942年10月2日には初飛行を行なった。機体に対して推力の不足が明確だったため、GE社はI-14（推力1,400lb＝635kgf）を経てI-16（推力1,600lb＝726kgf）、I-18（推力1,800lb＝816kgf）およびI-20（推力2,000lb＝907kgf）まで推力を段階的に上げて開発を行なった。最終的には推力1,600ポンド（726kgf）のI-16（J31）に置き換えたYP-59Aで進むことになった。しかし、1944年2月、プロペラ機であるリパブリックP-47やロッキードP-38と比較評価のための飛行試験を行なったところ、ジェット機のYP-59Aの方の性能が悪いということが判明した。その結果、YP-59Aは練習機に格下げされてしまい、I-Aエンジンが30台とI-16エンジン241台が出荷〔＊4 p.66〕されたが、実戦に参加することはなかった。

■ロッキードXP-80

YP-59Aに失望し、また、ドイツでジェット機が飛行したという情報を得たアメ

図2-18　GE社がホイットルのW.2Bエンジンの図面などを参考に独自開発したI-A（アイ・エー）エンジン
ベルXP-59Aに搭載。(courtesy of Smithsonian National Air and Space Museum) 2000.3

図2-19　ベルXP-59A「エアラコメット」1号機
GEのI-Aエンジンを搭載し、アメリカで始めて飛行したジェット機。(courtesy of Smithsonian National Air and Space Museum) 2004.9

リカ空軍は500mph（804km/h）を超える独自のジェット機の要求を出した。これを満足するには推力4,000lb（1,814kgf）のエンジンが必要であった。GE社は自社努力で1943年6月に遠心式のI-40と軸流式のTG-180（後のJ35）という2機種のエンジンの開発を同時に開始した。I-40は1944年1月に初回運転に成功し、その1ヵ月以内には推力4,200lb（1,905kgf）を達成した〔*13 p.56〕。I-40は両側吸込み式の遠心圧縮機を使用して高性能化を図り、大きさはほぼ同じでありながら、空気流量はI-16エンジンの約2倍であった。燃焼器には逆流式ではなく直流式で耐熱合金製のものを使い、タービン動翼の材料も変えるなど、先進的なエンジンであった。先行していたイギリスのRR社「ニーン」エンジンにも少なからず影響を与えたようである〔*8 p.93〕。

一方、機体側ではロッキード社がXP-80の開発を開始したが、I-40エンジン開発に時間がかかると見た空軍はイギリスからデハビランド社のエンジン、ハルフォードH-1B（後の「ゴブリン」）（図2-20）を輸入して搭載した。当該エンジンは、当時、唯一入手可能な1台のエンジンとして、イギリスのDH.100「バンパイア」の2号機に搭載されていたものを取下ろしてアメリカに空輸したものといわれている〔*4 p.53〕。H-1Bエンジン搭載のロッキードXP-80（愛称「ルル・ベル」）（図2-21）は1944年1月に初飛行をした。H-1Bエンジンをアメリカのアリス・チャルマーズ社でJ36として国産化しようとしたが、納期を守ることができず、断念した。代わりに推力3,000lb（1,361kgf）のH-1Bエンジンより、推力も大きく信頼性の高い4,000lb（1,814kgf）のエンジンの方が良いということで、開発成果の上がり始めたGE社のI-40（J33）（図2-22）が正式にXP-80Aに搭載されることになった。1944年6月にI-40搭載のXP-80Aの初飛行が行なわれている〔*14 p.36〕。このP-80Aが量産体制に

図2-20　デハビランド社ハルフォードH-1B（後の「ゴブリン」）エンジン
イギリスの「バンパイア」から融通してXP-80に搭載。
（courtesy of Smithsonian National Air and Space Museum）
2000.3

図2-21　ロッキードXP-80の1号機（愛称「ルル・ベル」）
H-1Bエンジンを搭載して1944年1月に初飛行。（courtesy of Smithsonian National Air and Space Museum）

図2-22　GE社のI-40から発展したJ33エンジン
製造はアリソン社。I-40はロッキードXP-80Aに搭載されて
1944年6月に初飛行。(入間基地航空祭、1999年11月)

図2-23　ロッキードT-33A練習機
アリソンJ33-35エンジンを搭載。P-80Cの胴体を延長して
2人乗りの練習機とした機体。航空自衛隊でも1999年11月ま
で運用されていた長寿命機。
(入間基地航空祭、1998年11月)

入ったのは1945年3月であった。それに先立ち、4機のYP-80Aが評価目的でヨー
ロッパ戦線に派遣されたが、実戦に参加することはなかった。P-80は後にF-80（口
絵7）となり、F-94など各種の派生型に発展していくが、複座式の練習機に発展し
たT-33（J33エンジン搭載）が最も多く製造され、日本の航空自衛隊でも1999年11
月まで飛行（図2-23）していたほど長寿命の機体であった。

■マクダネルFH-1「ファントム」（XFD-1）

　純粋にアメリカで開発された最初のジェットエンジンはウェスティングハウス
社の19Aエンジンである〔＊15〕。同社では、40年間の蒸気タービンの経験に基づき
1941年にガスタービンを航空機のジェット推進に使用するための研究開発に入り、
1942年8月に19Aの設計を開始し、1943年7月には100時間耐久試験に成功してい
る。このエンジンは6段の軸流圧縮機を持った直径19インチ（型式名称の由来と
なった）の推力1,100lb（500kgf）のターボジェットエンジンであった。

　米海軍が1943年8月に契約を結んだ出力向上型（推力1,365lb＝619kgf）の19B
エンジン搭載（後にJ30、図2-24）のマクダネルXFD-1（図2-25）が1945年1月26
日に初飛行を行なった。後にFH-1「ファントム」と改名され、海軍初の実戦用の
ジェット機となったが、第2次世界大戦中に実戦には参加できなかった。エンジン
は後に軸流圧縮機4段を追加して推力を1,600lb（726kgf）に増強した19XBになり、
FH-1用に約260台製造されている〔＊15 p.39〕。なお、XFD-1は戦後の1946年7月21
日に航空母艦「フランクリン　ルーズベルト」に米軍のジェット機として初めて着
艦に成功している〔＊16〕。

　ウェスティングハウス社は19XBに続いて成功作の24C（軍用名J34）を開発し、
何種類かの海軍機に搭載使用されたが、その後に続くJ40およびJ46エンジンの失

図2-24　ウェスティングハウスJ30軸流式ターボジェットエンジン
アメリカで初めて独自開発したジェットエンジン。マクダネルFH-1に搭載。
(courtesy of Science Museum, London) 2000.7

図2-25　マクダネルXFD-1(FH-1「ファントム」)
ウェスティングハウスJ30(19XB)を搭載して1945年1月に初飛行。空母に着艦した初の米軍ジェット機となった。
(courtesy of Smithsonian National Air and Space Museum)

敗による会社イメージの低下等の理由から、1960年にはエンジン業界から撤退することを決心している〔*15 p.44〕。

■J35エンジン他

　J35(軸流圧縮機付)はGE社が開発した純アメリカ製エンジンである。このエンジンはGE社が独自にXP-80Aに向けて4,000lb(1814kgf)のジェットエンジンの要求に応えるため遠心式のI-40(J33)と同時平行的に開発をしていた軸流式のエンジンTG-180が後に発展してJ35となったものである。しかし、戦時体制下では、実績のある遠心式のI-40の方が適切だとの判断で軸流式のJ35エンジンの開発テンポを遅らせていたため、世間に出たのは戦後の1946年2月にリパブリックXP-84で飛行したのが初めてであった。

　アメリカのP＆W(プラット＆ホイットニー)社では、ジェットエンジンの開発は戦後の1946年、イギリスRR社の「ニーン」エンジンについて技術提携して完成させたJ42が最初であった。

　これらのほかに第2次世界大戦中に初飛行を行なったアメリカのジェット機としてベルXP-83という長距離護衛戦闘機がある。これはベルP-59を発展させてエンジンをJ33に換装した機体で1945年2月に飛行したが、性能および操縦性が不満足なものであったため、2機のみ試作されたに過ぎない。この種の任務はレシプロ機の「ムスタング」(P-51)を2機結合して双胴とした「ツインムスタング」(P-82)に取って代わられてしまった〔*17 p.27〕。

(4)日本

■海軍特殊攻撃機「橘花」とネ20エンジン

　日本でのガスタービンまたはジェットエンジンの創成期については種子島時休海軍大佐の「日本におけるジェットエンジン開発の技術史(英文)」〔*18〕または、永

野治技術中佐の「戦時中のジェットエンジン事始め」〔＊19〕等に詳しく紹介されている。1935～1937年にかけて種子島大佐がフランスで連続燃焼ガスタービンの開発およびスイスでガスタービン・プラント用の軸流ブロワーの製造などを意欲的に見聞して帰国したのが、日本におけるジェットエンジンに対する具体的な活動の出発点になったようである。種子島大佐はBBC社にターボ過給器を造らせていたが、1941年頃から排気ガス利用ターボ過給器の実験に取組み、排気速度の計測方法の実験を行ないながら、ジェットエンジンで航空機を飛行させることに自信を持っていた。これをタービンロケット（TR）と呼んだ。1941年12月8日の真珠湾攻撃から数日後、ターボジェットエンジンの開発を上層部に提案し、即座に承認された。それまでの間、種子島大佐はジェットエンジンやガスタービンを利用した各種航空機エンジンのアイデアを数多くまとめて報告書に発表している。

これに加え、ラムジェットやカプロニ・カンピーニ式のファンジェット、16段軸流ブロワーなど、各種の実験機を各エンジンメーカーに発注して啓蒙実験に余念がなかった。ジェットエンジンを早急に得る方法として、空技廠は大型の排気タービン過給器YT-15を転用することを考えた。風洞内で実際に運転することに成功し、本格的な試作に入ったが、タービン翼の折損や複雑な燃焼器のため、1942年末までに開発は順調には進まなかった。戦争が激しくなり、また、ドイツやイタリアでのジェット推進による航空機の出現が伝えられると、ジェットエンジン開発に対する圧力も高まってきた。その結果1944年、ジェットエンジンの開発が認められ、技術的な問題点を抱えながらもYT-15を基に燃焼室を新設するとともに圧縮機を改造し、排気ノズルを設けることなどの改造によって、日本で最初のジェットエンジンTRの開発が進められた。TRは、遠心圧縮機1段を燃焼器後方の軸流タービン1段で駆動する遠心式のエンジンであった。排気タービン過給器として完成していても燃焼器を中心としてジェットエンジンのシステムとしてまとめあげるには、さらなる努力が必要であった。

1944年6月には荏原製作所製の3台のTRが完成し、試験を行なった結果、タービン、圧縮機、燃焼器、軸受等の不具合点が明らかになったので対策を取り込み、TR10（図2-26左）と改称して増加試作を行なうことになった。TR10の製作は空技廠に加え、1組（三菱名古屋発動機＋三菱神戸造船）、2組（中島飛行機＋日立製作所）、および3組（石川島航空＋石川島芝浦タービン）の3つの共同試作集団で行なわれ、1944年8月末までの2ヵ月間に合計70台を完成する計画であった〔＊20〕。

TR10はエンジンが技術的未完成品として疑問を持たれ、計画に対して工事能力不足のため製作は遅々として進まなかった。ちょうどそのような時期の1944年

	TR10	ネ12B	ネ20
断面図	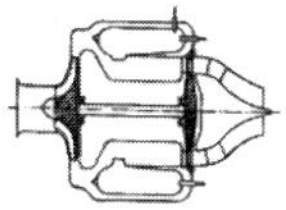	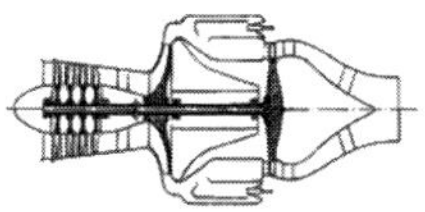	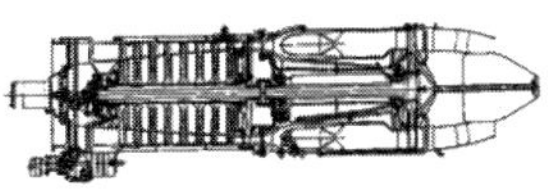
圧縮機の構成	1段遠心式	4段軸流式＋1段遠心式	8段軸流式
最大推力（kgf）	300	320	475
重量（kg）	250	315	474
回転数（rpm）	16,000	15,000	11,000
外径（mm）	850	855	620

図2-26　TR10からネ12Bを経てネ20に至る仕様の変遷

　7月に巖谷栄一技術中佐からドイツのBMW003Aの1／15に縮小された図面と、Jumo004BやBMW003Aやロケットの見聞記およびMe262やMe163の取扱い説明書がもたらされたのである。本来なら、日本が運んだ金塊や生ゴムやタングステンのような天然資源と引換えに、ドイツから買ったエンジンの設計図も来るはずであったが、それらを積載した潜水艦が撃沈されて全てが失われてしまった。幸い途中で事前に下船していた巖谷中佐の持参したわずかな資料を基に、後のネ20（図2-26右）エンジンが開発されていくのである〔＊19〕。

　1944年8月、空技廠の分を残し、各社へTRの発注はキャンセルされた。ドイツの資料を基に陸海軍共同試作が開始され、名称もTRから「ネ」（燃焼ロケットの略）となり、TR10はネ10となって空技廠が担当することになった。1944年8月からは種子島大佐の配下に永野治技術中佐（当時は少佐）が配属され、強力に種子島大佐を支えた。ネ10の系列では同時並行的に進められたカンピーニ型エンジン（ツ-11）で得られた軸流圧縮機の経験を反映してネ10に4段の軸流段を追加したネ10改を基にこれを改善したネ12（図2-26中央）を設計した。一方、機体側では1944年9月、「皇国2号兵器」としてジェット推進の機体の計画が明らかにされた。この計画に正式に「橘花」の名が付けられ、空技廠から「試製橘花計画要求書」が手交されたのは1944年12月末であった。ジェットエンジン双発の「橘花」の役割は艦船迎撃用近距離高速爆撃機とされ、500kgの爆弾（投下も可能であった）を積んで体当たり攻撃をすることであった〔＊21 p.150〕。しかし、「橘花」は体当たり攻撃機ではなく、最初から生還を前提とした「特殊攻撃機」として設計されていた。

　「橘花」用エンジンの開発が急務となり、ネ12に改良を加えて軽量化を図ったネ12Bの開発を急いだ。6機のエンジンが完成したが、TR10の問題点を引きずって

おり技術的に自信が持てなかった。1944年10月末頃、ネ12B不良個所対策会議の席上、過去のことは一切御破算にしてBMW003Aを参考にして出直す方が賢明であるという提案が無条件で受入れられ、全段軸流式のエンジンの開発が急速に進み出した〔＊22 p.47〕。ネ12Bと同じ推力（320kgf）を有するネ15を計画したが、機体側から推力増加を要求され、スケールアップして推力を480kgfに増加し、軸流8段の圧縮機を有するネ20を開発することになった。ネ20エンジンの開発目的は第1海軍技術廠噴進部＊注1設計係「ネ20型 計画概要」〔＊23〕によると次のようになる。

「ネ12Bノ性能不足ニ対シ、推力400kg以上ト云フ要求ヲ満足セシメンガタメ、独国TL＊注2機関ヲ摸セル タービンロケットヲ計画シ、ネ20ト名付ク。主トシテ圧縮機、タービン効率ノ向上ヲ目途トス。」

注1：1945年2月に空技廠より第1海軍技術廠に改名。4月に「噴進部」新設
注2：TL：Turbinen Luftstrahl-triebwerke（ターボジェットエンジン）

　　ネ20エンジンの開発は、以下に記すように極めて短時間に行なわれた。すなわち、

1944年10月：ネ20計画図作成

1944年12月25日：ネ20の設計作業開始

1945年1月中旬：一部の部品の製作開始

1945年3月20日：全部品の完成

1945年3月26日：組立完了し、エンジン試験開始

1945年6月22日：生産型ネ20Aの1号機（通産6号機）による耐久試験完了

1945年7月：ネ20を「1式陸上攻撃機」に懸架し三沢にて空中試験

1945年7月13日：木更津にてエンジン運転開始

1945年7月27日：ネ20搭載の「橘花」木更津で第1回地上滑走

1945年8月7日：「橘花」高岡少佐の操縦で12分間の初飛行に成功

1945年8月11日：「橘花」正式試験飛行で離陸を断念し、機体破損

1945年8月15日：終戦

　　結局ネ20エンジンは、全段を軸流圧縮機に置き換えることにより、回転数を低下させることができ、成功に至ったということができる。TR10からネ12Bを経てネ20に至る仕様の変遷を図2-26に示す。「橘花」（口絵8および図2-27）は8月7日に高度600mで12分間の初飛行に成功したが、8月11日の正式試験飛行の際、追加された補助ロケットの燃焼終了がエンジン推力低下と判断されたのか、離陸が断念され、滑走路を飛び出して浅瀬にかく座して機体が破損してしまった。急遽2号機の組立にかかったが、完成する前に終戦となり、上記の「橘花」による12分間の

図2-27 日本初のジェット機・海軍特殊攻撃機「橘花」
ネ20ターボジェットエンジンを2発搭載。1945年8月7日に木更津で12分間の飛行に成功。同8月11日の正式飛行で離陸を断念して機体を損傷。（写真提供：Robert C.Mikesh氏）

初飛行が日本の純ジェットエンジンによる唯一の自立飛行となった。

　なお、戦争末期にネ20の推力不足に対応してネ20改という推力650kgfのエンジンが航研で計画され、設計図は航研自らの手で作成して図面もほぼ完成し、試作を北辰電機で行なわせようとしていた〔*24〕。このエンジンの大きな特徴は圧縮機が圧力比3を保ったまま段数を8段から6段に減少し、圧縮機前側軸受の構造も単純化したり、圧縮機静翼を鋳造一体構造にしたりするなど、高性能化に加え、量産に適した改良がなされていた。しかし、頻繁に行なわれた打ち合わせの結果、当時の戦局よりも将来の技術向上にとって意義があるとして開発は行なわれなかった。

■**日本で開発中であったその他のエンジン**

　陸軍は海軍の主エンジンに対して補助エンジンも狙った開発を進め、1942年夏以降、陸軍第2航空技術研究所主導の下、川崎航空機においてラムジェットの「ネ-0」、カンピーニ式ジェットの「ネ-1」、「ネ-2」（未着手）およびターボジェットの「ネ-3」、「ネ-4」の試作研究が行なわれた。この中、「ネ-0」は1943年12月23日、川崎キ-48Ⅱ型双発軽爆撃機を母機として飛行試験に成功し，日本のジェット推進のエンジンとしては、空中で運転された最初のエンジンとなった〔*25 p.102〕。

　軸流圧縮機を持ったG.T.P.R.（ガスタービン・プロペラ・ロケット＝ターボプロップエンジン）からターボジェット化されたTR140、同じくターボプロップネ201からターボジェット化されたネ201-Ⅱなど、色々な開発が平行的に行なわれたが、最終的には推力900kgfのネ130ターボジェット、1,870shpのネ201ターボプロップ、推力885kgfのネ230ターボジェットおよび推力1,300kgfのネ330ターボジェットに集約されて開発が促進された。ネ10改を相似的に推力850kgfまで大きくしたTR30（ネ30）も試作されたがTR-10と同じ欠陥を持っていたため、ほとんど試験もされなかった。大部分のエンジンが試験中の事故や空襲で破壊されてしまった中で、ネ130は松本の工場で9,000rpmのフル回転まで試験を行ない、性能確認まで行なっている。しかし、終戦の翌日に過回転試験を狙って運転中にFOD（異物吸入）によってエンジンが破損してしまい、全てが終わった。

　変わり種としては、航続距離の短い特攻機「桜花11」のロケットエンジンを替

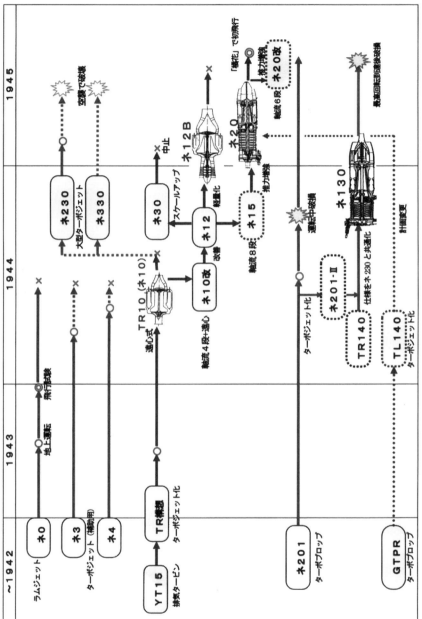

図2-29 「ネ」エンジンの系図（ネ1およびネ2は省略）

図2-28 特攻機「桜花22」
「ツ11」カプロニ・カンピーニ式エンジンを搭載。垂直尾翼の右に見えるスクープがファンの空気取入口。(courtesy of Smithsonian National Air and Space Museum) 2004.6

えるためにカプロニ・カンピーニ式(レシプロエンジンでファンを駆動し、燃料を噴射燃焼して推進力を得る方式)のツ11の開発が行なわれた。このエンジンは1945年7月に特攻機「桜花22」(図2-28)に搭載され、8月12日の試験で母機「銀河」から発進試験を行なったが、離脱の際に母機と接触事故を起こして墜落し、殉職者を出して終止符を打っている。[*21 p.149]

ネ0からネ20改に至るまでの「ネ」エンジンの系図を種々の参考文献を基に纏めると、図2-29 [*20][*23][*26][*25][*27][*28]のようになる。

エピソード：日本初のジェットエンジン・ネ20の意外な功績[*29]

第2次世界大戦中に空技廠が自ら開発を行なったターボジェットエンジン「ネ20」(推力475kgf)が1機種だけ開発に成功し、海軍特殊攻撃機「橘花」に搭載され、1945年8月7日に千葉県木更津基地にて初飛行に成功したものの「橘花」は4日後の8月11日に行なわれた正式の飛行の際、離陸を断念して滑走路先の浅瀬にかく座して損傷し、代わりの2号機の準備も間に合わない中に終戦となったことは前述のとおりである。

終戦直後、アメリカのTAIU(航空技術情報部隊)が来日して日本の主要な航空機140機余などを調査のため収集してアメリカに移送した。この中に、4台ほどの「ネ20」エンジンが含まれていた。その中の2台は、スミソニアン国立航空宇宙博物館のポール・E・ガーバー施設に保管されてきた。そして、その1台が洗浄・修復の後、S.F.ウドバー・ハージー・センターに公開展示されている。また、3台目の別の1台は1973年10月の第4回国際航空宇宙ショー(航空自衛隊入間基地)で里帰りして一般公開された後、ノースロップ工科大学から無償永久貸与され、IHI(石川島播磨重工業)昭島事務所の史料館に保管されている。

その「ネ20」エンジンが、終戦後アメリカで意外な貢献をしていたことが分かった。しかも、その1台が、廻りめぐってIHIに保管されているエンジンに合致することも突き止めることができた。

「ネ20」エンジンを使って1946年頃運転試験をしたことがあるという元

クライスラー社の技術者ウイリアム・I・チャプマン氏と思いがけず連絡が取れ、当時、彼が作成したレポート〔＊32〕を見せてもらい、解析することができたのである。

　アメリカの自動車メーカーであるクライスラー社は、第2次世界大戦中からガスタービンエンジンの研究を行なっていたが、1945年秋になって熱交換器付きのターボプロップエンジンXT-36-D2の開発プロジェクトを米海軍との契約で開始した。このとき米海軍は、クライスラー社に1台の「ネ20」エンジンを契約の一環として調査と試験のため貸与したのだった。目的は、第1には、日本の唯一のジェットエンジンの試験データを海軍に報告すること、そして第2にはクライスラー社の技術者がガスタービンに関する試験技術や計測技術を経験習得することにあった。途中で2〜3のハプニングはあったが、合計22回、総運転時間11時間46分の運転試験を大きな不具合もなく完結した。「ネ20」の運転の経験によってクライスラー社の技術も著しく向上したため、XT-36の試験計画にも活用することができたとされている。1949年にはこのXT-36のプロジェクトは中止となったが、この頃からクライスラー社は、ガスタービン自動車の研究開発に邁進するようになっていた。1954年には、ガスタービンエンジンを搭載した自動車で道路試験に成功したとされている。ガスタービン自動車の開発は1960年代にピークを迎え、色々な可能性について実証試験を繰り返したが、1970年代には次第に衰退の方向に向かっていった。「ネ20」を使ってガスタービンの勉強をしたことは、間接的ではあるが、一時期のガスタービン自動車の開発促進に少なからず貢献したといってもよいのではなかろうか。

　さて、話はクライスラー社での「ネ20」の運転試験に戻る。1946年3月25日にアナスコティアの海軍基地にある航空情報センターから「橘花」のナセルの中に搭載された状態で1台目の「ネ20」エンジンは到着した。エンジンは分解され、ザイグロ（蛍光浸透探傷）検査やスピン試験を含む検査および調査が行なわれた。再組立されたエンジンは「橘花」のインテークやオイルタンクを付けた状態でテストセルに搭載された（図2-30）。1946年8月21日に最初に始動しようとしたとき、スターターのトルクが急激に立ち上がったため、PTO（パワーテイクオフ）のハウジングとベベルギアを損傷してしまった。そのため、これらの部品を新規製作・準備して組み込むというハプニングがあった。さらに10月14日、4回目の運

図2-30 1946年にアメリカのクライスラー社で運転試験されたネ20エンジン
「橘花」のインテークの前に運転用ベルマウスが装着されている。(クライスラー社の報告書より)

転の際、圧縮機がインテークから外れた木製のネジを吸い込んで損傷してしまった。そこに登場したのが4台目の「ネ20」である。クライスラー社にとっては2台目の「ネ20」はミドルタウン航空機補給所からライト・フィールド経由で支給された。1台目とは異なり、カウルやインテークなど全くない裸のエンジンであった。2台目のエンジンの圧縮機と関連部品を共食いして損傷した圧縮機と入れ替えて1946年11月6日に運転試験を再開した。そして11月18日、第8回目の運転で11,000rpmの最高回転数に到達した。第10回目の運転後の点検でタービンブレード後縁のクラックが進展していることが分かり、タービンも2台目のエンジンのものと入れ替えることになった。実は1台目のエンジンのタービンブレードの数は63枚で空技廠の記録ではクラック対策が採用されていない形態に相当しており、クライスラー社のエンジン受入時のザイグロ検査では多数のクラックが発生していたと記録されている。そこまでの4時間ほどの運転でクラックがさらに進展してしまったようである。それに対して2台目のタービンではブレード枚数が66枚の改良型が組み込まれており、受入時の検査でもクラックは発見されなかったとのことである。

　余談だが、それなら2台目の「ネ20」は最新型かというと、そうでもなく、圧縮機推力軸受には依然としてミッチェル式の旧形態が採用されていたのに対して、旧式のはずの1台目には対策型のリングバネ付きの二重式ボールベアリングが使用されていた。これは終戦間際の日本での形態管理の混乱がそのまま反映された形になっていたと考えられる。その後、1台目のタービンは破壊するまでのスピン試験に供された。

　結局、1台目の本体に2台目の圧縮機とタービンが組み付いた新しい形態でその後の試験は継続され、このエンジンのみが生き残ったわけである。運転試験は排気ノズルの面積を変化させたり、燃料の種類を変えたり

図2-31　1973年10月の第4回国際航空宇宙ショーで里帰りして一般公開されたときのネ20エンジン
IHI昭島の史料館に保管展示されている（非公開）。

しながら進め、性能はもとより各部の温度や圧力またはその分布の計測に至るまで徹底的な試験が行なわれた。22回目の最後の運転では最高回転数11,400rpmの過回転試験を行ない、総運転時間11時間46分の試験を完結している。試験終了後の検査でも大きな不具合はなく、高い評価を受けている。

　このエンジンはその後、どうなったのであろうか。クライスラーレポートを写真中心に注意深く解析すると、IHI保管の「ネ20」（図2-31）と5〜6ヵ所に共通点が見られた。特に決め手となったのは、クライスラー社で損傷して新規製作したというPTOが「ネ20」本来の図面では鋳造品であるのに対して異なる形状の機械加工品というような特徴があったことである。かつ、これがIHIで分解したときの写真の形状と完全に合致したことである。これによりIHI保管の「ネ20」はクライスラー社から直接または間接的にノースロップ工科大学に渡り、最終的にIHIに保管されているという経歴が判明した訳である。この貴重なエンジンを今後とも大切に保管していきたいものである。

第3章　第2次世界大戦以降のジェットエンジンの急速な発展

3.1 世界の動向（概要）

　1940年代に推力450kgf級のエンジンとして出現したジェットエンジンは、わずか10年の間にアフターバーナー付きエンジンやターボファンエンジンを含むジェットエンジン（航空用ガスタービン）としての基本形態が確立し、推力も大幅に増大し、GE社のJ47の推力2,720kgfやP&W社のJT3（J57）の推力6,812kgf（アフターバーナー付き）へと急速な発展を示した。設計としては、薄肉のケーシング・フランジ、薄型のディスク、軽量小型のコントロールの採用など軽量化設計が採用され、タービン入口温度の増加とともに推力重量比も増加していった。生産能力も大きくなり、J47などは、F-86戦闘機やB-47爆撃機など各種の機体に搭載され、累計38,000台（月産1,000台相当）も製造された。

　1950年代になるとさらに高性能・高機能・軽量単純化が要求されるとともに音速を超えても効率の良いエンジンが要求される時代に入った。そのため高圧力比の圧縮機が必要となり、高回転でも低回転でも支障なく運転できるように可変静翼を導入したGE社のJ79（6,340kgf）が出現した。P&W社は同じ目的のため2軸式の圧縮機の方向に進み始めた。これらの技術により圧力比は20を超えるようになった。1950年代末までにGE社のJ47,J79のほかにP&W社のJ57,J75（JT4）、RR社の「エイボン」、フランスのスネクマ社「アター」など著名なエンジンはほとんど全て出現し、アメリカでいえば、F-100、F-101、F-102、F-104、F-105、F-106、F-107など「センチュリー・シリーズ」の戦闘機が出現し、音速も超えるようになっていた。一方、ターボシャフトエンジンやターボプロップエンジンの開発も盛んになり、後のヘリコプターの発展に大きな貢献をした。民間航空でもイギリスのデハビランド「コメット」が就航するなどジェット化が進んだ。

3.2 ジェットエンジンのベストセラー出現(GE社J47)[*35][*36]

　ソ連(ロシア)のVK-1ターボジェットを除けば、西側でのジェットエンジンのベストセラーはGE社のJ47ターボジェットである(図3-1)。GE社自ら33,000台製造したのに加えて、さらに5,000台が日本を含む世界中の技術提携先で製造されたといわれている。合計38,000台である。J47プロジェクトはアメリカ初の軸流式ターボジェットTG-180(後にJ35)の経験を活かして1946年に開始された。それ以前にGE社で開発された遠心式のJ33も、その次の軸流式のJ35も生産能力の観点から製造はGE社の代わりにアリソン社に移管されるという不遇な過去があったので今度こそ挽回するべく必死であった。エンジンの製造はマサチューセッツ州のリン工場で行なわれていたが、手狭になったため1949年からはオハイオ州のロックランド(後にイーブンデールと改称)の政府所有の大きな工場を借用(後に購入)して使い始めた。ここは第2次世界大戦中にカーチスライトのピストンエンジンを大量生産していた大工場であった。すでにエンジンテストセルが40棟もあったが、さらに大きな14棟ほどが追加建設された。米国中の下請け工場で製造された部品をこのロックランド1カ所に集めて最終製品として組み立てることを意味する「ロックランド・プラン」という言葉まで生まれたほどであった。1950年になると軍事費削減という米政府の方針の下、ようやく量産体制が整ったばかりのJ47の生産を縮小するよう指示が出され、下請も打ち切りとなり、大工場も開設後わずか2年足らずで閉鎖の恐れが生じた。

　ところが契約キャンセルの通知が各下請け会社に出されてから6週間後、朝鮮戦争が勃発したのである。当初はプロペラ機のP-51や初期のジェット機F-80(J33エンジン搭載=推力2,300kgf級)が戦闘に参加していたが、ソ連製のMiG-15(VK-1

図3-1　ベストセラーとなったGE社J47エンジンのカットモデル
(courtesy of the National Museum of the U.S. Air Force)
2000.3

図3-2　F-86F(J47ターボジェット搭載)の編隊飛行
(入間基地、1969年11月23日)

図3-3　GE社のJ47を6発搭載したボーイング B-47爆撃機
(courtesy of the National Museum of the U.S. Air Force)
1982.4

エンジン搭載＝推力2,700kgf級＝RR社「ニーン」のコピーから発展）が投入されて形勢が不利になったことから最新鋭のF-86戦闘機（J47エンジン搭載＝ドライ推力2,700kgf）（図3-2）の投入が急務となった。必然的にF-86に搭載するJ47エンジンも大量に必要になった。閉鎖しかけた工場はエンジンの大量生産で活気を取り戻した。サプライ・チェーンも再確立した。J47の生産はピーク時には月産975台に達したとのことである。納期を早め、かつコストを削減するため10台に1台を運転試験するという抜き取り試験方式も初めて採用された。日本でも朝鮮戦争による特需景気が戦後復興の契機となったことは周知の通りだが、J47エンジンとGE社も朝鮮戦争のために際どいところで救われ、エンジンメーカーとしての地位をようやく確立することができた訳である。朝鮮戦争から東西冷戦時代にかけて戦略爆撃機B-47（J47を6発搭載）が3,000機も製造された（図3-3）。そのほか、J47は初のジェット爆撃機B-45（4発）に搭載されたうえ、B-36爆撃機のブースターエンジン（4発）としても使用された。このようにJ47の需要は高く、結果的に1956年までに自社で33,000台も製造し、GE社は当時のエンジン業界トップの座を獲得した。

3.3　第2次世界大戦後ジェットエンジンに参画した国々

(1) フランス〔＊30〕
■「アター」

　フランスのジェットエンジンは、第2次世界大戦後、イスパノスイザ社がRR社の「ニーン」や「テイ」エンジンをライセンス生産したのが始まりであった。しかし、フランス独自の戦闘機用エンジンが開発されたのはスネクマ社ができてからといえる。1945年8月28日にはグノーム社などを吸収してスネクマ(Snecma＝「航空エンジン研究・製造国有会社」のフランス語略称)が設立されるが、戦争によるダメージが大きく、技術レベルでは5年も遅れているといわれていた。ジェットエンジンの研究開発が具体的に動きだしたのは、第2次世界大戦中にドイツのBMW(ブラモ)社にてBMW003ターボジェットエンジン(推力800kgf、圧力比3)の開発に従事したヘルマン・オストリッヒが、その配下の約120人の技術者を引き連れ

て、推力2,000kgfのターボジェットを５年間でスネクマ社のために開発する契約を1946年４月に締結してからであった。BMW003は終戦までに750台が製造され、前述のようにハインケルHe-162（１発）やアラドAr.234（４発）に搭載され、限定的だが実戦にも参加していた。

　また、1944年７月にはBMW003の縮小図面が辛うじて日本に届けられ、日本初のジェット機「橘花」のエンジン「ネ20」の開発にも大きな影響を与えている。

　スネクマ社では管理上の問題を少なくするためBMWのオストリッヒのチームをドイツ国内に残すことにした。コンスタンス湖畔のリンダウから遠くないところでドイツが占領したフランス領リッケンバッハのドルニエの工場に「リッケンバッハ航空工場」を設け、ここで設計作業に入った。この工場の名をフランス語で略すと、At.A.R.またはATARとなり、後述のAtar（「アター」）エンジンの呼称の基になった。「グループ0」と呼ばれたこの設計チームから図面を受領し、スネクマ社では1946年６月から「アター101V1」（図3-4）と呼ばれる、推力1,700kgf、重量850kg、圧力比４（軸流７段）の製造が開始された。1948年３月にはビラロッシェで初回運転が行なわれ、その10月にはB-26「マローダー」によるFTB（フライング・テストベッド、空中試験）試験が行なわれた。戦時中はBMW003には使用できなかった戦略物資のニッケルやクロム合金を使用することで1950年には推力を2,200kgfにまで増加している。

　その年の５月には「グループ0」はスネクマ社に統合されて１部門となり、半数の人が退職させられるなどの変化もあったが、開発は順調に進み、1951年には「アター101A」が150時間耐久試験に合格した。1951年３月には「アター101B2」が推力2,600kgfで型式証明を受け、50台のエンジンが「ミステールⅡ」や「オーラガン」用に造られた。

　推力を2,800kgfまで増加させた「アター101C」は「ミステールⅡ」用に140台造られ、これが「アター101D」となって350台の発注を得た。

　やがて「アター」エンジンはアフターバーナー付きの形態も開発され、超音速機の世界に入っていくことになる。

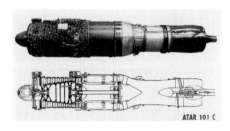

図3-4　スネクマ社の「アター101」ターボジェットエンジン
（courtesy of Snecma）

(2) ロシア（旧ソ連）〔*31〕〔*32〕

第2次世界大戦ではドイツとイギリスがジェット機を実戦に参加させ得る段階にまで研究開発を進めたが、アメリカやソ連など、その他の国ではジェット機が本格的に実用化されたのは戦後のことであった。

ソ連ではCIAM（航空エンジン中央研究所）が1930年に設立され、その中にあるいくつかの設計局が互いに競争しながらピストンエンジンからジェットエンジンまで研究開発する体制になっていた。大きなエンジン工場がモスクワ、レニングラード、パームなどに開設されていた。ジェットエンジンの基礎理論は1929年頃、ソ連アカデミー会員B.S.ステーチキンによって研究・確立された。

後日、その著書『ジェットエンジン理論』はソ連の高等教育省認可教科書となった。ロシア語で書かれたこの教科書の1956年版は日本語にも翻訳〔*33〕されている。

■TR-1軸流式ターボジェット

1937年に実質的にソ連で初めてジェットエンジンの開発を始めたのはA.M.リュールカであった。1940年には図面も完成し、エンジンも70％まで出来上がり、燃焼器やタービンの台上試験も実施していた。RD-1という推力525kgfの軸流式ターボジェットであった。しかし、1941年6月にドイツ軍が侵攻してレニングラードに迫って来たため疎開を余儀なくされ、エンジンの開発も中止されてしまった。1943年春、リュールカの設計局などはモスクワに移転してジェットエンジンの研究開発を再開した。秘蔵してあったRD-1の部品を集めてエンジンを作ろうとしたが、性能的に不満足であることが判明して、新たに推力1,250kgfのターボジェットが要求された。これに応えてリュールカは1944年秋、7段の軸流圧縮機を持つS-18というエンジンの開発を開始した。1945年にはエンジン試験にも成功した。その頃、各設計局や工場では独自のエンジン開発と平行してドイツのJumo004をRD-10として、BMW003をRD-20として、また、イギリスの「ダーウェント」をRD-500として、「ニーン」をRD-45として製造したり、改良したりして実機に搭載して運用するとともにエンジンの試験をして英独の技術の習得に努めていた。

1946年になり、ドイツのJumo004などの外国のエンジンと比較試験ができるようになると、S-18は性能的には優れているものの、実機運用の実績のあるJumo004に比較して信頼性があまりにも低く、飛行機には搭載できないと判断されてしまった。これはソ連での耐熱材料技術の遅れに起因するものであった。このエンジンを飛行可能なTR-1という名で開発することが要求された。1946年8月には最初のエンジンが試験された。推力は1,300kgfあった。1947年3月には20時間

の国家試験にも成功し、スターリンから祝電をもらった。TR-1エンジンはノースアメリカンB-25に搭載されてFTBを実施した。1947年には双発ジェット機スホイSu-11および4発爆撃機イリューシンIl-22に搭載されて、ソ連製エンジンで飛んだ初のジェット機となった。1947年8月のツシノ航空ショーで、両機ともに展示飛行を行なっている。TR-1に続いて、TR-1A(推力1,500kgf)、TR-2(推力2,250kgf)、およびTR-3(推力4,600kgf)というターボジェットが相次いで開発されたが、外国製エンジンに劣ることや構造強度的に不安があって実用化には至らなかった。TR-3の改良型のTR-3A(推力5,100kgf)がAL-5からAL-7と発展し、リュールカのエンジンとして初めて量産化されたのは1953年以降であった。

■VK-1遠心式ターボジェット

　一方、1946年時点でソ連では軸流式より遠心式の方が良いのではないかとの見解があった。クリモフ設計局では当時、信頼性が最も高いと考えられていたイギリスの「ニーン」(RD-45)遠心式ターボジェットを基にレイアウトや寸法を同じに保ったままVK-1(図3-5)というエンジンの開発を開始した。推力は2,700kgf(「ニーン」より30%大)と要求されていた。発展し始めた国産材料や部品を使用して独自に設計を進めた。イギリスから購入した「ニーン」エンジンがソ連に到着したこと、およびイギリスに派遣された技術者の見聞によりVK-1には改良が加えられた。その結果、「ニーン」のコピーであるRD-45との共通部品は全体のわずか9%に過ぎなかった。VK-1は1947年10月にはRD-45エンジンよりも早く運転試験に入った。さらに色々な改良を加えた結果、1949年11月には国家試験に合格して量産に入ることができた。
　特にVK-1を有名にしたのは、朝鮮戦争に多数出撃したMiG-15(図3-6)戦闘機であった。MiG-15の量産先行型機はRR社「ニーン」を搭載して1947年12月に初飛

図3-6　MiG-15戦闘機
VK-1ターボジェットを搭載。
(courtesy of the National Museum of the U.S. Air Force)
1982.4

図3-5　ソ連のジェットエンジンの基礎を築いたVK-1ターボジェットエンジン
(courtesy of the National Museum of the U.S. Air Force) 2003.7

行を行なった。量産機には「ニーン」のソ連版であるRD-45が搭載されたが、最終的にはVK-1に替わった。VK-1エンジンはMiG-15のほかにMiG-17やIl-28などにも搭載され、ソ連で最も大量に生産されたジェットエンジンとなった。1950年だけで2,500台余のVK-1が量産された。その数はRD-45シリーズのエンジンよりもはるかに多いものであった。また、RD-45が主に練習機に搭載されたのに対してVK-1は第一線機に搭載された。VK-1の推力は2,700kgfであったが、水噴射によって3,061kgfの推力まで出すことができた。さらに改良型のVK-1Aでは、水噴射で3,170kgfの推力が出せた。1953年にはアフターバーナー（AB）付きのVK-1F（AB推力3,380kgf）が完成し、MiG-17F戦闘機に搭載され、中東戦争からベトナム戦争にまで使用された。ポーランドや中国でも国産された。生産統計を見てみると、RD45/45F（「ニーン」のソ連版）が1948〜1958年に3工場で合計9,416台、VK-1が1949〜1952年に5工場で12,018台、VK-1Aが1952〜1960年に6工場で32,605台、AB付きのVK-1Fが1953〜1959年に1工場で3,978台となっている。これはVK-1シリーズ全体では48,601台となり、アメリカのF-86やB-47に搭載されたJ47ターボジェットエンジンの38,000台をはるかに超える数である。

このようにVK-1エンジンはソ連のジェットエンジンの基礎を確立した。VK-1の高信頼性と高性能が評価され、また、運転や整備が容易なことから、長い年月にわたって使用されることとなった。

3.4 早くも民間機もジェット化（デハビランド「コメット」）[*34 p.126]

その頃、イギリスでは民間航空でもジェット化の動きが盛んであり、デハビランド「コメット」の量産先行型がデハビランド「ゴースト」（図3-7）ターボジェットを搭載して1949年7月に初飛行を行なった。「ゴースト」は同社の「ゴブリン」ターボジェット（「バンパイア」やアメリカのXP-80に搭載）の設計を変えずにスケールアップして推力を倍増して2,270kgfとしたエンジンであった。

1945年9月に初回運転を行ない、翌年早々に目的推力を達成している。「コメット」の高空巡航時の効率を考慮すると、「ゴースト」は正面吸入の遠心1段式で空気が真っ直ぐに吸入されて効率が良いということで搭載が決まったとされる。これは、RR社の「ダーウェント」や「ニーン」ターボジェットは両側面吸入2段遠心式であることと対比すると理解できる。量産型として「コメット1」がBOAC（英国海外航空）に出荷され、1952年5月にジェット旅客機として世界で初めてロンドン〜ヨハネスブルグ間の航空路線に就航した。これで、「ゴースト」が民間機で初めて実

**図3-7 デハビランド「ゴースト」ターボジェット
エンジン**
「コメット1」に搭載されて民間機として世界で初めて飛
行したジェットエンジンとなった。
(Courtesy of Science Museum, London) 2008.7

用化されたターボジェットエンジンとなった。カナダのCPA（カナダ太平洋航空）
にも出荷された。

　就航後1年の間に3機の「コメット」が失われている。2機は離陸時の失速で、
他の1機は悪天候による尾翼部分の破壊が原因であった。そして1954年1月、巡
航高度に達したところで空中爆発を起こして海中に墜落するという事故が発生し
た。事故機の残骸を海中から75％回収して詳細な調査を行なうとともに、別の機体
の胴体を使って水タンクによる疲労試験が行なわれた。しかし、このときは破壊は
起こらず、原因を特定することができないまま、飛行再開を許してしまった。そし
てその16日後1954年4月、2度目の空中爆発による墜落事故が起こってしまった。
水タンクの試験方法を改善することで、疲労破壊を再現できたこと、および、未発
見であった事故機の疲労発生位置を含む部材がたまたま引き上げられたことなどか
ら事故原因は与圧の繰り返しによる疲労破壊であることが判明して対策が施される
ことになった。改良試験を重ねて、より大型の「コメット4」として生まれ変わった。

　エンジンもRR社のRA 29「エイボンMk.524」（推力4,763kgf）ターボジェットエ
ンジンに換装された。「エイボン」（図3-9）は軸流17段の圧縮機を3段のタービンで
駆動しており、燃焼器にはアニュラー式が採用されるなど、進歩的なエンジンであっ
た。「コメット4」（図3-8）は1958年4月に初飛行を行ない、同年10月にBOACで
就航した。しかし、時すでに遅く、ボーイング707など競合機種の出現で、「コメッ
ト4」の活躍した期間は長くなかった。なお、RR社「エイボン」は、この時代の
イギリスの代表的なエンジンとなり、BAC社の「キャンベラ」（2発）、「バリアント」
（4発）、「ライトニング」（アフターバーナー付きで、2台のエンジンは上下に重ね
て搭載された）、H.S.（ホーカー・シドレー）社「シービクセン」（2発）、「ハンター」
（1発）等に搭載され、長く使用された。

図3-8 デハビランド「コメット4」
1952年5月に就航した「コメット1」(「ゴースト」ターボジェット搭載)が与圧の繰り返しによる疲労破壊で空中爆発したのを改良して大型化した機体。RR社「エイボン」ターボジェットを4台搭載。(羽田空港、1962年2月)

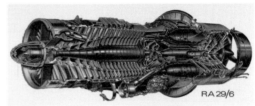

図3-9 RR社「エイボン」
多機種に使用されたイギリスの標準的なターボジェットエンジン。(courtesy of Rolls-Royce)

3.5 超音速飛行を可能にしたエンジン (J57)〔＊37〕〔＊38〕

　英国のホイットルに始まり、紆余曲折を経て発展してきたジェットエンジンの歴史の中で突然新星のように現れていきなり超音速飛行を可能にしたエンジンがあった。それは米国P&W社のJ57(民間型はJT3)ターボジェットである。

　第2次世界大戦も終わりかけた頃、米国でもジェットエンジンの開発がようやく開始され、GE社がホイットル・エンジンからヒントを得た遠心式のI-40(後のJ33＝ロッキードP-80やT-33等に搭載)エンジンおよび独自開発の軸流式のTG-180(後のJ35＝リパブリックF-84やノースロップF-89等に搭載)エンジンを開発し(ただし、製造はいずれもアリソン社に移管)、後のベストセラーJ47エンジンにつながっていったことは、前項の通りである。また、当時はウェスティングハウス社が文字通り米国初の独自開発エンジン19B(J30)(FH-1「ファントム」等に搭載)を完成させていた。大型のレシプロエンジンの製造に専念してきたP&W社はジェットエンジンの仕事としては、ウェスティングハウス社のJ30の生産を一部引き受けることで始まった。また、海軍のグラマンF9F-2「パンサー」のエンジンとしてRR社の遠心式ターボジェット「ニーン」を技術提携で回転方向を逆にしたり、補機駆動をアメリカナイズしたりしてJ42(JT6)(JT＝ジェットタービン)として1947年に製造を開始している。さらにRR社「ニーン」を30％スケールアップしたRR社「テイ」をJ48(JT7)として製造し、海軍のグラマンF9F-5〜8「クーガー」や空軍のロッキードF-94C(AB＝アフターバーナー付き)等に搭載している。

P&W社が最初に独自に開発したのは、フリーピストン・ガスタービンという概念のエンジンであった。社内的にPT1と呼ばれており、社内試験で良い成果も得られたので1945年に海軍に4,500hpエンジンとして開発を提案したが、採用されなかった。その代わりに3,350hpで1,000lb推力を持ったT34（社内名称PT2）ターボプロップの開発を行なうことになった。1947年に最初のエンジンが運転試験され、1956年4月にダグラスC-133A「カーゴマスター」に搭載されて初飛行を行なった。その3年後にエンジンを7,500eshpに強化したC-133Bが初飛行した。しかし、エンジンの製造台数は485台と少なく、P&W社を飛躍的に発展させるには物足りないものであった。

　PT2に継ぐエンジンとして1946年にはJT3-6という圧力比6で推力7,500lb（3,402kgf）の軸流ターボジェットの設計検討が開始された。計画は海軍に提案されたが、ウェスティングハウス社のJ40に負けてしまった。一方、空軍ではターボプロップ長距離爆撃機としてB-52の計画を進めていた。当時、長距離飛行はターボプロップでなければならないと考えられていた時代であった。P&W社からはPT4（PT＝プロップタービン）（XT45）という10,000hpのターボプロップエンジンが提案された。1947年8月にゴーサインが出て、要素試験が行なわれた。

　ところが、要求を満足するB-52の総重量からみて、プロペラ径は23ft（過去最大のB-36でさえ19ft）にしないと成立しないとの見通しが立ち、1948年10月、エンジンはターボプロップではなく、ターボジェットに切り替えることになった。T45を基にこれを推力10,000lb（4,536kgf）のターボジェットの形態としたJ57（JT3A）が空軍からウェスティングハウス社のJ40のバックアップとして認められた。長距離飛行を可能にする低燃費を得るため圧力比を高くすることが必要であった。

　一方、1946年、イギリスのRR社では高圧力比を得るため圧縮機を低圧と高圧の2つに分けることを考え、「クライド」ターボプロップエンジン（3,000hp級）に世界で初めてこの方式を採用した。プロペラ軸が減速装置を介して結合されている低圧圧縮機は9段の軸流式であったが、高圧圧縮機は1段の遠心式だった。低圧側にも高圧側にも軸流圧縮機を採用したのは「オリンパス」ターボジェット（三角翼爆撃機「バルカン」に搭載、後にアフターバーナー付きが超音速旅客機「コンコルド」に搭載）が最初であった。米国では1950年前後に、超音速飛行が可能な戦闘機のエンジンとして高圧力比で高温度の推力重量比の大きなエンジンを得る努力をしていた。高圧力比の2軸式の圧縮機の発想は、「ニーン」（J42）の技術提携で親しい関係にあったRR社からP&W社に薦められていた。1947年11月、先に提案されたJT3-6を2軸式として圧力比を8にしたJT3-8を開発し、1949年6月に運転に成功

した。さらに圧力比を増加したJT3-10の運転が1950年2月に行なわれた。最終的には圧力比12のJT3Aとなり、プロトタイプXJ57-P-3としてボーイングYB-52に搭載された。本命のJ40よりも早く完成したことになる。このJ40は納期が遅延するなど問題が多く、これもウェスティングハウス社がジェットエンジン業界から撤退する一因になったといわれている。

なお、当時P&W社のガスタービンエンジンの全責任を担っていたアンドリュー・V.D.ウィルグースが1949年3月のある朝、雪かき中に心臓発作を起こして他界したが、この人の偉業を称えてハートフォードのコネチカット川東岸にある世界最大級のエンジン運転施設（高空試験装置を含む）が「ウィルグース・エンジン研究所」と命名されたことは有名である。

JT3A(J57)は圧力比12、タービン入口温度1500°F(815℃)の2軸式のエンジンで、9段の内径一定の低圧圧縮機と7段の外径一定の高圧圧縮機からなっているため外観上、「くびれ腰（Wasp Waist)」設計という異名を持っている。

当時第一線機のエンジンであったGE社のJ47の圧力比が5.4程度であったことを考えると、JT3A(J57)の圧力比12がいかに高かったかが分かる。これは構造上の複雑さなどに起因する不具合を解消しつつ成功させた2軸式圧縮機による成果といえる。J57を8台搭載したボーイングYB-52は1952年4月に初飛行を行なった。このプログラムの成功によりJT3Aの設計チームは1952年にCollier Trophyを受賞している。JT3A(J57)はこのように当初は爆撃機用に開発されたエンジンであったが、後部にアフターバーナー(AB)を付けることにより最小限の重量増加のみで戦闘機にも使用できる高推力のエンジンとして開発が進み出した。AB付きのJ57(推力15,000lb級＝6,804kgf)（図3-10）はノースアメリカンF-100「スーパー・セイバー」戦闘機（図3-11(1)）に搭載された。1953年5月25日に行なわれたYF-100Aの初飛行でエンジン定格を下げていたにもかかわらず、マッハ1.05に達し、音速を超えた初のジェット機となった。

引き続いてマクダネルF101「ブードゥー」（初飛行1954年9月）（図3-11(2)）、コンベアF102「デルタ・ダガー」（初飛行1953年10月）（図3-11(3)）に搭載された。

図3-10　P&W社のJ57ターボジェットエンジン
同系のエンジンはノースアメリカンF-100戦闘機に搭載され、水平飛行で初めて音速を超えたジェット機となった。この写真ではアフターバーナーは付いていない。
(Courtesy of the National Museum of the U.S. Air Force)

超音速飛行が可能な戦闘機、「センチュリー・シリーズ」(図3-11) の時代に入った。海軍機では米海軍初の艦載超音速戦闘機LTV F-8U「クルーセイダー」(図3-12) (初飛行1959年9月) にも搭載された。本機は離着艦時に機首を上げなくても翼の迎角を増加できるように主翼前縁を持ち上げるという特殊な形態をしていた。やがてマクダネル・ダグラスF-4に入れ替わっていくが、本機の姿は小型軽量化されたLTV A-7「コルセア」に引き継がれていく。

(1) ノースアメリカン F100「スーパー・セイバー」
　　エンジン：P&W 社 J57 (推力7,200kgf) × 1

(2) マクダネル RF101「ブードゥー」
　　エンジン：P&W 社 J57 (推力7,670kgf) × 2

(3) コンベア F-102A「デルタ・ダガー」
　　エンジン：P&W 社 J57 (推力7,250kgf) × 1

(4) ロッキード F104J「スターファイター」
　　エンジン：GE 社 J79-11 (推力7,180kgf) × 1

(5) リパブリック F-105D「サンダー・チーフ」
　　エンジン：P&W 社 J75 (推力12,030kgf) × 1

(6) コンベア F-106A「デルタ・ダート」
　　エンジン：P&W 社 J75 (推力11,000kgf) × 1

(7) ノースアメリカン F107A (不採用)
　　エンジン：P&W 社 J75 (推力10,660kgf) × 1

図3-11　センチュリー・シリーズを代表するアメリカ空軍の戦闘機
((6)&(7)：courtesy of the National Museum of the U.S. Air Force) 1972.2

図3-12 LTV F-8U「クルーセイダー」

米海軍初の艦載超音速戦闘機。離着艦時の迎角を増加させるため主翼前縁を持ち上げて飛行しているところ。P&W社J57-20Aターボジェット（推力5,670／AB；8,160kgf）を1台搭載。（厚木基地祭、1965年5月9日）

　J57エンジンは圧力比が高く、ジェットエンジンの中でも燃料消費率が低いことから民間の旅客機用エンジンとしても適しており、JT3C-6（推力13,500lb＝6,123kgf）として、ボーイング707-120（初飛行1957年12月、ただし先行型のモデル367-80は1954年7月に初飛行）やDC-8-10（初飛行1958年5月）に搭載された。長距離型のボーイング707-320やダグラスDC-8-30などにはエンジン構造や圧力比をほとんど変えずに径を50mmほどスケールアップして開発されたJ75の民間型JT4（推力16,800lb＝7,620kgf）が搭載され、民間機もジェット機時代に入った。AB付きのJ75（推力25,000lb級＝11,340kgf）は同じく「センチュリー・シリーズ」のリパブリックF-105「サンダー・チーフ」（図3-11(5)）やコンベアF-106「デルタ・ダート」（F-102から発展）（図3-11(6)）などに搭載された。

　一方、J57をターボファン化したTF33の研究が空軍の協力で行なわれ、B-52の航続距離を20%延長することに貢献した。TF33を民間型としたJT3Dが、ターボジェットのJT3Cからリトロフィットキットで改修できることもあって、急速に普及して民間ジェット旅客機のターボファン化を促進させた。

　このように、爆撃機用エンジンとしてターボプロップの代わりに開発されたJ57（JT3）エンジンは、競合エンジンが失敗するという時の運も手伝って突然現れて、遅れ気味であったP&W社の名声を一躍有名にした。そればかりでなく、その高推力により初めて水平飛行で超音速が出せる戦闘機を生み出したほか、低燃費のおかげで民間ジェット輸送機の発達に大きく貢献した。ジェットエンジン史を書き換えた重要なエンジンの一つといえる。

　1965年までにJ57/JT3Cは21,186台が製造された。J47の生産が縮小期に入っていたので、台数こそ少ないものの、GEがJ47で取得した業界トップの座をP&W社に明け渡すという劇的な変化が起こった。これが、その後まで続くアメリカの2大エンジンメーカー、GE社とP&W社の果てしない競争の始まりといえよう。

3.6 マッハ2を目指して開発されたエンジン（GE社 J79）[＊35][＊39]

　1948年の夏からGE社では高い需要に応じてJ47ターボジェットエンジンをノースアメリカンF-86やボーイングB-47などに向けに大量に生産していた。その傍らでJ47の推力増強型のJ73を開発してF-86Hに搭載した。このエンジンは圧縮機の入口案内翼を初めて可変式とするなどの特徴を持っていたが、量産には至らなかった。折から「センチュリー・シリーズ」と称する計画が動き出し、超音速飛行も可能な、より先進的な戦闘機およびそのエンジンの開発が急務となった。これに対応してGE社では、マッハ2の超音速飛行にも対応できる高性能、軽量、高信頼性の先進エンジンの開発を1951年に開始した。それには高圧力比の圧縮機が必要であった。そこで社内で高圧力比化の設計案を2通り提案させて互いに競争させるという手法を取った。その結果、1952年、ジェラード・ニューマン（後にGE社の社長）が開発・試験していた可変静翼（VSV：Variable Stator Vane）付き軸流圧縮機を有するエンジンの設計が採用されることになった。このエンジンはVSXE（Variable Stator Experimental Engine）と呼ばれていたので、「ベリイ・セクシー」というニックネームも付けられたりした。

　可変静翼が高圧力比に対して優れている理由は以下の通りである。圧縮機はたくさんの段数（J79の場合は17段）が組み合わさってできている。回転数が低いとき、後段側ではその後方が空いているので空気は流れやすいが、前段側では後方にたくさんの翼列が並んでいるため、空気を送り難くなって閉塞状態を生じる場合がある。その結果、前段側の動翼では、飛行機でいえば低速で高迎角で飛行するような形となり、空気が翼から剥離して失速し、それが、圧縮機全体に広がるとサージという破壊的な現象に至る恐れがある（図3-13（a））。これを防ぐ方法の一つが前述のジェラード・ニューマンが考案した可変静翼（VSV）である。VSVを使用すれば、低回転時、前段側で空気流量が少なく、固定静翼なら動翼で剥離を生じるようなときでも常に最適な角度で空気を流入させることができ、動翼での剥離を回避できる（図3-13（b））。J79は、17段の圧縮機の前側6段の静翼と入口案内翼に世界で初めてこのようなVSV（図3-14）を採用して、高圧力比で、サージの心配のない、単純で軽量構造のターボジェットエンジンとして完成した。これに対して、P&W社やRR社の当時のエンジンではGE社と対照的で、2軸式の圧縮機を採用していた。高圧と低圧の2軸にすることにより後方が空いていて慣性力の比較的小さい高圧側が早く回転数を増加して低圧側の空気も吸入するため、VSVをつけた場合と同等の効果を狙っていた。しかし、VSVも2軸式も単独では圧力比20程度が限界といわ

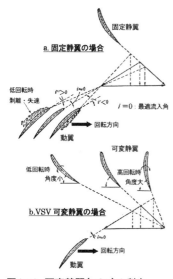

固定静翼

a. 固定静翼の場合

低回転時
剥離・失速

$i > 0$ $i = 0$
$i < 0$

$i = 0$：最適流入角

回転方向

動翼

可変静翼

低回転時
角度小

高回転時
角度大

b.VSV 可変静翼の場合

$i = 0$

回転方向

動翼

図3-13 可変静翼（VSV）の利点
bのように回転数の高低にかかわらず、動翼への空気流入角度が一定にできる。

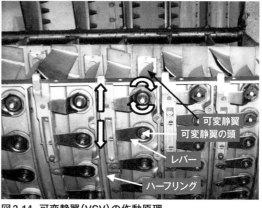

可変静翼
可変静翼の頭

レバー

ハーフリング

図3-14 可変静翼（VSV）の作動原理
アクチュエーターからベルクランク機構を通じてハーフリングが円周
方向の運動をするとレバーが連動して可変静翼の頭を回転させ、そ
れと一体となっている可変静翼が角度を変える。

れていて、その後開発された圧力比20を超えるような、高圧力比のエンジンでは、
この両方の方式を同時に採用するほか、始動時のような低回転時に圧縮機出口空気
を放出する抽気を併用するのが一般的になっている。

　さて、GE社では正式にVSV付きエンジンを開発することが決まり、1953年、
GOL-1590と称して実証エンジンの開発が開始された。これが後のJ79に発展する
ことになる。開発開始後1年も経たない1953年12月16日、GOL-1590の初回運転
が実施され、そこで早くも最高回転数に到達した。

　一方、米空軍ではGE社などが協力して超音速機用エンジンX24Aの研究開発を
行なっていたが、1952年末、これをMX2118として、さらなる開発を進めることに
なった。GE社では、この米空軍のMX2118プロジェクトにGOL-1590実証エンジ
ンを提供して支援を行なった。

　別途、コンベア社ではGE社などと次世代爆撃機の研究を進めていたが、米空
軍よりMX1964（後のB-58）として契約を受けた。当初、本機のエンジンとして
は、P&W社のJ57を搭載することで設計されていたが、GE社の新エンジンなら
2,000ポンドも軽量化でき、機体性能が向上することから、米空軍とコンベア社は
MX2118（後にJ79と改名）をB-58爆撃機のエンジンとして採用することにした。

　1954年6月、J79の初号機が運転された。1955年5月20日、ニューヨーク州ス

図3-15　GE社J79-IHI-17ターボジェットエンジン（アフターバーナー付き）
三菱（マクダネル・ダグラス）F-4EJに2発搭載。(IHI提供）

図3-16　コンベア（ジェネラルダイナミックス）B-58A「ハスラー」
GE J79-5（推力4,500／AB；7,80kgf)を4台搭載。最大速度マッハ2.1。本機のために開
発されたJ79エンジンはロッキードF-104で一足先に初飛行を行なった。
(courtesy of the National Museum of the U.S. Air Force) 1972.2

**写真3-17　J79-11Aターボジェット
搭載のロッキードF-104J**
航空自衛隊で活躍していた。
（入間基地、1979年11月17日）

**図3-18　マクダネル・ダグラスF-4EJ
「ファントムII」**
GE社J79-17ターボジェット（推力5,375／AB；
8,083kgf)を2台搭載。最大速度マッハ2.2〜
2.4。航空自衛隊でも採用。
（入間航空祭、1995年11月3日）

ケネクタディー空港で、ノースアメリカンB-45爆撃機を母機として、J79エンジンの初の空中試験が行なわれた。この飛行試験中、母機の4発のJ47エンジンを停止し、爆弾倉から吊り下げたJ79のみによって飛行を維持できたといわれている。J79は前述のように当初B-58爆撃機の運用に合致させるよう開発されたのだが、ダグラスXF-4D戦闘機に搭載して高速度飛行を達成できたことから、戦闘機にも適合性があることが明確となった。ロッキードのケリー・ジョンソンが画期的な機体としてF-104を開発中であったが、当初搭載を計画されていたカーチスライトJ65ターボジェットエンジンをJ79に換装して開発を進めることになった。J65エンジンではマッハ1級の機体に過ぎなかったF-104がJ79エンジンへの換装によりマッハ2の飛行が可能な機体となった。J79エンジン搭載のF-104戦闘機は本命のB-58爆撃機（図3-16）より9ヵ月早く初飛行を行なう結果となった。J79（図3-15）はGE社がB-58爆撃機用に開発したマッハ2級のエンジンであり、「センチュリー・シリーズ」ではF-104（図3-17）に採用されたに過ぎなかったが、その後、グラマンF11F-1F、ノースアメリカンA3J（後にRA-5）、をはじめマクダネル・ダグラスF-4（図3-18）に搭載されるなどして日本を含む世界5ヵ国で生産され、18ヵ国で使用された。1970年代末までに17,000台のJ79が製造された。1967年には、生産のピークを迎え、年産1,749台に達した。

　J79のほかにGE社では小型のターボジェット、J85（AB付推力1,750kgf＝F-5などに搭載）が13,500台以上も製造されるなど、軍用エンジンに関してはP&W社と互角といえる状態が続いた。

3.7 日本の追い上げ

　このように世界がジェットエンジンの全盛時代に入った重要な時期に日本では1945年、連合国最高司令部訓令（SCAPIN）によってその航空工業の生産活動を完全に停止させられてしまった。ガスタービンエンジンの重要性と将来性を期待して陸舶用エンジンの基礎研究は細々と続けられた程度であった。結局、1952年に航空工業の再開が許されるまでの7年の空白期間に日本はジェットエンジンの世界で大きな遅れをとってしまったのである（図3-19）。この遅れを取り戻すため、日本の懸命な追い上げが開始された。

　航空再開と同時にまず富士重工業で推力1,000kgfのJO-1（図3-20）というジェットエンジンが計画された。このエンジンは8段の軸流圧縮機を有するエンジンで圧力比3.8を狙っていた。1953年7月には官民の努力で日本ジェットエンジン株式会

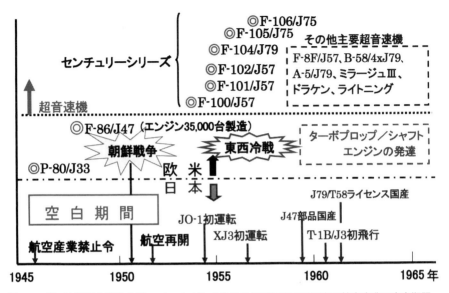

図3-19 第2次世界大戦後のジェットエンジンの急激な発達に対する日本の航空産業の空白期間
先進国では超音速機用エンジンの時代に入っているが、日本ではJO-1やJ3など亜音速小型ターボジェットの開発とJ79やT58など技術提携による海外のエンジンの国産化で追い上げが始まった。

社（NJE）が石川島、三菱重工、富士重工、富士精密および川崎航空機（1956年参加）の5社によって設立され、JO-1エンジンはNJEに移管後、1954年6月に最初のエンジンが組み上がり、大宮の運転場で運転試験が開始された。

　一方、1952年頃から石川島で計画された推力3,000kgfのJ1エンジンの研究をNJEが引き継いで実施し、圧縮機等、各要素の台上試験が行なわれたが、J1エンジンの用途が決まらないことから、経費節減等のため、J1の研究を中止し、J2という推力700kgfのエンジンの設計研究が開始された。そのような中、1954年防衛庁からジェット推進のT-1中間練習機の要求仕様が提案され、これに基づいてXJ3という推力1,200kgfの設計が開始された。1956年に3台のエンジン試作契約が行なわれ、ネ20以来11年目にして、日本で本格的なターボジェットエンジンの開発が開始されたのである。

　設計開始から16ヵ月目の1956年8月にはXJ3の最初の試運転が行なわれ、1957年9月には1,200kgfの設計推力を達成した。1959年には、カーチスC-46輸送機で空中試験が成功裡に行なわれた。1959年10月以降、NJEの業務は石川島に移管され、改良型のYJ3の試作が始まった。エンジン運転も当初は大宮のNJEのセルや運輸省村山試験場で行なわれたが、1958年3月に立川の防衛庁第3研究所にテストセル

図3-20　日本の航空再開後、初めて国内で開発
された富士重工業のJO-1ターボジェットエンジン
（旧交通博物館、2003年2月）

図3-21　初めて実用化された国産のジェット練習機
富士T-1B（J3エンジン搭載）。航空自衛隊50周年記念
塗装で飾られている。（浜松基地祭、2004年10月）

図3-22　日本で始めて量産された国内開発のJ3
ターボジェットエンジン
（かかみがはら航空宇宙科学博物館、2010年12月）

が完成し、以降は立川で試験が行なわれるようになった。

　1958年1月、ブリストル（ロールスロイス）「オーフュース1」搭載のT1F2（T-1A）が初飛行を行なった。続いて1960年5月にはJ3エンジン搭載のT1F1（T-1B）（図3-21）が初飛行を行なった。その後T-1B用エンジンはJ3-3（推力1,200kgf）となって運用に入って行く。さらに推力を1,400kgfまで増加し、耐食性の向上したJ3-7CがP-2J対潜哨戒機のブースターエンジンとして使用されるようになった。T-1Bのエンジンも推力を1,400kgfに向上してJ3-7B（図3-22）として搭載された。J3は8段の軸流圧縮機を使っているが、圧力比は4.2である。材料も待望のニッケル合金も使えるようになり、高温化が可能になった。その結果、推力重量比はネ20の1.0からJ3は3.6に増加し、10年間の空白にもかかわらず世界にも通用するエンジンができたのである。その後も各社でエンジン要素の改良開発が継続され、日進月歩する世界の動向に遅れないように努力を続けた。

　間もなくロッキードF-104J戦闘機用のGE社J79-11Aターボジェット（AB付き）の技術提携による国産化が開始された。このエンジンの製造が開始されたのは、戦後の航空再開後、10年も経っていない時期であった。J47の一部の部品の製造しか経験のなかった日本のジェットエンジンメーカーが、いきなりマッハ2級のJ79-11Aエンジンの国産化に挑戦したのである。関係者達はたいへんな努力をして技術を吸収した。先進的な工作機械を積極的に導入した。また、進駐軍基地でアメリカ的な整備の経験を積んできた技術者達が要所ごとに配属されて力になった。J79-11Aの国産化率は早期に95％に達し、この国産化で確立した生産技術、技術管理、品質管理などの先進的なエンジン製造技術は、より高性能なF-4EJ戦闘機用エンジンJ79-17の国産にも引き継がれていった。

3.8 回転翼機の発展を促進したターボシャフトエンジン

　ヘリコプターで代表される回転翼機のアイデアは、ANAのロゴマークにもなった有名なレオナルド・ダ・ヴィンチの「ヘリックス」にも遡ることができ、その後も各国で色々な形の機体が計画されたり実験されたりしてきた。しかし、本格的な開発は20世紀に入ってからであった。

　1920～30年代には、まずオートジャイロが登場した。ヘリコプターとしては1935年にフランスでブレゲー「ジャイロプレーン」が、また、その1年後にはドイツでフォッケFw61が初飛行に成功している。第2次世界大戦中の1942年にはドイツで交差反転式ローターを持つ2人乗りのヘリコプターFl 282が世界で初めて部隊運用に入った。

　一方、アメリカでは1939年9月にボート・シコルスキーVS-300（メインローター＋テイルローター方式）が係留状態での初飛行に成功している。本機は改良試験を重ねた末に2人乗りのR-4（S-48/VS-316）に発展し、1942年に契約を結んで第2次世界大戦中に実用化されたアメリカ初のヘリコプターとなった。

　これをさらに大型化して4人乗りとしたR-5（S-51／H-5）が大量生産され、1950年に始まった朝鮮戦争を契機に他のヘリコプター（ベルH-13、ヒラーH-23、およびタンデムローターのピアセッキH-21）などとともに戦場に送られた。これらは救難作戦や物資の輸送などで大活躍をし、ヘリコプターの有用性が実証された。この期間中にシコルスキーS-51はより大型の10人乗りのS-55（H-19）に置き換えられた。これをさらに大型化して20人乗りとしたS-58（H-34）が1954年に初飛行して2,300機以上も製造されるに至った。

　エンジンは空冷式の星型ピストンエンジンが主流であった。S-55もS-58も直径の大きい重いエンジンを機首に斜めに置き、操縦席はその上に置くという方式を採用しており、搭載物の重量とうまくバランスさせるようになっていた点では優れていたが、さらにそれ以上大きな機体に発展させようとすると巨大なエンジンが必要となり、サイズ的に制限されることが明白になった。

　そこに登場したのが、すでにジェットエンジンで実績を積んでいたガスタービンエンジン、すなわち、ターボシャフトエンジンであった。ターボシャフトエンジンはピストンエンジンに比較して重量当たりの出力が2～3倍も大きく、かつコンパクトなので搭載位置の自由度も大きく、その分、ペイロード（運搬能力）も増加する利点がある。また、ヘリコプターはホバリング時には高出力が要求されるが、ターボシャフトエンジンにとっては効率の良い高出力領域なので性能的にもメリットが

ある。さらにピストンエンジンに比較して部品点数も少なく、振動も少ないので故障も少ないということができる。ターボシャフトエンジンを搭載した最初のヘリコプターは1951年に飛行したカマンK-225で、190shpのボーイング502エンジンが搭載されていた。また、このエンジンを2発搭載したカマンHTK-1は初の双発タービンヘリコプターになった。いずれもカマン社独特の交差反転ローター式の機体であった。

（1）ヘリコプター専用ターボシャフトエンジンの開発

　ヘリコプター専用のターボシャフトエンジンの本格的な開発は1952年にライカミング社が12社間の競合に勝ってLTC1というエンジンの契約に成功したことに始まったといえる。このエンジンは後にT53（図3-23）〔＊40〕として開発が進められた。T53ターボシャフトエンジンは、第2次大戦中に世界で初めて実戦に投入されたドイツのジェット機メッサーシュミットMe262に搭載のJumo004ターボジェットを開発したアンセルム・フランツが、戦後アメリカに渡ってライト研究所を経てライカミング社に入り、同社初のガスタービンエンジンとして開発したものである。

　このエンジンの特徴は5段の軸流圧縮機の後部に1段の遠心圧縮機が結合された軸流・遠心複合式の圧縮機となっていることである。そのタービン部は逆流式アニュラー燃焼器によって包みこまれてコンパクトな形態になっており、高圧タービンから圧縮機を駆動するシャフトも短くてよく、振動構造的に安定している。出力はフリータービンから高圧軸の中を貫通して前方に伸びる出力軸によって伝えられる。

　T53はヘリコプター用のターボシャフトエンジンとして始めて本格的に開発されたエンジンという位置付けに留まらず、このエンジンの形態がその後のヘリコプター用ガスタービンの形態を定着させるという先駆的な役割を果たした。

　T53エンジンは1956年頃から量産され、ベルUH-1（図3-24）やAH-1に搭載されてベトナム戦争で活躍をした。カマンH-43「ハスキー」にも搭載された。いくつかの出力増加型も開発され、19,000台のT53エンジンが出荷されとのことである。

図3-23　ライカミング社T53ターボシャフトエンジンのカットモデル

図3-24　富士ベルUH-1J
（T53ターボシャフト搭載）
（立川防災基地祭、2011年10月23日）

同じ形態でスケールアップしたライカミング社T55エンジンは大型のタンデムロー
ター方式のボーイングバートルCH-47「チヌーク」に搭載され、ますますその有
用性が高く評価されている。

（2）信頼されたターボシャフトエンジン（GE社T58）[*40][*41][*42]

　ターボシャフトエンジンで1,000shp級以下のエンジンになると、開発の際、そ
の小型であるために生じる色々な問題点を解決して進む必要がある。圧縮機やター
ビンの空力性能の面で見ると、空気通路の面積が小さくなり境界層の影響を受けや
すくなること、チップ・クリアランスが空気通路に占める割合が大きくなって性能
低下を来たす恐れがあること、および翼表面の粗さも大きさに比例して小さくしな
いと性能に影響する恐れがあることなどが考えられる。燃焼器の設計や全体構造・
強度設計の面でも中・大型エンジンとは違う難しさがある。特に部品が小さくなる
ことで製造面でも特別の工夫が必要になる。

　このような問題に対して比較的容易に対応できるのが遠心式圧縮機である。その
ため、1,000shp級以下の小型のターボシャフトエンジンでは遠心圧縮機を使用する
のが常識的になっており、軸流式圧縮機を併用する場合でもその使用は前段に限ら
れているのが通例である。このような背景の中で、敢えて圧縮機全段を軸流式にし
て高性能・小型軽量化に成功し、開発後、半世紀以上も経ってもなお重要なミッショ
ンを持ったヘリコプターに使用し続けられているというエンジンがある。

　それがGE社の開発したT58ターボシャフトエンジン（図3-25）である。GE社で
はT53より大きな出力を持ったターボシャフトとしてT58の開発を1953年頃から
開始した。T53が軸流・遠心混合型となっているのと異なり、T58エンジンの圧
縮機はJ47ターボジェットをスケールダウンして全段軸流となっている。このエン
ジンはフリータービン方式であるが、出力はエンジン後方から伝えるようになって
おり、構造の簡素化を図っている。朝鮮戦争が終結した1953年、J47エンジンの生
産も一段落したGE社は組織変更を行ない、小型ガスタービンの分野も強化するこ
とになった。

　1952年には米空軍の600shpのターボシャフトエンジンの開発でライカミング社

図3-25 GE社T58ターボシャフトエンジンのカットモデル
（かかみがはら航空宇宙科学博物館、2010年12月）

T53に負けたが、海軍の800shpのエンジンの開発で再挑戦し、XT58としての開発が認められた。圧縮機は全段を軸流式とし、J47ターボジェット（F-86などに搭載）のものをスケールダウンして対応した。出力に余裕を持たせ、1,050shp、重量250lbのエンジンを目標とした。最初のエンジンは軸流圧縮機8段からなり、その最初の3段が可変静翼になっていた。これを2段のガスジェネレータータービンで駆動している。この軸とは完全に独立した1段のパワータービン（フリータービン）から後方に突き出したシャフトで機体側の減速装置を駆動するようにした。パワータービン・シャフトを前方に出そうとすると、圧縮機などの中を通さねばならず、1,000hp級以下の小さいエンジンでは非常に細くて剛性の低いシャフトになってしまうことを避けるためであった。また、フリータービンを採用することで回転翼の必要馬力が変動してもガスジェネレーターが独自の最適状態で運転できるメリットが生じた。燃焼器には均一な燃焼を狙ってGE社としては初めてアニュラー式を採用した。タービンには大型エンジンからの技術が利用された。

　1955年3月にXT58の運転試験が行なわれたが、結果は不満足なものであった。圧縮機の性能を向上するため段数を2段増加して全10段で目標の圧力比8.3を得ることになった。さらに可変式の入口案内翼を1段追加して運転安定性を増加した。構造の面では、薄い圧縮機ローター・ディスクをリベットで結合する方式では振動の原因となることが判明したため、後段側8段は一体形のドラムにして、圧縮機動翼はこのドラムの円周に沿ってダブテールの形状に彫られた溝の中に差し込んで並べる方式にした。これにより構造安定性が確保でき、チップ・クリアランスの調整も確実にできるようになり、高性能も維持できるようになった。このドラム方式の圧縮機スプールはGE社の標準的な設計となり、後のT64やTF34にも採用された。問題は軸流圧縮機の場合、後段の翼が非常に小さくなることであった。T58では後段の翼は親指の爪くらいの大きさしかないが、これをどのように高精度に製造するかが課題であった。J47で採用した精密鍛造ではT58の翼は精度が保てずに廃却率が高く、手仕上げをすると時間がかかって高価になり、量産向きではなかった。

　そこで考案されたのが「ピンチ・アンド・ロール」という新方式であった。これは、翼根部を鍛造した後、翼先端に向けてロールするという方法であった。これにより

必要な翼形状精度や表面粗さが確保できた。また、タービンディスクと圧縮機スプールを軽量ながら高い剛性を持って高精度で容易に結合できるように初めてカービックカプリングが使用された。

1956年1月にエンジン試験が再開され、目標性能を満足させることができた。1956年8月にはPFRT（予備飛行定格試験）に合格し、シコルスキーS-58改造機やバートルH-21改造機で飛行試験が開始された。いくつかの問題点を克服してT58は1957年9月にMQT（型式証明試験）に合格した。ほぼ同時期に米海軍によりシコルスキーHSS-2（民間名S-61）の開発が契約された。1959年3月に1,050shpのT58-GE-6を2基搭載したHSS-2（後にSH-3）「シー・キング」の初飛行が行なわれた。1959年、CT58がFAA（米連邦航空局）型式証明を取得し民間用ヘリコプターにも搭載された。

シコルスキーS-61を単発化したS-62（図3-27）が民間用として開発されたが、H-52として軍用としても多用された。本機はS-55（H-19）（図3-26）とかなり共通化を図ったといわれているだけに外観も良く似ているが、エンジンがターボシャフト化されて小型になったため、出力が2倍もあるエンジンを機体の屋根の上に乗せることができ、機内のスペースが大幅に増加したことが分かる。

一方、バートルではモデル107（後にCH-46A）（図3-28）を米陸軍用に開発したが、米陸軍はT55搭載のCH-47（図3-29）を採用し、代わりに海兵隊がCH-46A「シー・ナイト」を採用することになった。CH-46は川崎KV-107Ⅱとして国産された。CH-47も川崎で国産された。シコルスキーS-61は三菱HSS-2（図3-30）として国産された。この機体は米軍ではSH-3と名称変更となり、SH-3はベトナム戦争に投入される一方、着水したアポロのコマンドモジュールの吊り上げなどに活躍した。

特筆すべきは、T58搭載のVH-3Dが大統領専用ヘリコプター「マリン・ワン」としてホワイトハウスからの送迎などVIP輸送に使われたことである。大統領4代にわたって使用されたとのこと。T58搭載のVH-3Dがいかに高い信頼を受けていたかが分かる。後にはVH-60N（GE社のT700搭載）と併用されているが、この両機とも交代の時期が迫ったとして、VH-71（アグスタ・ウェストランドAW101）の開発をロッキード・マーチンが主導して進められていた。しかし、開発費の高騰と計画の遅延からオバマ大統領の方針で、この計画はキャンセルされ、代わりにVH-3DとVH-60Nに延命処置を施してさらに6年ほど使用してはどうかという提案がされている。また、T58はカマンSH-2「シー・スプライト」などにも搭載された。

その後、T58は時代の要求に応えて何段階かの出力向上が行なわれ、1,050shpのT58-6から始まり、最終段階ではT58-16の1,870shpとなった。T58／CT58は

図3-26 三菱シコルスキーS-55(H-19)
600hpのレシプロエンジンを機首に斜めに搭載。操縦席は2階。階下の機内スペースも少ない。
(入間航空祭、1964年11月)

図3-27 三菱シコルスキーS-62(H-52)
1,250shpのGE社T58ターボシャフトエンジン1台を屋根上に搭載、機内スペースが拡大した。
(入間航空祭、1967年11月)

図3-28 川崎バートルKV-107Ⅱ(CH-46)
T58ターボシャフト(1,250shp)2台搭載。
(入間航空祭、2009年11月3日。同機の最終フライト)

図3-29 川崎バートルCH-47J
T55ターボシャフト(4,300shp)2台搭載。
(立川防災基地祭、2011年10月)

図3-30 三菱・シコルスキーHSS-2
(米軍名SH-3)
T58(1,250shp)を2台搭載。本機の派生型にVIP輸送用のVH-3がある。(国際観艦式＜東京湾＞、2002年10月)

　1984年にGE社での製造は終わっていたが、2002年になり、米海兵隊で使用中のボーイングCH-46E「シー・ナイト」のT58-16エンジン300台をT58-16Aに改良延命することを米海軍が承認した。GE社ではERIP(エンジン信頼性向上計画)の下、エンジンコアの工場を再開して対応した。

　T58エンジンは日本のIHIやイギリスのRR社などでライセンス生産が行なわれた。RR社ではこのエンジンを「ノーム」と呼び、ウェストランド「シー・キング」の各型式に採用され2009年にその40周年を迎えた。その後RR社では「ノーム」エンジンに対する10年間の支援契約を結んだ。旧くても良いものは使い続けるという姿勢が見られる。

日本ではIHI製のT58は三菱のHSS-2（S-61）やS-62および川崎のKV-107Ⅱ（CH-46）、さらには新明和のPS-1／US-1A飛行艇の境界層制御用に搭載されて使用されてきたが、海上自衛隊HSS-2は2003年までに退役してHS-60系に交代し、最後に残った南極観測用のS-61Aも2008年に退役してMCH-101に交代してしまった。またKV-107Ⅱも2009年11月の最終飛行を最後に退役した。

　T58を2倍以上に大型化してフロントドライブのターボシャフトとして開発されたのがT64ターボシャフトエンジンである。シコルスキーCH-53に2発または3発搭載されて輸送や掃海活動に活躍している。

(3) フランスでのターボシャフトエンジンの発展 [*43][*44]

　日本の空を飛んでいるヘリコプターを統計的に見ると、アメリカ系とヨーロッパ系の機数はほぼ半々で推移してきたようであるが、その後はヨーロッパ系の機数の増加が特に著しいように見える。ヨーロッパでヘリコプターの発展の先頭に立ってきたのはフランスといっても過言ではない。

　フランスでは1935年頃、ブレゲー・ドランの「ジャイロプレーン」という二重反転式ローターを持ったヘリコプターが高度や速度記録を更新するような発展を遂げていたが、本格的な開発は第2次世界大戦後であり、戦時中のドイツのFa223という並列タンデム式のローターを持ったヘリコプターの技術を活かして大型化したSE.3000の開発を始めたのが最初といわれている。実際には一人乗りのSE.3101という単ローター式で、機尾には45°の角度で交差するV字翼の両先端に1セットのテイルローターを回転させて反トルクを兼ねて方向制御を行なうという機体が初めてフランスで飛行したヘリコプターであった。この頃、アメリカではすでに単ローター式のヘリコプターがテイルローターによって反トルクと方向制御に成功していたが、ヨーロッパではこの技術がまだ模索中であったことが読み取れる。開発の流れは回転翼によるトルクを発生しない方式に移っていった。

　最初に現れたのは1947年のシュドSO.1100「アリエル」であった。この機体は、レシプロエンジンで圧縮機を駆動し、その高圧空気を3枚の中空のローターブレードの中を通してローター先端の燃焼器に導き、ここに燃料を噴射燃焼させてローターをジェット噴射で回転させる方式だった。圧縮機駆動用のエンジンをチュルボメカ社「アルトゥースト」ターボシャフトに換装したSO.1110「アリエルⅡ」が1949年3月に初飛行した。これがフランスでターボシャフトエンジンをヘリコプターに搭載した最初のケースと考えられるが、ローターを機械的に直接駆動したのではなく、「ティップ・ジェット」用の高圧空気発生器として使用されたことが特筆

に値する。「アリエル」は量産に移ることはなく、この技術は量産機SO.1220「ジン」に転用された。「ジン」にはチュルボメカの「パルーストⅣ」というターボシャフトエンジンが搭載されていた。このエンジンは「アルトゥースト」エンジンと構造的には同じで、1軸式であり、1段の遠心圧縮機を2段の軸流タービンで駆動するようになっていたが、オーバーサイズの遠心圧縮機出口から大量に抽気できるようになっていたのが大きな特徴であった。抽気した2.5気圧ほどの空気をローターの先端のノズルから燃焼器なしに直接噴射してローターを回転させるいわゆる「コールド・ジェット」方式になっていた点で「アリエル」よりも静かで実用的な機体であった。機尾の2枚の垂直フィンの中間に垂直尾翼があり、これにターボシャフトエンジンの排気ガスをぶつけて方向制御をしていた。本機は1953年1月に初飛行をした。

　ターボシャフトエンジンでローターを機械的に直接駆動するようになったフランスの最初のヘリコプターはシュドSE.3130（SE.313B）「アルエットⅡ」だと考えられる。当初、農業用に開発されたSE.3120「アルエット」に搭載してあったレシプロエンジンをターボシャフトエンジン「アルトゥーストⅠ」（360shp）に換装し、1955年3月に初飛行をしている。反トルクと方向制御にテイルローターを使った単ローター式のヘリコプターである。これでようやくアメリカに追い着いたことになる。その後、ヨーロッパでは今日に至るまで単ローター式のヘリコプターが主流となっている。本機は高性能であり、当時のヘリコプターの高度記録を更新したりした。

　やがてエンジンをさらに高出力の「アスタズーⅡA」（550shp）に換装した4人乗りのSA.3180（SA.313C）「アルエットⅡ」（図3-31）が1960年1月に初飛行を行なった。使いやすいヘリコプターであったので、1975年に生産が終了するまでに合計1,300機が製造され、世界中で広く使用された。胴体を拡張して4人乗りから7人乗りとし、エンジンを高出力の「アスタズーⅢB」（870shp）に換装したSE.3160（SA.316）「アルエットⅢ」（図3-32）が1959年2月に初飛行を行なった。「アルエットⅢ」はその後アエロスパシアルで様々な型番の機体が造られて世界中で使用され、1984年までに1,900機近くが製造されとのことである。後に、「アルエットⅡ」の発展型として観測用ヘリコプターSA-341/342「ガゼル」（「アスタズーⅢA」＝590shp×1台）が開発された。本機に搭載された「アスタズー」エンジンも1軸式で、1または2段の軸流圧縮機の後に1段の遠心圧縮機が結合され、3段の軸流タービンで駆動されていた。燃焼器は直流アニュラー式だが、「アルトゥースト」エンジンと同様に燃料は圧縮機後方の遠心式燃料噴射ホイールの穴から遠心力で噴射されるようになってい

図3-31 アルエットⅡ
チュルボメカ社「アスタズーⅡA」（550shp）ターボシャ
フトエンジン搭載。フランス初の機械駆動式のヘリ
コプター「アルエットⅡ」のエンジン「アルトゥーストⅠ」
（360shp）を換装した。

図3-32 アルエットⅢ
チュルボメカ社「アスタズーⅢ」（870shp）ターボシャフト
エンジン搭載。
（国際航空宇宙ショー＜入間基地＞、1973年10月）

た。この遠心式燃料噴射はその後のチュルボメカ社の「チュルモ」、「アリエル」お
よび「マキラ」エンジンなど、同社のエンジンでも直流式アニュラー燃焼器を有す
るエンジンでの特徴的な形態となった。

　重量２トン級の「アルエットⅡ」の成功を受けて一気に８～10トン級24人乗り
の多目的大型ヘリコプターの開発へと進んだ。単ローター方式を維持したまま、ター
ボシャフトエンジン３台を胴体の屋根の上に置くというシコルスキー流の機体と
なった。これがシュドアビエーションのSE.3200「フルロン」である。1959年６
月に初飛行した。しかし、実際に量産されたのはこれを大型化して37人乗りとし
たSA.321「シュペール・フルロン」であった。シコルスキー社とフィアット社の
協力の下に開発が行なわれ、1962年12月に初飛行、1980年までにフランス軍などに
100機程度が出荷された。ローターやテイルブームは折り畳み式であった。エンジ
ンとしてはチュルボメカ社「チュルモⅢC」（1,550shp）という２軸式のものを３台
搭載していた。フランスでもフリータービンの利点が認識され、この段階から２軸
式のターボシャフトエンジンが主流になった。「チュルモⅣC」（1,556shp）はその
後開発されたSA.330「ピューマ」（２発）にも搭載された。640～944shp級の「ア
リエル」エンジンはSA.365「ドーファン」（２発）や、SA.350「エキュレイユ」（１発）
に搭載された。2,100shp級の「マキラ」エンジンはAS.332「シュペール・ピューマ」
／EC225（２発）系に搭載されている。479～716shp級の比較的新しい「アリウス」
エンジンはAS.365N「ドーファン2」、AS.355、EC120やEC135などに使用され
ている。

　エンジンの共同開発も盛んになった。RR-チュルボメカ社として開発した2,400shp
級のRTM322は逆流式の燃焼器を有する最新鋭の２軸式のエンジンで、アグスタ・
ウェストランドAW（EH）101「マーリン」（３発）やNH90（２発）に搭載され、活
躍中である。1,556～1,773shp級のMTR390はユーロコプター「タイガー」（２発）に、

また、1,200shp級のTM333はAS.365/565「パンサー」に搭載されている。機種によってはPW206等のカナダ製や、T700等のアメリカ製エンジンも使用できるようにしているが、ヨーロッパ系のヘリコプターには何らかの形でチュルボメカ社が係わったエンジンが多く使用されている。

3.9 大型ターボプロップエンジンの開発も盛ん[*45][*46]

　第2次世界大戦後は大型のターボプロップエンジンの開発も盛んであった。第2次世界大戦中に遡ると、1941年7月、アメリカのGE社で軸流式のTG-100（T31）という2,200shpのターボプロップエンジンの開発に着手した。これが世界で初めてのターボプロップの開発であると考えられる。このT31は第2次世界大戦後コンソリデイテッドXP-81やライアンXF2R-1に搭載されたが、その後の大きな発展はなかった。むしろ、TG-100（T31）の技術を転用したTG-180（後のJ35）という軸流式のターボジェットが遠心式のI-40（後のJ33＝ロッキードXP-80に搭載）と同時平行的に少しテンポを遅らせて開発が進められ、戦後J35を経てJ47へと発展していく基盤を作ったことの方が貢献度が大きいといえる。

　P&W社では1947年、イギリスのターボジェット、RR社「ニーン」を米軍名J42として製造を開始する以前の1945年に7,500eshpの軸流式ターボプロップPT2の開発に着手していた。これがT34として同社初のガスタービンエンジンとなった。T34は1軸式のターボプロップエンジンで、13段で圧力比6.7の軸流圧縮機を持っている。減速比11の減速ギア装置を介してプロペラを駆動する。出力は水噴射を行なった場合、最大6,500shpだが、ジェット推力も624kgfあったので相当馬力としては7,500eshpとなり、旧西側で実用化されたターボプロップとしては、2009年12月に初飛行したエアバスA400Mに搭載（4発）の11,000shpのユーロプロップ社TP400-D2が出現するまで最大の出力を誇っていた。T34はアメリカ空軍の大型輸送機ダグラスC-124「グローブマスター」の後継機として1956年に初飛行したダグラスC-133「カーゴマスター」（図3-33）に搭載（4発）され、日本にも頻繁に飛来していた。

　試験段階のエンジンも含めると、出力最大のターボプロップとしては、P&W社のXT57（PT5）というJ57（JT3）から派生して開発された15,000shpという大出力のターボプロップエンジンがあった。1957年にC-132というロッキードC-5Bをターボプロップ化したような姿の超大型輸送機が計画され、XT57エンジンが搭載されることになっていた。このエンジンはC-124の機首に搭載して飛行試験を行ない、

図3-33 ダグラスC-133「カーゴマスター」
旧西側で最大のターボプロップエンジン、P&W社のT34（7,500eshp）を搭載。
（立川基地の三軍記念日、1961年5月）

C-132の機体はモックアップまで作られたが、それ以上の発展はなかった。GE社の開発したJ33は1945年に、またJ35は1946年にその量産はいずれもアリソン社に移管されたが、アリソン社ではそれ以前の1944年にターボプロップエンジンの開発に着手していた。それが2,250shpのT38（モデル501）であった。軸流19段の圧縮機を持つエンジンである。T38ターボプロップを2台結合し、ひとつのギアボックスを介して5,500shpの二重反転式プロペラを駆動するようにしたエンジンがT40（モデル500）であり、1950年4月に飛行した飛行艇R3Y-2「トレードウィンド」に搭載使用された。またT40ターボプロップはリパブリックXF-84H（F-84ジェット戦闘機をプロペラ推進に変更）に搭載され、試験された。アリソン社はT40の出力を128%に増強したT54を提案した。T54はT40がT38を2台結合していたのと同様に2台のT56エンジンを結合していた。1951年米空軍がロッキードYC-130「ハーキュルズ」4発輸送機の要求を行ない、これにT56を提案することになった。T56（図3-34）はT38から進歩したターボプロップエンジンで圧力比9の軸流14段の圧縮機を持った、1軸式のエンジンであった。減速比12.5の減速ギア装置を介してプロペラを駆動する。T56の開発当初の出力は3,460shpであったが、ロッキードC-130（図3-35）用の4,050eshpやロッキードP-3C（図3-36）用の4,910eshpを経て30年後にはグラマンE-2C用の5,250eshpのエンジンに発達した。そして2軸式のAE2100（4,590shp）へと繋がっていく息の長いターボプロップエンジンである。

　なお、T56の民間型、アリソン501D13（3,750eshp）はコンベアCV340の後継となる中距離ターボプロップ旅客機として開発されたロッキード「エレクトラ」に搭載され、1957年12月に初飛行をしている。これがP-2後継の対潜哨戒機P-3へと改造され、1958年8月に初飛行をし、上記のP-3Cへ発展していくのである。

　イギリスではRR社が1944年にRB39「クライド」という3,040shp（試験では3,750shpを達成）の軸流9段＋遠心1段の圧縮機を有するターボプロップの開発に着手し、1945年8月には新しいイギリスの型式証明試験を合格した最初のエンジンとなった。このエンジンは1949年にウェストランド「ワイバーン」に搭載され、

図3-34 アリソン社T56ターボプロップエンジン(3,460shp〜5,250eshp)
ロッキードP-3C用の減速装置は、この写真のように下側にあるが、ロッキードC-130およびグラマンE-2C用のT56の減速装置はエンジン中心線より上側にある。(IHI提供)

図3-35 ロッキードC-130A「ハーキュリズ」
(プロペラ翼が3枚の初期型)
T56ターボプロップエンジン搭載。(横田基地、1964年1月)

図3-36 ロッキードP-3C「オライオン」
T56ターボプロップエンジン搭載。
(厚木基地祭、1996年4月)

二重反転プロペラ付きで飛行試験まで行なわれたが、それ以降の開発や量産は中止された(生産型「ワイバーン」にはA.シドレーの4,110shpの「パイソン」ターボプロップを搭載)。一方、その当時量産に入っていたRR社の「ダーウェントⅡ」遠心式ターボジェットに減速装置を付けてターボプロップとしたのがRB50「トレント」(図3-37)(現用の高バイパス比ターボファンと同名だが、異なるエンジン)(1,250eshp)であり、グロスターミーティアEE 227に搭載(2発)され、1945年9月に世界で初めて飛行したターボプロップ機となった。この「トレント・ミーティア」の飛行では、プロペラとガスタービンの制御技術に関する貴重な経験を積むことができた。

　1945年には1,000shpの練習機用ターボプロップエンジンとして「ダート」(図3-38)の設計が開始された。単純で丈夫なエンジンを目指して、レシプロエンジンの「マーリン」や「グリフォン」のスーパーチャージャーの技術を活かして遠心式2段の圧縮機が採用された。練習機には結局採用されなかったが、ダグラスC-47(DC-3)(2発)に搭載されて実用試験が行なわれるとともにビッカース「バイカウント」(図3-39)に搭載(4発)され、旅客輸送の試験を経て実用化への道が開けた。1959年には70席の「バイカウント800」が就航し、438機が製造された。「ダート」はその後、フォッカー「フレンドシップF 27」、グラマン「ガルフストリーム1」、ホー

図3-37　RR社「トレント」ターボプロップエンジン
ジェット戦闘機、グロスター「ミーティア」EE227に搭載
され、世界初のターボプロップ機となった。
(Courtesy of Science Museum, London) 2008.7

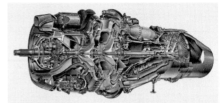

図3-38　RR社「ダート」ターボプロップエンジン
遠心式2段圧縮機、減速装置付き。
(courtesy of Rolls-Royce)

図3-39　ビッカース「バイカウント828」
RR社「ダートRDa7」ターボプロップ(1,990eshp)搭載。
(羽田空港、1964年6月)

図3-40　NAMC　YS-11
RR社「ダート10」ターボプロップ(3,060eshp)搭載。
(旧鹿児島空港、1970年9月)

カー・シドレーHS748およびNAMC（日航製）のYS-11（図3-40）などに搭載され
て半世紀以上を経ても運用され活躍。改良が進められ、出力も「ダートRDa3」の
1,400shpからRDa12の2,930shpまで発達した。

　ヨーロッパではブレゲー「アトランティック」やトランザールC-160などに搭載
されたRR社開発の「タイン」があるが、出力は6,100shp程度でT34には及ばない。
旧ソ連を含めた全世界で見てみると、ツポレフTu-114やアントノフAn22などに
搭載され、二重反転プロペラ駆動の14,795eshpのクズネツォフNK-12MVがトッ
プの座を占めていた。少し趣が異なるが、新しいところではアントノフAn70に搭
載され、二重反転式プロップファンを駆動する14,000eshpのプログレスD-27がトッ
プクラスである。

3.10　T64ターボプロップエンジン[＊40]
― 国産エンジン開発の陰に

　J79エンジンに引き続いて技術提携で国産化したエンジンにGE社が開発した
T64という3,000shp級のターボプロップ／ターボシャフトエンジンがある。ター
ボプロップ型が国産され、川崎P-2J対潜哨戒機、新明和PS-1／US-1飛行艇に搭載

使用されたほか、出力向上型がUS-1A飛行艇に使用されている。また、ターボシャフト型はCH-53ヘリコプターに使用されている。信頼性の高い長寿のエンジンの一つである。まず、T64エンジンの生い立ちを見てみる。

1953年、GE社の小型エンジン事業部で、2,500shp級のターボシャフトエンジンの初期設計が開始された。大型ヘリコプター用、またはターボプロップ機用として有望視されていた。圧縮機のリグ試験も本格化し、1957年4月にアメリカ海軍との契約が成立し、T64という名称でターボシャフトおよびターボプロップの両形式を平行して開発することになった。そこで、T64はフリータービン方式を採用し、ターボシャフトにもターボプロップにもなり得るGE社としては初の二重目的エンジンとして設計された。燃料消費率を最も重視して設計され、それを達成するため圧力比を12以上と、当時としては高い値に決め、これを14段の軸流圧縮機で達成するようにした。このような高圧力比の圧縮機を駆動するには当時の技術では3段のタービンが必要とされたが、敢えて2段で挑戦して成功している。タービンノズル1段目には初めてフィルム冷却が採用された。本エンジンをターボプロップとしても使用するには、駆動軸を前方に突き出す方式が望ましく、そのため最後端の2段フリータービンから細くて長いシャフトをエンジンの中心を通して前端まで貫通させる必要があった。当時は遠心式圧縮機と逆流式燃焼器を使用して、このようなシャフトの長さを極力短く設計することが一般的傾向であったが、T64では敢えてこの傾向に逆行して多段軸流式圧縮機と直流式アニュラー燃焼器を採用しながら、優れたローターダイナミックス解析により前端駆動方式の2軸式エンジンの開発に成功した。これはその後に訪れるターボファン時代への有力な布石にもなった。ターボプロップ型には減速比13.44の減速歯車装置がトルクチューブ（トルク計を兼ねた駆動軸を内蔵）と2本のストラットによって装着する方式（図3-41）（P-3CのT56と同形式）を採用した。

1958年8月にガスジェネレーターが初めて運転されたのに続いて、最初のターボプロップが1959年1月に、最初のターボシャフトが同年3月に運転された。1961年6月にはターボプロップ型のPFRT（予備飛行定格試験）を完了し、デハビランドDHC-4「カリブー」に搭載されて同年9月にT64エンジンとして初めての飛行を行なった。1962年から1963年にかけて両形式のエンジンの耐久試験が完了した。1962年1月にターボシャフト型のT64はボート・ヒラー・ライアンXC-142Aティルト・ローター式VTOL（垂直離着陸）輸送機に採用され、1964年9月に通常形態での飛行に成功したのに続いて翌年1月には垂直から水平への遷移飛行に成功した。本機のエンジンに対しては垂直に立てて運転可能なことが求められ

図3-41　GE社で開発され、技術提携によりIHIで国産されたT64ターボプロップエンジン（カットモデル）
（かかみがはら航空宇宙科学博物館、2010年12月）

た。本格的な運用は2,850shpのターボシャフト型が1962年に双発型のシコルスキーCH-53Aに採用されてからであった。同出力（ただし、2,970shp）のターボプロップ型は1963年からDHC-5「バッファロー」輸送機に搭載され、米国とカナダの陸軍で運用された。

　日本では、折から、海上自衛隊向けに新明和PS-1飛行艇（図3-42）の開発が始まる一方、ロッキードP2V-7のレシプロエンジンをターボプロップに換装した川崎P-2J対潜哨戒機（図3-43）の開発が始まりつつあった。この両機のエンジンとして1964年8月には、IHIとの間に技術提携が調印され、2,850eshpのターボプロップ型（T64-IHI-10；後に3,060eshpに出力増加して-10Eに）の国産化が開始された。T64エンジンは米国で開発試験に合格してはいたものの、運用環境が米国の場合と異なる全く新しい機体での搭載・運用であったため、日本特有の問題を生じた。例えば、プロペラの直径が増加して胴体との間隔が減少したことによるエンジン加振（P-2J）、塩水の吸入による圧縮機部品の錆害（特にPS-1）、塩水吸入による出力低下（PS-1）、対潜機に必需品の大型発電機の大きなオーバーハング・モーメントの繰り返しによる減速装置の亀裂（両機共通）、短距離離水時のプロペラにかかる曲げモーメントによる減速装置軸受の剥離（PS-1）等々があった。それぞれの問題に対して国内でも原因を調査し、改良設計を繰り返して対策を適用し、最も信頼性の高いエンジンへと仕上げた。GE社とはインターネットのなかった当時は、テレックスを使って緊密な連絡を保ち、日本側の改良設計をも認めさせて解決に当たった。PS-1から発展した水陸両用の救難飛行艇US-1が、1974年に初飛行する頃にはほとんど全ての問題を解決していた。これは、あたかも日本でミニ開発を行なったのに等しく、エンジンの製造ノウハウに留まらず、防食技術やエンジンの空力、構造設計から機体への搭載も含めたノウホワイまで習得できたと考えられる。それにより、その後、国産開発されたF3やFJR710エンジンなどにも少なからず貢献しているものと考えられる。日本の改良設計で他の機体にも有効なものは、GE社から直接出荷されるエンジンにも採用されたと聞く。

　1965年になるとGE社ではT64の出力向上型の開発が始まり、3,400shp級から

図3-42　新明和PS-1飛行艇

T64ターボプロップを4発搭載。
（豊後水道、1969年4月）

図3-43　川崎P-2J対潜哨戒機

T64ターボプロップ2発とJ3ターボジェット2発を搭載。（入間航空祭、1992年11月）

シコルスキーCH-53E（3発）搭載の4,380shpを経て、最終的にはMH-53E搭載の4,750shpにまで発達した。この中、4,380shpのターボシャフト型がT64としてのベストセラーといわれている。また、1981年以降、日本では3,400eshpのターボプロップ型（T64-IHI-10J）が能力向上を図ったUS-1A飛行艇に搭載されている。同系統のターボプロップ型はイタリアのアレニアG222（米空軍名C-27A）に搭載されたが、後日、本機はエンジンをRR社のAE2100に換装してC-27J「スパルタン」に発達した。1965年頃から世界の傾向はターボファンエンジンへと移行し始めた。日本でも1967年頃から航空宇宙研究所（NAL）に協力して高バイパス比ファンの研究を開始していたが、この成果を基に試作ファンと駆動用の試作低圧タービンをT64のガスジェネレーターに組み付けたTF1002というバイパス比5.8、推力2,000kgfのターボファンエンジンが、防衛庁第3研究所の研究として取り上げられ、運転試験が行なわれた。この初の2軸式エンジンの試験成果は後のFJR710やF3エンジンの研究開発に活用されるなど、日本の高バイパス比エンジン発展の源になった。また、防衛庁技本の実施した騒音低減対策試験ではこのTF1002が騒音発生源として使用され、吸音ダクトの形状や長さなどの騒音低減に対する効果などが確認され、貴重なデータが得られ、その後の騒音対策に貢献した。

　このような意味でT64エンジンは、日本のターボファンエンジンの国産開発技術の向上のため、陰ながら重要な役割を果たしたエンジンだったといえるのではなかろうか。

　さらに小型ターボシャフトエンジンの分野ではアリソン社が250shp級の250型ターボシャフト（T63）を1959年に初の運転に成功し、後にベトナム戦争でも活躍したベルOH-58（206ジェットレンジャー）、ヒューズOH-6等に搭載された。

図3-44　GE-IHI　T700ターボシャフトエンジン（出力1,662shp）
UH-60やSH-60に搭載。(IHI 提供)

図3-45　三菱シコルスキーSH-60J哨戒ヘリコプター
T700ターボシャフトエンジン2発を搭載。同系機で救難用のUH-60Jなどがある。(静浜基地航空祭、2012年6月)

　ベトナム戦争での教訓を活かして画期的なヘリコプター用ターボシャフトとして開発されたのがGE社のT700エンジン（図3-44）である。野戦整備を前提にエンジン各部の整備時間が規定され、最小限の汎用工具で整備できるように設計されている。また、荒地での使用を考慮し、インレット・パーティクル・セパレーターが内蔵されているなどの特徴を持っている。T700はSH-60J哨戒機（図3-45）やUH-60J救難機等に搭載されている。ヘリコプターは主要な戦争の度に発展を遂げて来たように思える。

3.11　成功したユニークな設計の小型エンジン

(1) アリソン（ロールスロイス）モデル250 〔＊40〕

　他に例を見ないようなユニークな構造をセールス・ポイントの一つとし、改良を重ねながら成功を遂げて長命を保ち、さらに発展しつつあるというエンジンの例がある。それは、アリソン（現ロールスロイス）社のモデル250系のターボシャフト／（プロップ）エンジンである。1950年代末頃、250hp級のターボシャフトエンジンを持ちたいというアメリカ陸軍の意向を受けてアリソン社ではモデル250を提案し、XT63として開発を進めることになった。当時はまだ、このような低馬力のターボシャフトエンジンができるはずがないと笑われるほどの時代であった。このエンジンは圧縮機、燃焼器、HPタービン、独立したパワータービンおよび減速ギアボックスから成り立っているが、これを以下のようにユニークな形態にまとめている。

　まず、減速ギアボックスをエンジンの中心に配置して強度的に1次構造物とした。このギアボックスの前側に圧縮機を取り付け、タービン部と燃焼器はギアボックスの後方に取り付ける。圧縮機で圧縮された空気はディフューザーからコレクター・ス

クロールに入り、外部配管2本によりエンジン最後尾にある燃焼器に導かれる。燃焼ガスはエンジン前方に向かい、高圧タービンを回して同軸の圧縮機を駆動する。燃焼ガスはさらに前方に進み、パワータービンを駆動する。その後、排気ガスはエンジン中央部にある排気フードで直角に上方（または下方）に曲げられて排気ノズルから排出される。パワータービン・シャフトに固定されたピニオンギアで下方（または上方）にある減速ギアボックスのギアを駆動し、出力として伝達する。出力はギアボックスの前後のどちらからも取り出せるようになっているが、ターボプロップの場合は上部前側に遊星歯車セットが取り付けられてさらに減速されてプロペラ軸を駆動する（図3-46）。

このような構造にした場合、以下のようなメリットがある。
①減速ギアボックスの頑丈なケースが、エンジンマウントへの荷重を伝達。
②圧縮機やタービン／燃焼器があたかも補機類のようにしてギアボックスに取り付け、取り外しが可能であり、整備や保守点検に好都合である。
③特に最後尾にある単管式の燃焼器は容易に取り付け、取り外しが可能で高温部の点検がやりやすい。
④出力軸を通常のターボシャフトのように圧縮機前方から突き出す場合には出力軸を細い圧縮機の中を貫通させる必要があり、軸が細くなりすぎて振動に対して脆弱となるが、モデル250の場合はその心配がない。特にターボプロップの場合、減速装置を圧縮機の前に置くことになり、圧縮機への空気の流れを妨害するが、モデル250ではその心配がない。

1958年に最初に陸軍に提案されたモデル250-C1（-B1）は250shpでSFC（燃料消費率）0.70を目標としており、これに必要な圧力比6.2を得るのに7段の軸流圧縮機の後に1段の遠心圧縮機を結合し、これを1段のコアタービンで駆動した。燃焼器は単管の逆流式であった。パワータービンは2段のフリータービンであった。1959年3月末に初めて運転されたが、エンジンが小さいことに起因すると考えら

図3-46　アリソン（ロールスロイス）モデル250

れる変形や、クリアランスの問題などで性能が出ないなどの不具合が発生し、その年の9月には強度的、空力的に全面的な設計変更が行なわれた。この段階で軸流圧縮機は7段から6段に、高圧タービンは1段から2段になった。1962年末までにT63-A-5／250-C10として軍およびFAAの型式証明を取得した。

T63はLOH（小型観測ヘリコプター）の候補であるベルOH-4A、ヒラーOH-5A、およびヒューズOH-6Aのいずれにも搭載することが決まり、飛行試験が繰り返された。その結果、LOHにはOH-6A「カイユーズ」が選定された。選考に落ちたOH-4Aはベル206「ジェットレンジャー」という民間型に再設計され、これがLOHの第2次選考でOH-58A「カイオワ」として採用された。ヒラーOH-5AはフェアチャイルドFH-100という民間型に発展していく。民間型のいずれもがモデル250エンジンを搭載した。これらのヘリコプターの実運用によりその有用性が実証され、モデル250はその後、アエロスパシアルAS355「エキュレイユ」やMBBBO105など多数のヘリコプターや小型ターボプロップ機にも採用されて市場を急速に拡大していった。

T63／205エンジンは1980年代後半までに西側の小型タービンヘリコプターの80％以上を占めたといわれている。エンジンの出力向上は技術進歩に合わせて着実に進んだ。250-C18では317shpに、250-C20では400shp級になり、軸流圧縮機の段数は4段となった。さらに205-C28では500shp級になり、軸流圧縮機は完全に削除され、遠心1段で圧力比8.0を達成するまでに改良された。特に250-C28B搭載のベル206「ロング・レンジャー」が1962年にヘリコプターによる世界一周新記録を樹立したことは有名である。1978年までに650shp級の250-C30（T703）にまで発展した。

250-C40Bの715shp（ベル430に搭載）は、遠心式1段の圧縮機で圧力比9.2を達成している。当初型が軸流7段と遠心1段で圧力比6.2が精一杯であったことを考えると著しい技術進歩だということができる。エンジンの大きさをほとんど変えずに、出力で2.8倍、出力／重量比で1.4倍の成長を遂げている。

そして、モデル250の初回運転から半世紀になろうとする2008〜2009年にかけて、このシリーズでは最新のエンジン、RR300（240〜300shp級で当面ロビンソンR66用）およびRR500（475shp級）が相次いで発表された。極めて息の長いエンジンだといえる。

この成功の鍵は整備性を重視した基本的なエンジンの概念を変えずに、小型ということに起因する空力的、構造強度的な設計の難しさを克服しつつ、小さい部品を精度良く製造する技術を確立する努力を営々と蓄積してきたことだといえる。さらに日進月歩の技術を的確に適用することで常に時代の要求に応えてきたことが、こ

のエンジンが長寿となった秘訣ではないだろうか。

(2) プラット・アンド・ホイットニー・カナダ社PT6とその発展型〔＊40〕

P&WC（プラット・アンド・ホイットニー・カナダ）社のエンジンといえば500shp級のPT6小型ターボプロップエンジンを連想するが、いつの間にか5,000shp級というYS-11に搭載されたRR社の「ダート」（3,000eshp級）を超える近代的なエンジンにまで地道に発展を遂げている。そこで、小型ターボプロップエンジンから出発してこのような大型ターボプロップエンジンにたどり着いたP&WC社の発展の初期を重点的に見てみる。

(a) PT6の開発

1928年にカナダP&W航空機会社として設立され、第2次世界大戦中から朝鮮戦争の頃にかけて主にP&W社のレシプロエンジンの補用部品の製造販売を行なってきたが、1956年頃にはレシプロエンジンからガスタービンに転向を始めた。当時、カナダではオレンダ社がジェットエンジンを製造していたが、全能ではなかったので、より能力の高いイギリスからタービンエンジンの専門家を連れてきて設計チームを編成した。最初はカナダではなく、アメリカのP&W社の工場に間借りしてJT12という推力3,000lb級のターボジェットを開発した。軍用名J60となってT-2B「バックアイ」に搭載され、アメリカ海軍初のジェット練習機になったほか、ビジネス機の「ジェットスター」や「セイバーライナー」に搭載され、2,000台以上のエンジンが出荷された。

1958年頃、450shp級の小型ターボプロップ／ターボシャフトの検討を独自に開始した。ビーチ社の「クイーンエア65」にターボプロップを搭載するとレシプロ機より50mph速度が上がる計算であった。エンジン形態として単純な1軸式にするか、フリータービン方式にするかの検討が行なわれ、結果としてフリータービン方式が採用された。これをターボプロップに採用した場合、回転数の選択範囲が広くて効率が良いこと、地上および飛行騒音が静かなこと、寒冷地での始動が容易なこと、およびターボシャフトに採用した場合、ヘリコプターのクラッチが不要であることなどの利点が生じた。

次にパワータービンをどこに置くかの検討が行なわれた。パワータービンをエンジンの最後部に置いてコアエンジン（ガスジェネレーター）の中を通した同心軸で最先端にある減速装置を駆動するか、それともパワータービンを対向式（後ろ向き）にしてエンジンの前方に置いて直接減速装置に結合するかの比較検討であった。小

型エンジンなので同心軸方式は構造強度的に不適当と判断し、対向式を採用することになった。その結果、空気取り入れ口はエンジン後方、排気はエンジン前方というような特徴的なエンジン形態となった（図3-47）。この形態では前半分を分離することで高温部の検査が容易にできるという利点を生じた。このエンジンは当初500shp、圧力比6のDS-10として知られていたが、1958年12月にPT6として設計が開始された。インテークや排気ダクトは曲がりによる損失を軽減させるため通路面積を広くして流速を低減させるなどして対応し、水流試験で確認をした。

1959年11月にPT6の運転が開始された。性能問題や振動問題を克服しながら1961年5月にはビーチ18の機首にPT6Mk2を搭載して飛行試験が行なわれた。ターボシャフトとしては1961年7月にPT6Mk2搭載のヒラー1099（テン99）ヘリコプターがPT6搭載機としては初めて飛行を行なった。1963年2月にはDHC-2「ターボビーバー」に搭載され初飛行をした。その後、出力増加型の開発が進められ、550shp（610eshp）のPT6A-6が1963年12月アメリカとカナダ両政府から型式証明を取得した。エンジン構成は、3段軸流と1段遠心圧縮機結合を逆流式アニュラー燃焼器を通して1段の高圧タービンが駆動、独立したパワータービンが出力軸を駆動するようになっている。PT6A-6はビーチ「キングエア90」に2発搭載され、1964年1月に初飛行を行ない、最もポピュラーな社用機となった。PT6エンジンもこれにより知名度が上がった。

1966年8月にはPT6A-20を2発搭載の19席コミューター機DHC-6「ツインオッター」が型式証明を取得して1967年にはコミューター運航に入った。さらにPT6A-20を2発搭載の15席のコミューター機ビーチ99も1968年には就航した。

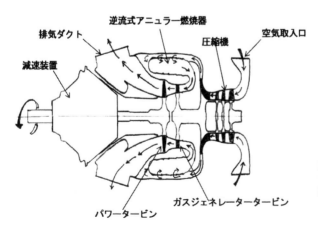

図3-47　P&WC社PT6A ターボプロップの構造概念図
排気は排気ダクトから後方へほぼ直角に曲げたダクトから放出される。

PT6エンジン搭載の「ツインオッター」とビーチ99がコミューター機のパイオニアになったということができる。エンジンの出力向上型が次々と開発され、中型の850shp（フラットレイト）級のPT6A-40/-50シリーズになるとパワータービンは2段に増加した。また、パイプ式ディフューザーもこの辺りから採用され、外観上にも特徴的な変化が起こった。このPT6A-41/-42はビーチ「キングエア200」（図3-48）に搭載され、大いに普及した。850～1,050shp級のPT6A-60シリーズはビーチ「キングエア300」やピラタスPC-9などに採用された。大型の700～1,700shp級のPT6A-65シリーズになると、軸流圧縮機が1段増加して4段となり、1段の遠心圧縮機も新型になった。これを基に発展した1,200～1,400shp級のPT6A-67シリーズはピラタスPC-21練習機や19席のコミューター機ビーチ1900、ショート360-300などに搭載されたほか、プッシャー式の-67Aは革新的な社用機ビーチ「スターシップ」にも搭載された。1,250shp級の-68シリーズはいずれも単発練習機のピラタス／ビーチT-6A「テキサンⅡ」やエンブラエル「スーパーツカノ」に搭載された。

　一方、ターボシャフト型はPT6Bとして開発され、1965年5月にPT6B-9として型式証明を取得し、900shp級のPT6B-36としてシコルスキーS-76ヘリコプターなどに搭載された。特にPT6Bを2台束ねて一つの駆動軸でローターを駆動するタイプのPT6TツインパックはPT6T-3（2台で1,800shp級）としてターボプロップ型のPT6A-34から発達し、1970年7月に型式証明を取得して、同出力級の-6とともにベル212や412に搭載された。このエンジンは信頼性も高いため、広く使用された。1963年に500shpで始まったPT6も1984年には1,424shpと3倍近い出力になった。圧力比も6.3から10に増加し、燃料消費率も約22％低減するという発達を遂げた。

**図3-48　P&WC社のPT6A（850shp級）を
搭載したビーチ「キングエア200」**
（エアタトゥー、2009年7月19日）

(b) PW100の開発

P&WC社では1970年代半ば頃からPT6より大きいターボプロップを模索していた。1978年のエアラインのデレギュレーションで大型機の運航が減り、コミューター機の需要拡大と長距離化が進んだ。この風潮を受けて2,000shp級で3軸式フリータービン方式のPT7A-1ターボプロップが1979年2月に開発が開始された。1980年にはPT7はPW100と改名した。1983年12月にはPW115/PW120として型式証明を取得した。PW115（後に1,800shp級のPW118を使用）は30席のコミューター機エンブラエルEMB120「ブラジリア」に、2,100shp級のPW120（後にPW121）はATR42に（40席級）に搭載された。その次には50席級の機体の出現を予測して2,400shp級のPW124/123シリーズの開発に進んだ。さらに2,750shp級のPW127シリーズ、5,000shp級のPW150へと進み、ボンバルディアDHC8の各型式や、ATR72、フォッカー50などに広く使用されている。PW100は6,000台以上が出荷された。

大阪伊丹空港など、東京以外の空港に行くと目に付く航空機としてボンバルディア社製の「ダッシュ8」（DHC8）と呼ばれる双発のターボプロップ・コミューター機がある。座席数に応じて胴体長さの異なる3機種がある。いずれの機体にもP&WC社製のPW100シリーズのターボプロップエンジンが搭載されている。74席のDHC8-Q400（図3-49）にはPW150A（出力5,000shp）、50席のDHC8-Q300にはPW123（2,400shp）および39席のDHC8-Q100にはPW120A（2,100shp）が搭載されている。

そのほか、P&WC社では小型ターボファンエンジンとして有名なJT15Dをはじめとして PW300、PW500、PW600など推力900〜7,000lb級の広い領域にわたってビジネス機や練習機用エンジンも開発製造している。これらのターボファンエンジンの総出荷台数は12,000台近くになる。

同社のエンジンは隠れたベストセラーということができる。

図3-49 P&WC社のPW150A
（5,000shp級）を搭載したボンバル
ディアDHC8-Q400
（大阪伊丹スカイパーク、2012年2月）

第4章 ターボファンエンジンの出現 (低バイパス比ターボファンの誕生)

4.1 概要

　軍用エンジンで発達したジェットエンジンは民間航空機にも使用されるようになった。1949年5月にイギリスの「コメット」(「ゴースト」搭載)が初飛行してジェット旅客機時代が開幕した。

　1950年代末までにボーイング707(JT4搭載)、シュド「カラベル」(「エイボン」搭載)、ダグラスDC-8(JT3CまたはJT4搭載)、コンベアCV880(CJ805搭載)などのジェット旅客機が相次いで出現した。搭載エンジンはいずれも純ターボジェットであったため燃料消費が多くて航続距離が短いことに加え、機数の増加とともに空港騒音が大きな問題となっていった。これを解決するものとしてターボファンエンジンが期待された。

　ターボファンにすると、なぜ燃料消費率が低減するのか、これを概念的に説明すると以下のようになる。

　ジェットエンジンの推力は排気ジェットの速度と空気流量との積に比例して大きくなる。一方、推力を発生するために必要な燃料エネルギー(燃料流量)は、排気ジェット速度の2乗と空気流量との積に比例して大きくなる。ここに推力が等しいターボジェットとターボファンエンジンがあったとする。極端な例として、このターボファンの排気ジェット速度がターボジェットの1／2倍で、空気流量が2倍(両者をかけ合わせて、推力は1で同じ)であったとする。その場合、必要とする燃料エネルギーは排気ジェット速度の2乗に比例するので、ターボファンの方は1／2の2乗の1／4で済むという計算になる。すなわち、この例では、ターボファンに必要な燃料は、ターボジェットの1／4となり、それだけ燃料消費率が低いということになる。バイパス比を増加していくと、燃料消費率は低減していく。しかし、ファン径も大きくなるため、飛行速度の速い状態では、抵抗が大きくなって正味推力は逆に減少するので、飛行ミッションに最適なバイパス比を選定する必要がある。

まず、出現したのは低バイパス比ターボファンであった。RR社の「コンウェイ」が1952年に世界初のターボファンとして開発され、1962年6月にBAC VC-10で初飛行しているが、ターボファンが本格化したのは、1958年にP&W社が出荷済のJT3Cエンジンをファンと低圧タービンのキットを使ってJT3Dという低バイパス比ターボファンエンジンに改修することを始めてからである。DC-8やボーイング707もJT3D搭載の機体が増加していった。GE社ではCJ805（J79の民間型）の後端にアフトファンを付けてCJ805-23とし、コンベアCV-990に搭載したが、空気の押し込み効果が得られないことからフロントファンが主流となっていった。

　その頃、中短距離の航空路線にはロッキード「エレクトラ」（後のP-3C）などの大型のターボプロップ機が投入されていたが、この種の市場にジェット旅客機を導入するべくP&W社のJT8Dシリーズを搭載したボーイング727やダグラスDC-9及びRR社の「スペイ」を搭載したBAC-111やH.S.社「トライデント」など胴体後方にエンジンのある旅客機が出現した。

4.2　創成期の頃のターボファンエンジン

(1) イギリス 〔＊47〕〔＊48〕〔＊49〕

　ターボファンエンジンの概念は、ジェットエンジンの創始者であるイギリスのホイットル卿が1936年に「バイパスエンジン」と称して特許を申請したのに始まり、続いて、1940年には「フロントファン」および「アフトファン」という具体的な構造についても特許を申請していた。ターボファンエンジンは燃料消費率低減の観点で当初から有望視されていたが、純ターボジェットを開発するので精一杯であった当時としては、優先度が低くならざるを得なかった。ホイットルのパワージェット社では「オーグメンター」という名称でターボファンの研究を進めていた。この中でアフトファンの形態をした「オーグメンター2」の図面が1942年にGE社に渡り、後にコンベアCV-990のエンジン、GE社のCJ805-23アフトファンエンジンの開発に寄与したともいわれている。改良を加えた「オーグメンター3」は、運転試験も行なわれたが、予期通りの性能が出ないまま開発を断念している。

　パワージェット社のW2/700ターボジェットを基に「オーグメンター2」の形態のアフトファンに、アフターバーナーを付けた「オーグメンター4」がマイルズM.52超音速機用に提案されたが、計画そのものがキャンセルされて実現しなかった。アフトファンのアイデアは1943年8月、メトロビックF-3というエンジンに

活かされた。このエンジンはイギリス初の軸流式ターボジェット、メトロビック F-2にアフトファンを追加した形態で、これにより推力を1.9倍に増強しようとするものであった。しかし、実用化に至ったという話は聞かない。

　同じ1943年には長距離爆撃機用エンジン（LR.1）の候補として、ターボプロップエンジンのほかにバイパス比2.5のフロントファン方式のターボファンも提案されたが、製造なかばで計画がキャンセルされ、完成することはなかった。もし、このエンジンが開発に成功していれば、これが世界初のターボファンエンジンになるはずであった。ターボファンエンジンで具体的に実用化にまで至ったものとして以下のようなものがある。

■RR社「コンウェイ」

　ロールスロイスでは、1952年中頃には2軸式のフロントファン式のターボファンエンジン、「コンウェイ」の地上運転を行なっていた。当初、「コンウェイ」はビッカースV1000軍用輸送機用に開発されたが、キャンセルされた。推力を7,940kgf級に増強したバイパス比0.3の「コンウェイ42」が初期のボーイング707-420（図4-1）やDC-8-40に搭載され、1960年に航空路線に就航した。これで、世界で初めてターボファンエンジン搭載機が商業路線に参入したことになる。

　さらに推力を10,250kgfに増加し、バイパス比を0.6に増加した「コンウェイ43」がBAe社「スーパーVC-10」（図4-2）に搭載され1965年に航空路線に就航した。しかし、バイパス比はJT3Dが1.5程度であったのに対して「コンウェイ」は0.3（後に0.7）と小さく、「リーキー・ファン」と呼ばれたほどなので、燃料消費率と騒音レベルを低減させるには不十分であった。

　JT3Dがボーイング707やダグラスDC-8に搭載されて就航し、その優秀性が実証されるに従い、「コンウェイ」搭載機の出番が失われていった。しかし、VC-10はその後イギリス空軍でVC10K空中給油機として長く運用された。

図4-1　ボーイング707-420
RR社「コンウェイ」ターボファンエンジン搭載。BOACの機体。消音排気ノズルと尾翼の下のフィンが-420の特徴。（羽田空港南、1966年8月）

図4-2　BAe社「スーパーVC-10」
RR社「コンウェイ」ターボファンを4発搭載。ボーイング707やダグラスDC-8の対抗馬として開発された。（羽田空港、1972年11月）

■RR社「スペイ」

　RR社は「コンウェイ」での経験を活かし、バイパス比を0.7程度に大きくした小ぶりの推力5,440kgf級のターボファンエンジン、「スペイ」（図4-3）を開発した。RB141という試作エンジンをスケールダウンして3発旅客機H.S.社「トライデント」（図4-4）の要求に合わせたものである。「スペイ」は2軸式のターボファンエンジンで、ファンは5段もあった。高圧圧縮機は軸流12段で全体圧力が20に達していた。それぞれ2段の低圧および高圧タービンによって駆動された。

　「スペイ」は良いエンジンではあったが、これに対してP&W社で開発されたJT8Dを搭載した3発機、ボーイング727が市場を圧倒し、「トライデント」は思ったようには売れなかった。皮肉なことに、JT8Dの推力はスケールダウン前の「スペイ」、すなわちRB141と同じであった。しかし、その後「スペイ」は民間型ではBAC111（図4-5）やF-28に使用された。アフターバーナー付きで推力9,660kgfの「スペイ201」エンジンはイギリス海／空軍向けのマクダネルF-4K「ファントム」にも搭載された。また、推力6,460kgfの「スペイRB.168」はアメリカのアリソン社

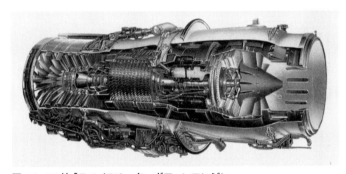

図4-3 RR社「スペイ512」ターボファンエンジン
H.S.社「トライデント」、BAC111、フォッカーF-28等に搭載。(courtesy of Rolls-Royce)

図4-4 H.S.社「トライデント」
RR社「スペイ」ターボファン2台のほかブースターとしてRR社RB162（推力2,381kgf）ターボジェットを搭載。
（ダックスフォード、1997年11月）
(courtesy of Imperial War Museum, Duxford)

図4-5 BAC111
RR社「スペイ512」ターボファンエンジン搭載。旧モホーク航空の機体。
（ロチェスター空港、1970年7月）

でTF41としてLTV社のA-7「コルセアⅡ」用に大量に生産された。「スペイ」はさらにバイパス比の大きい「テイ」に発展してゆく。

（2）ドイツ（第2次世界大戦以前）

　ドイツでも第2次世界大戦中にZTL（2層流ターボジェット）という略称でターボファンエンジンの開発が進められていた。ドイツで初めてジェットエンジンを開発したオハインが1939〜1940年にハインケルHe S 10（ZTL）というターボファンを研究したが、純ターボジェットで高性能化を狙ったHe S 011（109-011 TL）の開発に集中するようになり、地上運転の段階を出ないまま計画は中止されている。さらに推力の大きなHe S 30A ZTLも計画されたが、要素試験が行なわれたのみで開発は中止された。

　開発が進んだエンジンとしてダイムラー・ベンツの109-007（ZTL）がある。バイパス比2.4程度のエンジンであった。高圧圧縮機の外周をファンブレードの埋め込まれたファンダクトが覆っており、このダクトが高圧圧縮機と反対方向に回転しているという2階建てのエンジンであった。このファンダクトは遊星歯車を介して1段タービンで高圧圧縮機とともに駆動される構造となっていた。1943年5月に地上運転に成功し、150時間ほど試験が続けられたが、性能が十分に出ないまま、1944年5月には計画が中止されてしまった。

　このように、ターボファンエンジンの利点は理解され、期待はされていたのだが、ホイットルの特許権が切れて本格的な開発が始まるまでにさらに10年以上の年月を必要とした。その間、各国で色々なターボファンエンジンが研究された。

（3）フランス

　フランスのツルボメカ社は「アスパン」という推力200kgf（後に350kgfに増強）のターボファンエンジンを開発し、フーガ社「ジェモー」に搭載して1952年に初飛行し、世界で初めて飛行したターボファンエンジンとなった。これは1軸式の小型エンジンだが、「アルツーストⅠ」のガスジェネレーターから減速装置を介してフロントファンを駆動する、いわゆるギアドファンの姿をしていた。空気流量はエアインレットフラップで調整されていたが、フラップへの着氷などの問題があったため、これを可変ピッチファンに替え、「アスタズー」のガスジェネレーターで駆動する「アスタファン」というギアドファンに発展させた。1969年にエンジン試験を行なった。推力710kgfの「アスタファンⅡ」は社用機のエアロコマンダー680のレシプロエンジンに置換されて飛行を行ない、実績を蓄積した。

1978年8月には「フーガ・マジステール90」に搭載されて初飛行を行なったが、買い手が付かず、本エンジンの活躍の場は限られていた。

(4) アメリカ

■P&W社JT3D〔＊50〕

　P&W社では1956年頃からC-132長距離4発輸送機用のPT5(T57)ターボプロップエンジン(15,000hp)とJ75ターボジェットエンジンからJT10というアフターバーナー付きターボファンエンジンを作って試験をしていたが、民間用にターボファンエンジンを開発する必要性は会社として認めていなかった。同社はRR社「コンウェイ」ターボファンの存在は認識していたものの、バイパス比が0.6と小さく、P&W社のJT4ターボジェットと比較して「コンウェイ」にターボファンエンジンとしてのメリットが認められず、脅威と認識しなかったことなどが、その理由のようである。しかし、ボーイング707やダグラスDC-8に搭載されているターボジェットを適切なサイズのターボファンに置き換えると、燃料消費や騒音低減の観点から利点が得られることが期待されていた。

　そのような折から、アメリカン航空がGE社のCJ805-23アフトファン(J79ターボジェットを改造)をボーイング707のエンジンとして要求したのである。この動きを受けてP&W社としても、急遽、ボーイング707の要求に合致したJT3のターボファン化計画を作成して提案し、アメリカン航空の合意を得た。これでJT3Dターボファンエンジンとして(図4-6) 1958年開発が開始されることになった。

図4-6　P&W社JT3Dターボファンエンジン

(Reprinted with the permission of United Technologies Corp., Pratt & Whitney division - all rights reserved. 以下、courtesy of Pratt & Whitneyと略す)

図4-7　ボーイング707-320B

JT3Dターボファンエンジン搭載。本機はショートカウル(セパレートフロー)を使用。(羽田空港南沖、1972年8月)

JT3Cターボジェットからの変更は、9段あった低圧圧縮機の前側3段を径の大きい2段のファンに変更し、低圧タービンに3段目を追加するというものであった。これにより大きな重量増加もなく、推力は35%も増強されて8,600kgf級となり、バイパス比を1.43としたことで燃料消費率は20%近く低減した上、離陸時の騒音レベルは10dBも低減するという効果を生んだ。1959年中頃にはノースアメリカンB-45「トルネード」爆撃機に搭載されて空中試験が開始された。JT3DをJT3C搭載の軍用機にも換装することになり、TF33ターボファンという型式で1959年末にはその量産先行型が出荷され、1960年中頃にはB-52H（図4-9）に搭載されて試験飛行が開始されている。同年には相前後してJT3D搭載のボーイング707（図4-7）、720、ダグラスDC-8（図4-8）の初飛行が行なわれ、翌1961年にはこれら4機種が運用段階に入っている。1963年末にはTF33ターボファン搭載のロッキードC-141「スターリフター」（図4-10）が初飛行をしている。イギリスで開発され、技術提携のもと、アメリカのマーチン社で製造・改修されたRB-57F「キャンベラ」高空偵察機にもTF33が換装されている。出荷済みのJT3Cを改修キットでターボファンに改造することもできた。まずアメリカン航空が自社のB707と720のエンジンをJT3Dに換装し、「ファンジェット」という愛称で就航させた。早晩、各社もそれに追従した。JT3Dはボーイング707やDC-8に搭載されて広く普及し、合計5,413台が製造されたほか、約3,000台のJT3Cが改修キットでJT3Dに改修されている。

図4-8　ダグラスDC-8-62F
JT3D-3B搭載。本機のエンジンナセルはロングダクト（ミックスドフロー）式になっていて効率が良い。（羽田空港、1971年8月）

図4-9　ボーイングB-52H「ストラトフォートレス」
JT3Dの軍用型TF33-3ターボファンエンジンを8発搭載。原型機の初飛行は1952年だが、2013年になっても現役で運用中。（インターナショナルエアタトゥー、2006年7月）

図4-10　ロッキードC-141A「スターリフター」
TF33-7ターボファンエンジン4発搭載。（横田基地、1967年10月）

■P&W社 JT8D〔*54〕

　P&W社のもう一つのターボファンエンジンJT8Dも当初はJ52／JT8という推力4,000kgf級の純ターボジェットとして米海軍向けに開発された。J52ターボジェットはハウンドドッグ空対地ミサイルのエンジンとして搭載されて1959年に初飛行を行なった。グラマンA-6「イントルーダー」（後にEA-6「プラウラー」（図4-12）に発展）に搭載されて1960年に初飛行を行ない、ダグラスA-4「スカイホーク」に搭載（J65に勝って）されて1961年に初飛行を行なっている。J52は2軸式のターボジェットエンジンで、圧力比12を達成した。低圧圧縮機は遷音速設計の軸流5段、高圧圧縮機はJ57同様に7段である。いずれも1段のタービンで駆動されている。燃焼器は9本の燃焼筒からなるキャニュラー式である。J52の総製造台数は4,567台に達した。

　1960年、ボーイング727にRR社の「スペイ」が提案されていたが、これをJ52のターボファン化したエンジンに替えられないかという航空会社の要求で、JT8Dターボファンエンジン（図4-11）としての開発が始まった。JT8DはJ52ターボジェットの高圧系をコアエンジンとし、その前に2段のファンと軸流4段の低圧圧縮機を追加し、これらを3段の低圧タービンで駆動する形態となっていた。バイパス比1.0程度、推力6,350kgf級、圧力比は18に達した。RR社「スペイ」より重いが大きな推力が得られた。1961年にJT8Dの初運転、1962年にはFTB試験を行ない、1963

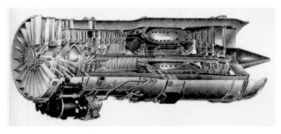

図4-11　P&W社JT8Dターボファンエンジン

(courtesy of Pratt & Whitney)

図4-12　グラマンEA-6「プラウラー」
P&W社J52-408ターボジェット（推力5,080kgf）2台搭載。A-6「イントルーダー」をストレッチし4人乗り電子戦機とした。A-6原型機初飛行は1960年4月。（厚木基地祭、2000年7月）

図4-13　ボーイング727-200
P&W社JT8D-9（推力6,580kgf）3台搭載。全日空としては-100とともに初のジェット機となった。
（羽田空港＜京浜島＞、1980年5月）

図4-14　ボーイング737-200
P&W社JT8D-9(推力6,580kgf)2台搭載。ストレッチや
エンジン換装を繰り返し737-800まで発展。
(大阪伊丹空港、1978年8月)

図4-15　ダグラスDC-9-41
P&W社JT8D-15(推力7,031kgf)2台搭載。ストレッチと
エンジン換装によりMD-80を経てMD-90まで発展。
(羽田空港、1979年5月)

年にはボーイング727(図4-13)に搭載されて初飛行を行ない、その年に世界一周
飛行に成功している。1964年にはイースタン航空等の航空路線に就航した。1965
年にはダグラスDC-9(図4-15)に搭載されて初飛行、1967年にはボーイング737(図
4-14)に搭載されて初飛行を行なった。後に低騒音化のためJT8D-209などのよう
なリファンエンジンも次々に開発された。標準的なJT8Dは14,000台も売れたほか、
リファン型も2,900台も売れたとのこと。最も利潤の高いエンジンとまでいわれる
ようになった。

　なお、JT8D-1を基に、これにアフターバーナーを付けて推力11,800kgfとした
アフターバーナー付きターボファンエンジンがスウェーデンのフリグモーター社
でRM8として開発され、サーブAJ-37「ビゲン」攻撃機に搭載された。これは、
JT8D系のエンジンが軍用機に搭載された数少ない例となった。

■GE社―アフトファンエンジン盛衰記 [*51][*52][*53]

　1950年代末、「コメット」で口火を切ったジェット旅客機の時代が訪れていた。
DC-8やボーイング707にはP&W社の軍用エンジンJ57の民間型であるJT3Cが採
用されたが、GE社ではそのクラスに相当する民間エンジンがなかった。その頃、
GE社はアフターバーナー付きのJ79ターボジェットエンジンを4発搭載したB-58
爆撃機の開発でコンベア社と組んでいた。コンベア社は旅客機の分野ではCV240、
340、440など中距離路線用のピストンエンジン式旅客機で成功を収めていたが、
ボーイング707やDC-8よりも短距離の市場を狙ったジェット旅客機も計画していた。

　そのエンジンとしては、アフターバーナーのない民間型のJ79エンジン(CJ805-3)
が最適と考えられ、このエンジンを4発搭載したコンベアCV880「スカイラーク」
(後に「ゴールデンアロー」)(図4-16)の開発が1956年に公表された。CV880は
CJ805エンジンが軽いことも寄与して同程度の機種より軽量で、より高速の機体で

図4-16　コンベアCV880
GE社CJ805-3B（推力5,285kgf）ターボジェット（J79の
アフターバーナーのない形態）を4台搭載。
（羽田空港、1964年6月）

図4-17　コンベアCV990「コロナード」
GE社CJ805-23（推力7,280kgf）ターボファン（アフトファ
ン）を4台搭載。マッハ0.91の最高速度を持つ当時の世
界最速の旅客機。（羽田空港、1970年頃）

あった。TWA（トランスワールド航空）のほかデルタ航空や日本のJALが採用した。

　しかし、もう少し乗客数が多く、さらに高速の機体が欲しいというアメリカン航空の要求があり、ストレッチしたうえ、空力的に改善を図ったCV990が開発されることになり、エンジンも高推力化が必要となった。この時期はジェットエンジンの高性能化（高圧力比化）のためにP&W社は2軸式の圧縮機を、GE社は1軸式のまま圧縮機に可変静翼（VSV）を採用するという二極化が進められた時代だった。

　一方、ターボファンエンジンの研究は1950年代当初から始められていた。GE社ではファンを1軸式のエンジンの前に直接取り付けて運転試験を行なったことがあったが、この形態ではエンジンの始動と運転に困難を極めたといわれている。そのとき以降GE社はファンをエンジン後方に設ける、いわゆるアフトファン方式に傾いていったようである。

　逆にP&W社のエンジンのように2軸式の場合には低圧圧縮機の前方にファンを取り付けて、低圧タービンをそれ相応のものに改良すれば、比較的容易にフロントファン式のターボファンに改造することができる。ボーイング707やDC-8用に出荷済みのJT3Cターボジェットにレトロフィット方式でファンを追加して低圧タービンを交換することでフロントファン式のJT3Dに改造する作業が各エアラインで行なわれ、旅客機のターボファン化が急速に促進された時期である。

　一方、GE社はCV990のためにCJ805にアフトファンを付けて推力を約40％増強したCJ805-23ターボファンエンジンを開発して対応した。アフトファンはコアエンジンと軸も独立しているため、圧縮機特性や構造にほとんど影響を与えることなしに推力を増強し、燃料消費率を改善するための簡便な方法であり、騒音低減も容易であるとされている。1957年12月末に試験運転が開始され、1961年には初飛行が行なわれ、アメリカでの初めての実用ターボファンエンジンとなった。コンベアCV990「コロナード」（図4-17）は、マッハ0.91という当時としては世界最速の旅客機であった。アメリカン航空のほか、スイス航空などが就航させ、羽田空港に

112

も飛来していた時期があった。このCJ805-23のアフトファンは翼根がタービンで先端がファンの部分というように2階建ての構造になっていた。ファン「ブレード」とタービン「バケット」とを合体して「ブラケット」と呼んでいた。

　CV990が就航して間もなく、このブラケットにクラックが入るという不具合が発生した。GE社では出荷済みエンジンの日々点検を提案するとともに調査チームを設け、原因究明と対策に全力投球した。機体の運航状態を模擬して運転試験を行なってクラックの原因を確定した。対策を講じた後、出荷済みブラケットを全数交換した結果、クラックは再発することはなかった。

　しかし、問題はアフトファンだけで収まらなかった。軍用のJ79から民間用に転用したCJ805エンジンは、高性能で軽量であったことは事実であり、軍用エンジンのように年間飛行時間が5〜600時間程度で、半年ごとに点検整備を行なっている限りは全く問題がなかったのであるが、年間3,000時間以上も飛行し、整備の時間も惜しいというような民間での使用においては状況は違っていた。エアラインでの商業運航に耐えるほど頑丈ではなく、整備費もかさむということがすぐに明らかになった。GE社の社長も務めたブライアン・ローは、P&W社のJT3は使役馬であったのに対し、CJ805は潜在的に虚弱なサラブレッドだったと、その自叙伝に述べている。

　弱点の先取りをするべく、ダグラスRB-66にCJ805を搭載してフリートリーダーとしてCV880などの飛行サイクルで飛行時間の先行蓄積を図った。GE社は民間エンジンについては経験が浅かったので社外から専門家を雇い、CJ805専門の独立したプロダクトサポートを確立した。ここでこのエンジンの問題を解決しないと将来の死活問題だという決意で厖大なリソースを投入してエンジンの耐久性の向上を達成した。そして長期にわたってエアラインをサポートした。

　結局CV880はハワード・ヒューズがTWA社の優位を保つため他社には売るなといってごねたために就航が遅れたこともあり、本来ならCV880を買うはずのエアラインがDC-8やボーイング707を買ってしまい、CV880の受注は65機に終わってしまった。また、CV990も当初は設計通りの性能が出ず、機体の設計変更を行なって遅れている間に待ちきれないエアラインが発注数を減少させたため37機しか売れなかった。これによりコンベア社は史上最高の大損害をこうむり、民間機の事業から撤退する契機となった。GE社もCJ805は決して商業的に成功したプロジェクトではなかったが、このプロダクトサポートを通じて学んだことや、客先に好感を持たれたことなどにより、その後の民間ビジネスの成功に結びついたといわれている。

　CJ805-23のアフトファンの技術は、ビジネス機用エンジンCF700（図4-18）にも

図4-19　ダッソー・ブレゲー「ファルコン20」
GE社CF700ターボファン（アフトファン）（推力1,980kgf）を2台搭載。
（第4回国際航空宇宙ショー＜入間＞、1973年10月10日）

図4-18　GE社のCF700ターボファン（アフトファン）エンジン
（NBAAショー、1980年9月）

採用された。このエンジンは軍用のJ85（民間型はCJ610）の後方にアフトファンを付けたものである。ダッソー・ブレゲー「ファルコン20」（図4-19）やロックウェル「セイバーライナー75A」に搭載された。1981年に製造が終わるまでの18年間に1,165台のCF700と2,059台のCJ610が製造された。CF700はアフトファンの成功例といえる。

　フロントファンはなんといってもファンによる圧縮機への押し込み効果があるという点でアフトファンより優れている。GE社でも軸が二重になっているT64ターボシャフトの前にファンを付けてCTF64としてフロントファンの試験をしたことがある。これが後にスケールアップされてTF34ターボファンエンジン（民間型はCF34）に発展した。GE社にもVSV付きの2軸式フロントファンの思想が定着した。大型輸送機ロッキードC-5AのエンジンとしてGE社の2軸式のフロントファンTF39が採用され、CF6、JT9D、RB211など高バイパス比ターボファンエンジン時代の幕開けを迎えたのであった。

第5章 高バイパス比ターボファンエンジンの発展

5.1 概要

　1960年代、東南アジア情勢に対応するためアメリカ空軍は超大型輸送機の開発を行なうことになり、GE社のTF39ターボファン（推力18650kgf、バイパス比8）搭載のロッキードC-5A「ギャラクシー」が採用された。この競争に負けたボーイング社は、1965年超大型旅客機ボーイング747（B-747）の開発を決心し、エンジンとしてP&W社のJT9Dが採用された。これに引き続いてロッキード社はRR社RB211搭載の「トライスター」を、ダグラス社はGE社のTF39から発達したCF6-6を搭載したDC-10の開発を開始した。ここに40,000lb（18000kgf）級でバイパス比6程度の高バイパス比エンジン、すなわちジャンボ機用大型エンジン3機種が勢揃いすることになった。

　その後は航空会社の希望によって機体とエンジンとの組み合わせを任意に選択することができるようになった。これらのエンジンはタービン入口温度が1300℃級で、全体圧力比も25程度という高性能エンジンで、燃料消費率も従来の25％低減、騒音レベルも低く、有害排ガスの排出も少ないエンジンになっていた。また、積極的にモジュール化が行なわれ、整備も容易になっていった。

5.2 超大型輸送機C-5Aの開発で誕生した 高バイパス比ターボファンTF39[＊36]

　東京の横田基地などでも時折目にする、西側で最大の軍用輸送機ロッキード・マーチンC-5A「ギャラクシー」（図5-1）。本機に搭載されたTF39ターボファンエンジンは、高バイパス比ターボファンエンジンの草分け的な存在で、その後のジャンボ機など広胴機の出現の促進剤となった歴史的なエンジンである。このエンジンは、アメリカで航空用ガスタービンの近代化開発が重点的に開始された頃に誕

図5-1 ロッキード・マーチンC-5A「ギャラクシー」
GE社TF39エンジンを4発搭載。
（横田基地近くの六道山にて、1993年12月）

生した。1960年代中頃から米空軍のライト・パターソン研究所の管理下でGE社やP&W社など各エンジンメーカーと契約をして、ATEGG（先進タービンエンジン・ガスジェネレーター）という先進コアエンジンの研究開発プロジェクトが開始されていた。これは、常にその時代の最先端の技術を適用したコアエンジンを研究開発しておき、いつでも機体側の高い要求に対応できるような先進エンジンを構築・開発できるようにしておくという、長期間にわたるプロジェクトである。

　当時の最先端エンジンといえばF104戦闘機等のJ79やF105戦闘機等のJ75エンジンなどがあるが、これを基準として、このATEGGでは、圧縮機をより段数が少なくて高圧力比のものに、燃焼器をアニュラー式の高負荷のものに、また、タービンを空冷式で、より高温のものにすることを目標にしていた。

　このTF39（図5-2）エンジンは、ATEGG第1世代で開発されたGE社のGE1というコアエンジンにファンを付けてGE1/6という実証エンジンから始まった。折しも、米空軍では東南アジアなどに対する長距離の物資輸送の必要性が高くなり、超大型輸送機計画CX-4が開始された。この機体がC-5Aと命名されて、ボーイング、ロッキード、ダグラスの3社との契約が結ばれ、詳細な設計検討が開始された。このエンジンは大型輸送機C-5Aの長距離巡航の要求に合致するようなバイパス比8

図5-2　GE社TF39高バイパス比エンジン
（courtesy of General Electric）

という世界初の高バイパス比ターボファンエンジンとして開発されたものである。

　一般的にガスタービンエンジンの場合、エンジンを構成する圧縮機、燃焼器、タービンという個別の要素を開発し、またはこれらを組み合わせてコアエンジンとして開発しておくと、機体側の要求に対応してこれらの要素のサイズを適切に変えて、別途開発したファンやアフターバーナーと結合したりすることなどによりその機体の用途に適合した実用エンジンを開発することができる。これは、コア・コンセプトとかビルディング・ブロック方式といわれ、ガスタービンならではの利点である。TF39は、ガスタービンのこのような特徴を最大限に活かして開発された最初のエンジンということができる。ATEGGで開発された当時の最新技術を適用したことにより、圧縮機は、例えばJ79が17段で圧力比12.2であったのに対し、TF39では16段で16.8と高負荷化されている。また、タービン入口温度はJ79(-11A)が無冷却で924℃であったものが、TF39では高圧タービンに空冷式のタービン動翼（2段とも）を導入し、タービン入口温度1260℃と著しい高温化を図っている。燃焼器は当然のことながらアニュラー式となっているが、その後のCIP（要素改良プログラム）で耐久性向上と無煙化が図られた。

　TF39のファンはたいへんユニークな構造をしている。ファンの前方に約半分の高さの1／2ファンという段が付加されているのである（図5-3）。これによりハブ側の圧力比の不足をカバーし、ファン圧力比1.55を得て、全体圧力比26の高圧力比を達成している。これでバイパス比8のほぼ理想的なサイクルが成立した。その結果として巡航時の燃料消費率は0.582kg/h/kgfとなり、1965年頃の最良のエンジンより25％も低減することができた。

　TF39のこのような仕様は当時としてはあまりにも急進的であったため、エンジンの機種選定に際しては、機体会社の中には、バイパス比3で、圧力比もタービン入口温度も低い保守的なP&W社のエンジンの方を好んだところもあったほどである。競争設計の結果、最終的に機体はロッキード社、エンジンはGE社のTF39ターボファンエンジン（推力18,640kgf）が選定され、C-5A「ギャラクシー」が開発されたわけである。

図5-3　TF39エンジンのファン
A：1／2ファン動翼、B：1／2ファン静翼、C：ファン
入口案内翼、D：1段ファン動翼。
（横田基地日米友好祭、2012年8月）

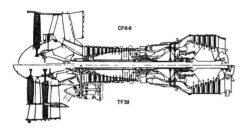

図5-4 GE社CF6-6(上)とTF39(下)の比較
(courtesy of General Electric)

　一方、選定に漏れたボーイング社は、P&W社と組んで旅客機に方向を転じて、B-747、いわゆるジャンボ機の開発に進んだのであった。GE社ではB-747搭載エンジン開発への参画は、TF39では推力が不足することや騒音対策が難しいことに加え、TF39の開発で精一杯であったことなどの理由で当初は断念していた。しかし、ジャンボ機開発の動きに呼応してダグラス社やロッキード社も3発広胴機の開発を始めたので、これに向けたエンジンを開発することになった。

　2軸式のTF39ターボファンのコアエンジンを基に改良を加え、3発機に最適の推力40,000lb(18,100kgf)級のCF6-6(図5-4)の開発が進められた。TF39と大きく変更になったのはファンである。バイパス比を8から5.6まで下げて、より高速の巡航に対応できるようにしたほか、1/2ファンを廃止して、1段ファンの後方のハブ側に1/4の高さのブースト段を1段設けるという常識的な形態になった。低圧タービンは6段から5段に削減することができた。CF6-6はダグラスDC-10-10(図5-5)に搭載され、1970年4月に初飛行を行なった。同様にロッキードL-1011「トライスター」にはRR社の3軸式の高バイパス比エンジンRB211が搭載された。

　ダグラス社はB-747との対抗上、より航続距離の長いDC-10-30の開発をすることになり、エンジンの推力増加が求められた。これに対応して開発されたのが推力50,000lb(22,680kgf)級のCF6-50である。ファン径を変更せず、ブースト段を2段増加して3段とし、圧縮機はむしろ段数を16段から14段に削減しながら圧力比を31に増加し、タービン入口温度もあまり上昇させずに、コアの空気流量を増加

図5-5 ダグラスDC-10-10
CF6-6エンジン3発搭載。(ロサンゼルス空港、1978年9月)

図5-6 エアバスA300
CF6-50を2発搭載。
(入間基地での国際航空宇宙ショー、1979年11月)

してバイパス比4.3級のエンジンとし、推力を25%増加している。CF6-50はその後、エアバスA300(図5-6)にも搭載された。B-747を改造した空中指揮機E-4のエンジンとしてF103という形式番号でCF6-50が採用・搭載され、CF6もB-747のエンジンとして使用され始めた。CF6はP&W社のJT9Dから発展したPW4000やRR社の「トレント」と競合しながらCF6-80A、-80E、-80C2とATEGGやNASAのE3プロジェクトの技術を反映して推力60,000lb(27,200kgf)級のエンジンにまで発展していく。名前は同じでもエンジンの中身はこの40年間に著しい進歩を遂げた。TF39／CF6のコアエンジンは陸舶用ガスタービンLM2500として艦艇などでも多用されている。

　これは、一つのコアエンジンが開発されると、いかに広範囲の分野に発展可能かを示す良い例である。また、C-5A「ギャラクシー」が、エンジン換装などの近代化改修を行ない、2006年3月中旬にC-5M初号機としてロールアウトした。この改修によってエンジンはTF39(推力18,640kgf)から約25%高推力のCF6-80C2(推力23,247kgf)に換装されたうえ、コックピットや電子機器の近代化が行なわれ、引き続き2040年頃まで運用できるようになったとのことである。TF39エンジンから派生してCF6民間エンジンとして数段階の発展をした新しい世代のエンジンに置き換わろうとしており、ひとつの歴史的な区切りが見えてきたように思われる。

　TF39のコアエンジンを生んだATEGGプロジェクトは営々と続けられ、1988年からは海軍や陸軍およびNASAなども参加したIHPTET(統合高性能タービンエンジン技術)プロジェクトへと発展した。VCE(バリアブルサイクル・エンジン)やSTOVL(短距離離陸垂直着陸)用エンジンなどの研究も行なわれた。一連のこれらのプロジェクトの中からその成果を反映してP&W社のF100、F119、GE社のF101/F110やF404、YF120などの先進エンジンが開発された。さらにVAATE(高取得性多目的先進タービンエンジン)プロジェクトにつながっている。国家プロジェクトによる時代を先取りした先進エンジン技術の開発こそ、航空機の発展を促す原動力であると考えられる。

5.3 ジャンボ機時代をスタートさせたエンジンJT9D[*50][*54]

　ボーイング747が開発されたのは1960年代に遡る。ボーイング社では1962年にKC-135タンカーやC-135輸送機が現実のものとなった頃から、スーパーサイズの軍用輸送機が必要であるとの見通しを持って計画を開始し、エンジンの可能性についても検討を行なっていた。また、民間輸送機の世界でも1970年には乗客数は2

倍に成長するとの予測を立て、超大型旅客機の開発も一つの解であるとの見解を持って計画を進めていた。米空軍では東南アジアなどに対する長距離物資輸送の必要性が高くなり、前述のとおり、超大型輸送機計画CX-4(後のC-5A「ギャラクシー」)がボーイング、ロッキード、ダグラスの3社との間で競合設計が開始された。ボーイング社では500人をかけて分厚い提案書を作成し、1964年6月に空軍に送り込んだ。ボーイング社はC-135やB-52などの大型機の実績も他の2社よりはるかに多いので自信を持っていたが、1965年9月、C-5Aの製造契約先に選ばれたのはロッキード社であった。ボーイング社の提案は高価過ぎたのが敗因であった。

この結果、社内では民間用大型旅客機の開発が加速され、B-747のプロジェクトが開始された。ダグラス社やC-5Aの競合で勝利したロッキード社も少し小型化した「エアバス」機(DC-10およびL-1011)の開発をする構えをしていたので道は必ずしも平坦ではなかった。多額の開発費はリスクが大きかったが、当時は乗客数の成長率は確実に年間15%あると見られ、1966年3月にこのプロジェクトはスタートした。その翌月には大手航空会社パンアメリカン航空(パンナム、PAA)がB-747を25機発注した。一口の契約としてはこの時点で過去最大の額となった。これを見ていた他の航空会社も引渡し順を争って発注するようになり、同年8月には損益分岐点の50機を超える受注数に達した。B-747の製造のために、シアトルの北48kmほどのところにある、ペインフィールド飛行場に隣接するエバレットに、世界最大の建物からなる巨大な工場施設が建設された。

米軍の超大型輸送機C-5Aにはボーイング社の機体とともにP&W社のエンジンが選に漏れたわけだが、C-5Aに提案されたP&W社のエンジンはJTF14というバイパス比3.5、推力41,000lb(18,600kgf)のターボファンエンジンであった。このJTF14エンジンは米軍の研究開発計画、ATEGGの中のLWGG(軽量ガスジェネレーター)計画で培った技術を適用してP&W社が開発した、STF200という実証エンジンから発展させたエンジンであった。B-747にはC-5Aに提案したJTF14よりも大きい推力(19,730kgf)のエンジンが必要で、P&W社にはこれを限られた日程で開発することがボーイング社やパンナム社から要求された。リスクの大きなビジネスであったが、推力の増加はタービン入口温度の上昇、バイパス比の増加等で対応し、完成したのがJT9Dターボファンエンジン(図5-7)である。バイパス比は5.0、1段ファンと3段の低圧圧縮機(ブースター)を4段の低圧タービンで駆動し、高圧圧縮機は11段で高圧タービンの2段で駆動した。高圧圧縮機の前4段は可変静翼であった。全体圧力比は24とJT3Dの2倍になっている。

このエンジンは1966年12月に地上運転され、当時として世界最大の推力を出し

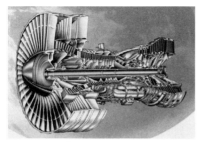

図5-7　P&W社JT9D-7
（courtesy of Pratt & Whitney）

図5-8　ボーイング747-100
JT9D-3ターボファンエンジンを4発搭載。初期にはエンジンインテーク外周に補助空気取入口があった。（羽田沖、1974年6月）

図5-9　ボーイング747SP
JT9D-7ターボファンエンジンを4発搭載。胴体長を15m弱短縮して軽量化した分だけ燃料搭載量を増加して、航続距離を延長した特別性能(SP)機。当時は困難だった東京〜ニューヨーク間直行運航が可能に。（ロサンゼルス空港、1978年1月23日）

図5-10　マクダネル・ダグラスDC-10-40
JAL機はCF6の代わりにJT9D-59Aターボファンを3発搭載。（羽田空港、1994年3月）

　た。1968年春にはB-52FTB機を使って空中試験が行なわれた。そして1969年2月9日、JT9Dを搭載したB-747「スーパージェット」1号機の初飛行が行なわれた。その後、2〜5号機により型式証明取得のための各種の試験が行なわれた。1970年1月11日、フル型式証明済みのB-747がPAAに領収され、1月21日、「クリッパー・ヤング・アメリカ」号としてニューヨーク（JFK）を発ち、ロンドンとの間の定期航空路に世界で初めて就航した。

　JT9Dは、最初の量産型JT9D-3（推力19,730kgf、B-747-100（図5-8）に4発搭載）から始まり、JT9D-7A（推力21,620kgf、B-747-200／B-747SP（図5-9）に搭載）、JT9D-7R4D（推力21,770kgf、B-767-200に2発搭載）、JT9D-59A（推力20,040kgf、ダグラスDC-10-40（図5-10）に3発搭載）というように発展し、PW4000につながっていく。

挿話：スペーシャス時代の盛衰

　ボーイング747が就航して約半年後の1970年6月20日、筆者はアメリカ出張の帰途にサンフランシスコ(SFO)から初めてPAAのB-747に乗る機会を得た。当時の時刻表を見ると、日本行きのB-747便は西海岸から飛んでいるのみだった(図5-11)。B-747就航後半年も経っていない時だったので、ロサンゼルス(LAX)始発の同便は機体整備のため6時間も遅れてSFOに到着した。初めて見る巨大な機体がゲートに接近して、ぐんぐんと大きく迫る姿に圧倒され、6時間待った疲れも吹き飛んでしまった。さらにSFOを離陸した同機は給油のためアンカレッジ(ANC)に臨時着陸をした。東京まで無着陸飛行するための航続性能もまだぎりぎりだったようである。まだボーディングブリッジ(搭乗橋)のなかったANC空港の地面に降り立ち、白夜の雪山を背景に仰ぎ見たB-747の大きかった印象が今でも目に焼きついている(図5-12)。

　給油を終わった同機は遅れに遅れて、翌日の午前2時頃、羽田の東京国際空港に到着した。税関も開いており、この深夜によくも通関させてくれたものだと感心させられた。迎えに来た家族とともに家に着いたのは夜も白み始める頃であった。筆者のB-747との付き合いはこのようにして始まった。

　その10日後の1970年7月1日にはJALもB-747を国際線に就航させた。そして海外旅行というとB-747で行くという時代に入った。B-747は

図5-12　サンフランシスコから羽田への途中、アンカレッジに給油のため臨時着陸した就航後半年足らずのPAA(パンアメリカン航空)のB-747
白夜の雪山を背景に下から見ると大きかった。(1970年6月20日)

図5-11　1970年4月26日付けのパンナムの時刻表の一部
B-747就航直後の太平洋便は米国西海岸中心であった。

「ジャンボ機」の愛称で歓迎され、大きくてゆったりした客室を売りものとして、"スペーシャス時代の到来"ともいわれていた。各航空会社で趣向が凝らされており、アメリカン航空（AA）では「Luxury Liner ＝豪華機」と呼び、最後尾のエコミークラスにコーチ・ラウンジという広場を設け、バーのカウンターやピアノを置いたりして、その広さを誇示していた（図5-13）。筆者もこのコーチ・ラウンジに入ってくつろいだことがあるが、窓際のソファーに座っていると、せっかくのピアノの演奏も騒音で聞こえないという体験もした。

　トランスワールド航空（TWA）ではこのような広場を「Ambassador Coach Lounge ＝特使待遇のコーチ・ラウンジ」といって宣伝していた。嬉しかったのはジャンボ機ではなく、従来型のボーイング707を使ったTWAの長距離便ではエコノミークラスの片側３列の座席の中央の椅子の背を前に倒してテーブルとして空間をゆったり取ったAmbassador Serviceがあったことである。B-747に乗れなかった人へのサービスだったのだろうか。乗客にとっては、座席がぎっしり詰まった広い客室よりも胴体は狭くても座席周りがゆったりしている方がありがたい場合もある。

　多くの航空会社がB-747を国際線に就航させ、過当競争気味になると人気の低い航空会社のB-747では空席が目立つようになった。ところが、この会社の英字新聞の広告を見ると、「当社のB-747便ではゆったりとした客席を提供しています。」という主旨が書かれており、災いを福と転じたしぶとさが感じられた。やがてベトナム戦争が終結を迎えてからこの航空会社の便はアメリカに向かう人達で満席の状態が続いた。珍しさで「スペーシャス」を売り物にした時代もいつの間にか終わってしまった。B-747のローンチ・カストマーだったPAAも消えてしまった。時代の変化の激しさに驚くばかりである。

　空港に行って気が付くことは、かつてはひしめくように離発着を繰り返

**図5-13　アメリカン航空のB-747の
コーチ・ラウンジの宣伝ビラ**
バーやピアノがある。（1972年頃）

してしていた4発のジャンボ機、B-747の姿がほとんど見られなくなったことである。同機とほぼ同時期に開発されたDC-10/MD-11やL-1011などの3発の広胴機は一部の貨物便やチャーター便を除いて日本の空港から見られなくなって久しいが、4発機もエアバスA340やA380のマイナーを除いて減少の一途をたどっているようである。それに代わってB-737、B-767、B-777、B-787、A330、A320、A321など双発機が主流になってきたことが目立つ。いずれにせよ一世を風靡したジャンボ機の時代も大きな転換期を迎えたといえる。

5.4 ロッキード「トライスター」で実用化された 3軸式ターボファンRB211

(1) RB211エンジンの開発 [*55]

RR社では初のターボファンエンジン「コンウェイ」の経験を反映して1960年代前半から高バイパス比ターボファンエンジンの研究を行なっていた。1965年になり、RB178-16という2軸式でバイパス比2.3、推力12,250kgfの実証エンジンを試作し、1966年に運転を開始したが、予算がなかったことなどからこの計画は中止されている。RB178を基にバイパス比をさらに高くするための最良の解は3軸式のエンジンにすることであるとの方針で、1965年にRB178-51というバイパス比6、推力18,600kgfの3軸式ターボファンをボーイング747のエンジンとして提案した。しかし、B-747にはP&W社のJT9Dが選定されたため、RR社としてはボーイング以外の機体会社への売り込みに転じた。RB178-51と同様の3軸式ターボファンRB207(バイパス比5、推力2,2680kgf)を大型双発旅客機用に提案する一方、RB207をスケールダウンして推力15,090kgfのRB211-06を3発機用に提案した。2機種も同時に開発する予算がなかったため、3発機(ロッキード「トライスター」)用のRB211-06の開発のみが進められた。1968年8月には初運転に成功している。

詳細に設計を進めてみると、RB211-06では推力が不足で、これを18,420kgfに増加する必要があることが分かった。そこで、エンジンの大きさを変えずに推力を増加したRB211-22として開発を続けることになった。この際、-06で計画されていた「ハイフィル」複合材製のファンブレードは鳥打ち込み試験に耐えられないことが分かり、使用は中止された。1968年3月にはロッキード社から「トライス

図5-14 ロッキードL-1011「トライスター」
RB211-22B、推力19,068kgf、ターボファンを3発搭載。
（羽田空港、1975年11月）

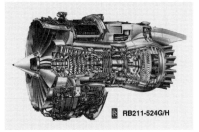

図5-15 RB211-524G/H
（courtesy of Rolls-Royce）

ター」用のエンジンとして450台の発注を得ている。同時にTWAとイースタン航空が「トライスター」の採用を発表した。

1970年11月、「トライスター」（図5-14）は初飛行を行なったが、所期通りのエンジン性能が出ていないことが明らかとなった。対策のための努力が払われ、開発費がかさんでいった。1971年2月、RR社は倒産し国有のロールスロイス（1971）Ltd.となるという逆境を迎えるが、RB211の開発は継続された。LPタービンノズルの変更で所期の推力を達成することができた。また、HPタービンブレードの損傷が発生したが、上流と下流のタービンノズルからの振動が原因と分かり、対策を施して耐久試験に成功した。1972年4月にはTWAによる「トライスター」の商用運航が開始された。1973年2月には推力19,050kgf（28.5℃までフラット定格）のRB211-22Bが型式証明を得た。長距離用のB-747やDC-10、「トライスター」のためにさらに推力の大きなエンジンが必要になるという市場予測に基づき、推力50,000lb（22,680kgf）級のエンジンをRB211-22Bの大きさを変えずにファン、中圧圧縮機、高圧圧縮機、高圧タービンの変更で空気流量を20％増加したRB211-524エンジンの開発を1972年に開始した。1980年にはB-747用に推力51,500lb（23,360kgf）のRB211-524Cが開発され、その後、段階を踏んで推力60,600lb（27,490kgf）のRB211-524H（図5-15）にまで発展した。

1976年にはボーイング727の後継機としてボーイング757（B-757）の計画が進められた。当初は3発機と考えられ、P&W社のJT10D（推力25,000lb = 11,340kgf級）を他の数社とともに共同開発を企てた。しかし、B-757の要求が明確となって双発機となったので、より相応しい低推力型のRB211-535（推力37,400lb = 16,960kgf級）（図5-16）を開発することになり、RR社はJT10Dからは手を引いた。一方、P&W社はJT10DをスケールアップしたPW2037（推力41,000lb = 18,600kgf級）を開発する方向に動いたので、RR社は推力アップしたRB211-535E（推力4,0100lb =

図5-17 ボーイング757
RB211-535を2発搭載。(ヒースロー空港、1991年8月)

図5-16 RB211-535 (courtesy of Rolls-Royce)

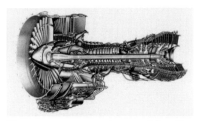

**図5-18 F117-PW-100(PW2037)ターボ
ファンエンジン**
(courtesy of Pratt & Whitney)

**図5-19 マクダネル・ダグラス(ボーイング)
C-17A「グローブマスターⅢ」**
F117-PW-100ターボファンを4発搭載。(エアタトゥー、2009年7月)

18,190kgf)を開発して対応した。このエンジンには後日、チタン製中空のワイドコードファンが採用された。B-757(図5-17)にはRB211-535とPW2037の双方が採用され、RB211-535C搭載のB-757は1982年2月に、PW2037搭載の機体は1984年3月に初飛行をし、型式証明取得の後、商業運航に入った。

なお、PW2037はF117-PW-100(図5-18)として軍用の4発輸送機マクダネル・ダグラス(ボーイング) C-17A「グローブマスターⅢ」(図5-19)に搭載され、広く活躍している。

(2) 3軸式と2軸式ターボファンの比較

RB211のような3軸式ターボファンエンジンにはどのようなメリットまたはデメリットがあるのか、2軸式エンジンとの比較でみてみる。3軸式のターボファンエンジンでは、ファンとこれを駆動する低圧タービン、中圧圧縮機と中圧タービン、および高圧圧縮機と高圧タービンというように、3つの独立した軸から構成されている。これに対して2軸式のターボファンではファンと低圧タービン、および高圧圧縮機と高圧タービンという2軸しかない。必要に応じて低圧圧縮機が追加されるが、その場合でもファンと同軸のコア側後方に追加されるのが普通である。

3軸式ターボファンでは、エンジン先頭にあるファンを駆動するために低圧ター
ビンからのシャフトがエンジン最後尾から中圧タービン軸および高圧タービン軸の
中心を通って前方に延びており、部分的には3重構造になるため構造的には一見複
雑になるが、次のようなメリットがあり、RR社の大型ターボファンは1960年代か
らこの方式を踏襲してきている。

①ファンは独立した専用の低圧タービンによって駆動されるため、ファンにも低圧
タービンにとっても最適な回転数で運転することができる。

②圧縮機は中圧圧縮機と高圧圧縮機の2軸から構成され、それぞれ独立した専用の
中圧タービンおよび高圧タービンによって駆動されるので、それぞれにとって最適
な回転数を選ぶことができる。

③それにより圧縮機もタービンも最小の段数で最高の効率を得ることが可能とな
り、その結果、エンジン全長の短縮が可能となり、ナセルの抵抗を低減できる。

　一方、2軸式のエンジンでは、以下のことが指摘される。

①一つの高圧圧縮機で高圧力比を得る必要があるため、これを駆動する高圧ター
ビンは3軸式ターボファンのように1段では収まらず、2段にする場合が多い。その
際、2段の高圧タービンの中の1段は必ずしも最適状態で運転されないこともあり、
冷却用の空気も大量に必要であるというデメリットがあるとされている。

②このことを避けるため、2軸式ターボファンで高圧圧縮機の圧力比の不足分を前
述のようにファンのコア部後方に追加した低圧圧縮機でブーストする場合がある
が、回転数はファンに合わせて低く設定してあるため、低圧圧縮機にとっては必ず
しも最適な状態で運転されているとは限らない。

　3軸式ターボファンの場合、各ローターは、その前後で軸受に支持されており、
ケーシングも二重構造のため、構造的な変形などが空気・ガス通路に影響を及ぼし
難く、したがってティップ・クリアランスを緊密に保つことができ、性能の経年変
化を最小限にとどめることが可能といわれる。

　ターボファンの3軸式か、2軸式かの議論は、ファン部を除けば、コア部を1軸
にするか、2軸にするかの古典的な議論に遡る。例えば1つの圧縮機で圧力比12
を得ようとした場合、タービンには大きな駆動力が要求されるが、これを2つに分
け、低圧圧縮機で圧力比3、高圧圧縮機で圧力比4を得て総合で圧力比12にすれば、
それぞれを駆動するタービンも楽になる計算である。

一方、GE社のように1軸式のターボジェットで圧縮機の前段を可変静翼とする道
を選び、J79(F-104戦闘機やB-58爆撃機に搭載)を開発したという例もある。

　1960年代中頃から高バイパス比の大型ターボファンの開発が競うようにして行

なわれたが、ここで道は大きく２つに分かれたように見える。

　RR社は２軸式ターボジェットの利点を活かし、２軸式のコアエンジンの前に単純にファンのみ（ブースト段なし）を追加するという３軸式に進んだ。RB211の誕生である。推力40,000lb（18,140kgf）級のRB211-22Bから発達して推力60,000lb（27,220kgf）級のRB211-524Hに成長し、さらには「トレント」系エンジンになって推力50,000lb（22,680kgf）級の「トレント500」から推力70,000lb（31,750kgf）級の「トレント1000」に成長した。全体圧力比もRB211-22Bの24.5から「トレント1000」の50と２倍以上にも高くなっている。それにもかかわらず、高圧圧縮機の段数は６段を維持、中圧圧縮機の段数も７〜８段で、高圧タービンと中圧タービンの段数は終始一貫して１段を採用している。前述の３軸式のメリットが読み取れる。

　一方、２軸式ターボジェットの道を選んだP&W社は高バイパス比ターボファンを開発するに当たってRR社と異なり、あくまでも２軸式で進んだ。推力42,000lb（19,050kgf）級のJT9D-3から推力90,000lb（40,820kgf）級のPW4090にまで発達した。全体圧力比は22.5から38.6に増加したが、３軸式の「トレント」系よりも低い値になっている。高圧圧縮機の段数は11段だが、これを終始２段の高圧タービンで駆動している。これでは圧力比が不足するので、ファンのコア側後方に３〜４段の低圧圧縮機がブースト段として追加されている。したがってファンとブースト段を一緒にして駆動する低圧タービンの段数は４〜７段と多くなっている。

　GE社の場合は、当然のことながら２軸ターボファンで進んだ。推力40,000lb級のCF6-6から始まり、70,000lb級のCF6-80Eに発達し、全体圧力比も25から34.8に増加したが、高圧圧縮機の段数はCF6-6の16段を除き、その後は14段を維持し、これを２段の高圧タービンで駆動している。ブースト段は３〜４段であるが、低圧タービンの段数は４〜５段とやや少なくなっている。推力110,000lb（49,900kgf）級のGE90では全体圧力比42を得るのに９段の高圧圧縮機を２段の高圧タービンで駆動している。ブースト段は３〜４段であるが、バイパス比が大きい分だけ低圧タービンは負荷が増え、段数は６段となっている。推力60,000lb級のGEnxではその圧力比43は、10段の高圧圧縮機と４段のブースト段で得ている。高圧圧縮機を２段の高圧タービンで駆動することは変わりがないが、バイパス比の高い大きなファンとブースト段とを駆動せねばならない低圧タービンは段数が７段と多くなっている。

　ここに各社各様の設計方針が見られるが、やはり、３軸式はどの要素にとっても最適の回転数や条件で運転できるというメリットが現れているように見える。その観点で見ると、PW1100Gのようなギアドファンは、低圧タービンを効率の良い高回転数に保ったまま、ファンの回転数を減速装置によって適切な値に下げ、ファン

性能や騒音対策の最適化を図っている点で注目される。また、低圧圧縮機（ブースト段）も低圧タービンに直結していて高回転数を保持できるため、少ない段数で効率の良い圧縮ができる。同時に低圧タービンの段数も3段程度に収まるという大きなメリットがある。ギアドファンも回転数が3種類あるという意味では3軸式ターボファンといえるであろう。

(3) 3軸式エンジンの変わり種 〔*40〕

　エンジン前方から取り入れた空気を圧縮機で圧縮し、以降は直列的に燃焼器で高温ガス化してタービンに送り、その動力で圧縮機を駆動し、残ったエネルギーを後端の排気ノズルから噴出して推力を得るという、いわゆるジェットエンジン（ガスタービン）の基本形態ができあがったのは、1930年代にこれが発明されてから間もなくであった。軸流式ではドイツのJumo004、遠心式ではアメリカのJ33やイギリスの「ダーウェント」などが、その後のエンジンの形を定着させたといえる。その後にジェットエンジンは著しく高性能化されたが、エンジンの形態の変化としては、亜音速機ではエンジン前方に大きなファンを持ったターボファンが標準となり、また、超音速機では前方のファンに加え、アフターバーナーが後方に取り付けられたという程度であった。垂直離着陸機用の特殊なエンジンを除いて、形態的に大きな変化はなかったといえる。その中にあって、燃焼器や高圧圧縮機、高圧タービンなど、その構成要素の配列の順番を変えて3軸式ターボファンエンジンを実現した例があった。

　最も特徴的なエンジンとして、ギャレット（ハニウェル）社のATF3というターボファンエンジンが挙げられる。1980年代にビジネス機ダッソー「ファルコン200」およびそれをアメリカのコーストガード（沿岸警備隊）用に改造したHU-25Aに採用された推力5,200lb（2,360kgf）級でバイパス比2.8のターボファンエンジンである。外観（図5-20）からも分かるように、エンジンの中央付近に突起部が8ヵ所あり、これが高温ガス側の排気ノズル（カスケード）を形成しているというユニークなエンジンである。

**図5-20　ギャレット（ハニウェル）社 ATF-3
3軸式ターボファンエンジン**
コアエンジンの排気は矢印のコア排気カスケードからファンの
バイパス流内に排出される。
（カンサスシティーでのNBAAショー、1980年9月）

コア排気カスケード

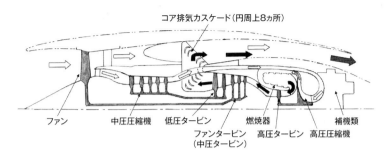

コア排気カスケード(円周上8ヵ所)

ファン　中圧圧縮機　低圧タービン　　燃焼器　　　補機類
ファンタービン　高圧タービン　高圧圧縮機
(中圧タービン)

図5-21　ATF3エンジンの概念図
ファンは中圧のファンタービンによって駆動されるのが特徴。
高圧圧縮機、燃焼器および高圧タービンは、独立した一塊
でエンジン最後尾にあり、着脱が容易で整備性が良い。

　このエンジンの空気の流れを見てみると、概念図(図5-21)に示すように、１段
のファンを経て５段の軸流式の中圧圧縮機で圧縮された空気は、８本の長いダクト
でエンジン最後部の遠心式１段の高圧圧縮機に導かれる。ここでさらに圧縮された
空気は前向きに転じてディフューザーを経て逆流式のアニュラー燃焼器に入る。燃焼
器を出た高温ガスは再び前向きに反転して１段の高圧タービンに入り、これで後方
にある高圧圧縮機を駆動する。高圧圧縮機、燃焼器および高圧タービンの部分は、
いわゆるコアエンジンを形成しているが、このコア部分がエンジンの他の部位から
独立していて簡単に着脱が可能であるところに大きな特徴がある。ここを出た高温
ガスはさらにその前方にある３段の中圧タービン(ファンタービン)および２段の
低圧タービンに流れ、これらを駆動する。通常のエンジンではファンが低圧タービ
ンで駆動されるのとは異なり、ATF3では中圧タービンによって駆動されるという
ところにもユニークさがある。これにより部分負荷における燃料消費率の向上が期
待できるといわれている。低圧タービンから前向きに出た排気ガスは、円周上に８ヵ
所あるクロスオーバー・ダクトと排気カスケードを通過することで再び後ろ向きに
転向される。カスケードからエンジン後方に向けて噴出した排気ガスは、バイパス
して流れてきたファン流とエンジンポッドのダクト内で混合して一つのリング状の
排気ノズルから噴出され、推力を発生する。このミックスド・フロー方式は騒音と
赤外線放射の低減に寄与している。これによりエンジン最後部中心には排気ノズル
がないため、代わりに高圧軸で直接駆動する補機類を配置することができ、エンジ
ン径を小さくすることに寄与している。
　このATF3エンジンはアメリカでは初の３軸式の構造であるが、中圧圧縮機(低
圧タービンで駆動)の軸とファン(中圧タービンで駆動)の軸が二重になっているだ

けで、遠心圧縮機と、これを駆動する高圧タービンからなる高圧軸はエンジン後方で完全に独立している。エンジン性能上3軸式は理想的であるが、この程度の小型エンジンで軸を3重にすると最も内側のシャフトは肉厚が薄くなりすぎて実用的でないことから、高圧軸を同芯とせずに独立させたことは妥当といえよう。それぞれの軸が最適な状態で運転できることもあり、全体圧力比は当時の小型エンジンとしては25という高い値に達している。これはその時代の3軸式の大型エンジンRB211のそれを上回る数値である。これを達成させるためタービン入口温度も1240℃と高く、小型エンジンとしては初めてともいえる空冷タービンを使用している。これによって低燃費が達成され、当時のビジネス機では不可能とされたアメリカ大陸横断飛行も可能となったほか、沿岸警備隊での長時間低空飛行にも対応できるエンジンとなったわけである。

　このようなエンジン構造は整備的にも大きな利点があった。全体がモジュール化されているのに加え、前述のように高圧系と燃焼器が独立しているので、この部分のみを切り離すことで、高温部品の検査が容易にできた。当時はTBO（オーバーホール間隔）方式の整備を行なっていたので、特にTBOの短い高温部品の検査には最適な形態をしていたといえる。

　しかし、良い点ばかりではなかった。最大の問題は中圧タービンと低圧タービンがファンおよび中圧圧縮機と同じ方向に推力を発生し、軸受に大きな負荷がかかることであった。通常配置のエンジンでは、これらの推力は互いに打ち消す方向に作用するが、このエンジンでは敢えて大きなバランスピストンを設けて空気力によって推力を相殺する必要性があった。高圧空気がバランスピストンから漏れるのを防ぐため、シール・クリアランスを小さく保たねばならず、製造上、手間のかかる原因となったといわれる。さらに、ユニークなエンジン構造上、エンジン内で空気の流れの向きを2回、3回と転換する必要があり、それに使用するチューブやクロスオーバー・ダクトなど通常配置のエンジンでは不要な部品や作業が追加となり、重量やコストの増加を生じてしまったようである。

　このエンジンはYF104（ATF3-3）として1972年にテレダイン・ライアンYQM-98A無人機に搭載されて飛行試験が行なわれたりしたが、本格的な開発はATF3-6Aとして1977年に沿岸警備隊向けの「ファルコン200」（図5-22）（HU-25A）への搭載が決まってからであった。開発試験では、折から強化された鳥打ち込み試験に不合格となったり、耐久試験などで不具合があったりして苦労したが、1981年末にFAAの型式証明を取得した。1990年までに合計200台ほどのATF3が出荷され、高性能ぶりを誇ったが、同じ会社のTFE731およびCFE738や、P&WC社の

図5-22 ダッソー「ファルコン200」
ギャレット社ATF3-6ターボファンを2基搭載。
（セントルイスでのNBAAショー、1982年9月）

PW305など、間もなく同程度以上の性能を持ち、かつ、通常の姿をして重量も軽くて安い小型のターボファンエンジンが出現するようになり、ATF3の活躍する場は失われていった。当時の技術水準で抜群の高性能を目指したユニークな発想を採用したエンジンだったが、結果的に複雑な構造・配置になってしまい、それに伴う独特の技術課題、シールやダクトの加工の困難さ、部品点数の増加を招き、高価で重いエンジンになってしまい、競争力を失ったといえる。しかし、一世風靡したアメリカ初の3軸式の歴史的なターボファンエンジンとして一定の評価を与えても良いと考えられる。また、技術開発はどうあるべきか、他山の石とすべき良い例になったような気がする。

第6章　戦闘機もターボファン化 (アフターバーナー付きターボファンの定着)

6.1 概要

(1) アフターバーナー付きターボファンの利点

　1960年代になると、戦闘機は速いことのみならず、長時間滞空したり、長距離を飛行したりできるような多用途性が求められるようになった。すなわち、燃料消費率の低い状態で巡航し、いざダッシュが必要なときには強力なアフターバーナーで加速するというような使い方である。アフターバーナー付きターボファンの利点については、以下の2点が挙げられる。

(a) 燃料消費率(巡航時)の低減

　ジェットエンジンでは、圧力比を十分に高くし、それに相応したタービン入口温度を選択すると燃料消費率は低減するという特性を有するが、これをターボファンエンジン化することで、ジェット排気速度を低減させ、燃料エネルギーを2乗効果で低減させ、燃料消費率を大幅に低減することができる。(4.1項参照)

(b) 推力増強率の増大

　戦闘機の場合、推力の増強にアフターバーナーが欠かせないが、ターボジェットでは、アフターバーナーの燃焼に使用できる酸素は、コアエンジンの燃焼器の燃焼に使用されなかった酸素量に限定されるため、残存酸素量を超えてアフターバーナーに燃料を注入しても不完全燃焼をして推力の増強に限度が生じることになる。それに対して、ターボファンの場合、ファンからバイパスしてきた、酸素が十分に含まれた空気をアフターバーナーでの燃焼に使用できるので、その分だけアフターバーナーへの燃料流量を増加して推力増強率を大きくすることができる。一般的に推力増強率は、ターボジェットの50%に対して、ターボファンの場合70%に達するといわれている。ただし、アフターバーナー使用時には全体の燃料消費率が2倍以上に増加するので、推力増強率を必要以上に大きくすることは得策ではない。飛

行ミッション要求に適した増強率を選ぶ必要がある。

(2) アフターバーナー付きターボファンの普及

　このような背景で、最初に出現したアフターバーナー（AB）付きターボファンエ
ンジンはバイパス比1.1のP&W社のTF30-3であった。このエンジンは可変翼の多
目的戦闘攻撃機ジェネラルダイナミックスF-111に搭載されて1964年12月に初飛
行した。ヨーロッパでは、ロールスロイス・チュルボメカ（RR/TM）社の「アドーア」
エンジンの出現も比較的早く、SEPECAT（戦術支援戦闘機の開発と製造を管理す
る会社）「ジャガー」攻撃・練習機に搭載されて1968年9月に初飛行した。この時期、
一方の輸送機の世界では、GE社のTF39搭載の大型輸送機、ロッキードC-5が初
飛行を行ない、ジャンボ機の出現の契機になるなど、高バイパス比ターボファンエ
ンジンの時代に入った。1970年代に入るとアフターバーナー付きターボファン搭
載の戦闘機の開発も本格的となった。TF30の発展型TF30-412はグラマンF-14A
戦闘機に搭載され、1970年12月に初飛行をした。日本ではRR/TM社「アドーア」
が三菱T-2超音速高等練習機（後にF-1支援戦闘機に発展）に搭載されて1971年7
月に初飛行に成功している。この時期に初飛行をしたアフターバーナー付きターボ
ファンを列挙すると、以下のようになる。

■TF30（JTF10A）：初のアフターバーナー付きターボファン〔＊50〕

　世界で初めて実用化された推力25,100lb（11,385kgf）級のバイパス比0.9のアフター
バーナー付き2軸式ターボファンエンジンである。ダグラスDC-8が1958年5月に
初飛行した後、ダグラス社では4発のDC-9の計画を立てていた。P&W社はこの
機体にJT3Dの半分のサイズの、JTF10Aターボファンエンジンを搭載する案を持っ
てダグラス社を支援していた。一方、1961年、米海軍は艦隊防衛のための空対空ま
たは空対地ミサイル搭載機、ダグラスF6D「ミシリア」のエンジンとして開発の
進んでいたJTF10A-1エンジンをTF30-P-2として選定したが、F6Dは亜音速機で
あり、空戦能力にも乏しいので、敵にミサイルを発射した後は全くの無防備になる
ことから疑問が呈され、この計画は中止となった。

　そこにTFX（戦略戦闘実験機）計画が浮上した。これは米空軍がF-105の後継と
して、および海軍がF-4の後継機として同じ機体と同じエンジンを使用した戦闘機
を開発するという計画であった。ジェネラルダイナミックスF-111可変翼超音速
戦闘機となる空軍／海軍共通のTFXプログラムのためにTF30エンジンの開発が
1959年から開始された。

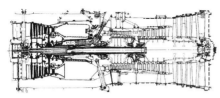

図6-1　P&W社TF30ターボファンエンジン
(courtesy of Pratt & Whitney)

**図6-2　ジェネラルダイナミックスF-111
可変翼攻撃／爆撃機**
(Royal Air Force Museum, Cosford) 2008.7.

図6-3　LTV エアロスペースA-7E「コルセアⅡ」
TF41-A-2(「スペイ」)1台搭載。
当初(A-7A)はTF30(ABなし)を搭載。
(courtesy of the National Museum of the U.S. Air Force)
2000.3.

　結果的にTF30ターボファンエンジン（図6-1）はF-111、F-14、およびA-7（アフター
バーナーなし）のエンジンとして選定された。ジェネラルダイナミックスは空軍に
F-111Aを提案、グラマンは海軍にF-111Bを提案した。いずれもアフターバーナー
付きのTF30を搭載した可変翼機として計画されていた。空軍のF-111A（図6-2）（推
力8,390kgfのTF30-P-1を2発搭載）は1964年に初飛行を行ない、1967年に量産が
開始された。信頼性や性能上の問題の全てが解決される以前にF-111の飛行試験が
開始されたので、初期の段階には圧縮機のストールやローターの破損など致命的な
不具合が発生した。機体側のエンジン空気取入口とエンジン本体との整合性向上の
ための試験を繰り返して行ない、IPCS（統合エンジン制御系統）の採用などにより
解決した。F-111は究極的な戦闘爆撃機といわれるようになった。1968年、問題解
決前に海軍はF-111Bの開発から手を引き、代わりにVFX計画として独自に可変
翼戦闘機グラマンF-14A「トムキャット」の開発を開始した。
　グラマンF-14Aにはアフターバーナー付きターボファンエンジンTF30-P-412A
（9,480kgf）が2発搭載され、1970年12月に初飛行を行ない、1972年に運用に入った。
エンジンはF-111Aと同系のTF30であったため、圧縮機のストールなど、長期間
をかけて問題点を解決していった。F-14のエンジンは、いずれ高性能のF401に換
装する計画もあったが、F401の開発は後述のように中止された。
●**アフターバーナーなしのTF30エンジン**：1964年、ボート（LTV）社は海軍と
の契約でA-7「コルセアⅡ」（図6-3）というLTV F-8「クルーセーダー」（J57ター
ボジェット搭載）を小型化したような攻撃機の開発を開始し、1965年に初飛行を行
なった。エンジンとしてTF30（アフターバーナーなし）（推力5,440kgf級）が搭載さ

れたが、P&W社は空軍のスケジュールに間に合うように納入できなかった。そのため、アリソン社に肩代わりを求めたが、アリソン社はTF30ではなく、代わりにRR社「スペイ」をTF41ターボファン（推力6,470kgf）として製造・納入することになった。したがってA-7「コルセアⅡ」の製造台数はTF30搭載の機体が450機に対して、「スペイ」搭載の機体が600機になっている。

●TF30のフランス版：スネクマ社TF106など〔*56〕：1959年頃、フランスは垂直離着陸（VTOL）機ダッソー社「ミラージュⅢV」を研究開発中であったが、そのエンジンが国内で用意できなかったため、P&W社JTF10（J52から派生したバイパスエンジン）についてスネクマ（Snecma）社にP&W社との間で技術提携させ、改良を加えて2層式アフターバーナーを持ったTF104として開発を行なった。TF104は推進エンジンとして8台のRR社RB162リフトエンジンとともに「ミラージュⅢT」試作1号機に搭載され、1965年2月には自由飛行を行なったが、推力が不足することが分かり、より高推力のTF106（推力7,300kgf）を開発して換装した。

　さらに高推力のTF306（9,000kgf）が試作2号機に搭載される予定であったが、その頃、F-111用に開発が進んでいたTF30（8,400kgf）の方が採用された。この試作2号機は遷移飛行時の事故で墜落して失われてしまった。TF306は推力を10,500kgfに増強して可変翼機「ミラージュG01」実証機に搭載されたが、フランスはVTOL機も可変翼機も断念し、TF306の開発も中止された。これによってM53エンジンのローンチが許されたといわれる。

■RR-チュルボメカ社「アドーア」RB172/T260（TF40-IHI-801A）エンジン： ヨーロッパ初の国際共同開発によるAB付きターボファン〔*57〕

　1960年代初頭ごろからイギリスとフランス両空軍では、それぞれ1970年初頭から運用に入ることができる新しい練習機および攻撃機の要求書を持っていた。共同開発で進めた方が経済的でもあり、工業的にも利点があることが認識され、1965年4月、共通の要求書に合意した。この要求書には戦術支援戦闘機と超音速練習機が要求されていた。これらの要求を満足させるためイギリスおよびフランス両国はSEPECAT社の「ジャガー（Jaguar）」（図6-4）支援攻撃機の共同開発協定に調印し、共同開発に入った。エンジン側としては、英仏共同開発の「ジャガー」に搭載することを目標に1965年に英仏合弁のロールスロイス・チュルボメカ社（Rolls-Royce Turbomeca Ltd.）が設立され、「アドーア（Adour）」（図6-5）エンジンの設計、開発および製造を取りしきることになった。このエンジンは当初、RB172-T260として知られていた。後に、練習機「ホーク」用のエンジンやその他の輸出型「アドーア」

図6-4 SEPECAT社「ジャガー」支援攻撃機
RR-チュルボメカRB172/T260を2発搭載。
（エアタトゥー、2006年7月）

図6-5 TF40-IHI-801A（RR-チュルボメカ社「アドーア」）アフターバーナー付きターボファン
（推力3,150kgf）(IHI 提供)

図6-6 三菱F-1支援戦闘機
TF40-IHI-801A、「アドーア」2発搭載。
（千歳基地、1999年8月）

　の契約も結ぶようになっていき、技術提携の手続きや下請け生産などの業務もこの合弁会社が行なった。

　エンジンの設計は1965年5月に開始された。コールド・セクションをチュルボメカ社が、ホット・セクションとコントロール系統をロールスロイス社が担当した。「アドーア」というエンジン名称も自国の河川の名前を付けるイギリスと、山の名前を付けるフランスが、お互いに相手方を尊重した結果、南フランスのスペインとの国境にあるピレネー山脈を源とし、タルノのチュルボメカ社工場の近くを流れてビスケー湾の注ぐ大河「アドーア（現地呼称：アドール）」の名前が採用された。

　エンジンは1967年5月に初の地上運転が行なわれた。1968年9月にはジャガーに搭載されて初飛行を行ない、同年10月には超音速飛行に成功している。そして1972年からイギリス／フランス両国の空軍で運用が開始された。日本では三菱T-2練習機用およびF-1支援戦闘機用（図6-6）に「TF40-IHI-801A」というエンジン名称で、技術提携によりIHI（石川島播磨重工業）で国産化が行なわれた。

「アドーア」エンジンはアフターバーナーなしの推力2,720kgfからアフターバーナー付きの推力3,820kgfまでの広い推力領域をカバーし、なおかつ成長の余裕をもったエンジンである。世界の21ヵ国の軍で使用されている。

「アドーア」系でアフターバーナーのない型式のエンジンはBAe（British Aerospace）社「ホーク練習機」、単座の戦闘機BAe社「ホーク100/200」、およびアメリカ海軍向けに改造された練習機ボーイング（旧マクダネル・ダグラス）T-45A「ゴスホーク」に採用され、世界中で広く使用されている。

図6-7 BAe社「ホークT1」練習機
アフターバーナーなしの「アドーア」（推力
2,360kgf）1台搭載。イギリス空軍のアクロバッ
トチーム「レッドアローズ」に使用されている。
（エアタトゥー、2010年7月）

　三菱T-2練習機は「アドーア」にとって2番目の搭載機種となり、それから発展した三菱F-1支援戦闘機が3番目の機種となった。4番目がアフターバーナーなしの「アドーア」を搭載した高等練習機BAe社「ホーク」（図6-7）であり、これが単座の攻撃機BAe社「ホーク200」につながる。そして5番目がアメリカ海軍のT-45A「ゴスホーク」となる。「アドーア」エンジンは、ヨーロッパで共同開発を行なったエンジンとしては、大量生産され、広く運用された最初の機種となった。「アドーア」のエンジンサイクルは、高等練習機および地上攻撃機の要求に合致するように設定された。そのためバイパス比を0.75から1.0と比較的低いものとし、エンジンの前面面積を小さくするとともに、ターボファンの持つ燃料経済性を活かした設計となっている。さらに、アフターバーナーを使用することにより、必要なときに推力の増強が可能となっている。また、この程度のバイパス比を採用することにより、従来のターボファンに比較して飛行高度の増加に伴う推力の低減率を最小限とし、優れた上昇性能を確保することができる。最大推力は3,310kgf（ABなしで2,320kgf）で重量は760kg（推重比4.3）である。

　タービン入口温度は1130℃程度で全体圧力比も11というように、あまり高くない適切な値となっており、構造的に堅固な設計と相まって、信頼性の高い、FOD（異物吸入による損傷）にも強いエンジンとなっている。サイクル的に中庸であることは将来の推力増加の要求にも容易に対応できることも意味している。とはいえ、LP（2段）およびHP（5段）圧縮機合わせて7段（可変静翼なし）で全体圧力比11を達成しており、当時の第一線エンジンであったJ79-17（F-4搭載）が17段（可変静翼付き）で圧力比13.4であったことと比較すると、「アドーア」は少ない段数で高圧力比の先進的な圧縮機を使用していたということができる。

　整備性の面では、主要な補機類をエンジン底部に一括して装着したり、エンジン全体をモジュール構造にすることなどで整備をしやすいエンジンとしてある。設計はロールスロイスとチュルボメカの緊密な連携のもとに行なわれ、チュルボメカは低圧圧縮機、高圧圧縮機、中間ケーシング、補機ギアボックスおよび配管類を担当したのに対し、ロールスロイスはそれ以外の部位、すなわち、高温部品やアフター

バーナーなどを担当した。「アドーア」エンジンのアフターバーナー（リヒート）は、バイパス流とコア流を混合した空気の中で燃焼が行なわれる。燃料への点火はキャタリスト・イグナイターが使用されているのがこのエンジンの特徴の一つでもある。キャタリスト・イグナイターは高温下における触媒作用によって燃料が反応して着火する。その火炎は半径方向に向けて火炎伝播用Ｖガッターを通じて、４重のリング状に配置された各ベーパー・ガッターに伝播して燃焼が継続されるようになっている。

■P&W社F100／F401：究極的な軍用エンジン〔＊50〕

　1960年代中頃、当時のソ連のMiG-21、MiG-23、MiG-25などの高速で機動性の高い戦闘機などの脅威に対して空対空や空対地戦闘において優位性を確保するため、F-X戦闘機を開発するべきという機運が高まっていた。戦闘機の場合、翼面荷重が小さく、推力重量比（この場合はエンジンの総推力／機体重量）の大きい機体ほど、空中格闘戦における機動性が高いとされている。これを達成するにはエンジン自体の推力重量比が大きいことが不可欠であった。

　1967年12月、米空軍と米海軍は共通のコアエンジンを使って戦闘機用の先進的なエンジンの開発を行なうことになった。1968年４月にRFP（提案要求書）が提示され、後にF-15戦闘機（図6-8）となるF-Xプロジェクトのために、アメリカ空軍がP&W社とGE社に推力重量比が当時の第１線機のエンジンであるJ79クラスの２倍の８を目標とした高性能エンジンの設計を要求した。空軍のATEGG（先進タービンエンジン・ガスジェネレーター）計画の中で、GE、P&W、アリソン社などは先進エンジンに向けた要素を研究開発していたが、コンペが行なわれた結果、1970年３月、P&W社のJTF-22をベースとしたF100エンジンが選定され、契約となった。選定の理由は、TF30エンジンの開発・運用を通じて、F-111やF-14Aで得られた、エンジン空気取入口とエンジンの整合性に関する経験が豊富であるということであった。

　1972年にはPFRT（予備飛行定格試験）に合格し、同年７月にF-15による初飛行が行なわれた。翌1973年10月にはQT（認定試験）を完了して量産に入っている。

図6-8　マクダネル・ダグラスF-15J戦闘機
F100-IHI-100（推力10,590kgf）2台搭載。F100-IHI-220E（電子コントロール装備型）に換装された機体もある。（千歳基地、2012年8月）

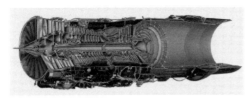

図6-9　P&W社F100アフターバーナー付き
ターボファン
(courtesy of Pratt & Whitney)

F100(図6-9)は、推力10,590kgf級のバイパス比0.67の2軸式アフターバーナー(P&W
社ではオーグメンターという)付き2軸式ターボファンである。F100のABはファ
ンとコアの排気を混合して燃焼させるミックスド・フロー方式である。エンジン
は、高負荷化設計となっており、3段ファンと10段の高圧圧縮機の合計13段によ
る全体圧力比は23にも達し、当時の第1線機のエンジンJ79が全17段で圧力比13、
TF30が全16段で全体圧力比18であったことと比較して格段の差があり、圧縮機
の長さの短縮(軽量化)にも寄与している。ファン、圧縮機部を中心にチタニウム
合金やハニカム構造が多用されており、軽量化に寄与している。燃焼器も高負荷と
なっており、長さを短くして、軽量化に貢献している。また、タービンディスクに
先進的な高強度の粉末冶金が使用されたほか、一方向性凝固材の空冷式タービン動
翼が使用され、タービン入口温度もJ79時代に比べ、400℃も高くなった。その結果、
コンパクトな設計となり、推力重量比もJ79の4.7から2倍近い約8という革新的
な高性能エンジンが誕生した。同等の推力を有するTF30に比較しても重量が25%
も軽いエンジンとなった。F100-100エンジン2発の合計推力は、F-15戦闘機の総
重量とほぼ等しい、すなわち、総推力／機体重量比が、ほぼ1.0となる。また、エ
ンジンコントロールには世界で初めて電子コントロールが採用された。

　F-15の運用が開始された当初は、いわゆる「スタグネーション・ストール(自立
回復が不能な圧縮機ストールで、回復のためにはエンジン停止・再始動が必要)」
が頻発した。その70%余はアフターバーナー使用中であった。特に飛行エンベロー
プの高空・低速(低温低圧)側を高迎角で飛行する際、エンジン入口の空気に乱れ
が生じた場合などに発生頻度が高かった。運用制限を設けて飛行を行なう一方、恒
久対策も検討され、電子コントロールやユニファイド・コントロールを改良してス
トール発生を感知してアフターバーナーの燃料流量を減少させるとともに、排気
ノズルを開いてショックを低減するような対策を導入した。F100は特に単発機の
F-16用のF100-200に対しては、「プロキシメート・スプリッター」も設けて、ファ
ンダクト内の圧力ショックがコアエンジンに影響しないような対策も導入された。
これらの対策により、スタグネーション・ストールの発生頻度は急速に低減した。

　その後F100-100／-200エンジンは、単結晶タービン動翼などの長寿命コア部品

やDEEC（デジタル電子式エンジン制御）を導入したF100-220E（推力10,637kgf）に改修され、性能、操作性、信頼性および整備性が向上した。-220Eは日本のF-15Jにも採用され、能力向上が図られた。さらにIPE（エンジン性能向上）プロジェクトにより、後述のF119やF135の技術を適用して、長寿命燃焼器、先進単結晶タービン材の導入、圧縮機空力特性の改善で全体圧力比を同じ段数で32に向上、電子コントロールの改善等を施し、エンジンの大きさを変えずに推力29,000lb（13,154kgf）のF100-229に発展し、F-15EやF-16ブロック52の機体に搭載されている。日本のF-2支援戦闘機にも提案されたが、後述のF110-129が採用された。

■F401

F401は空軍のF-15戦闘機用F100エンジンと同じコアエンジンを使い、海軍のF-14戦闘機（TF30搭載）のエンジン換装を目的としてF100と同時平行的に開発が進められた。ファン（低圧系）のみを変えてバイパス比をF100より少し大きくし、圧力比も高くしたエンジンであった。

空軍のF100の開発は計画通りに進められたが、海軍はF401の開発をむしろ遅らせる傾向にあり、エンジン購入台数も大幅に削減した。海軍としては、低推力で旧式なTF30エンジンでF-14を進めておき、いつかF401に換装すればよいとの考えであった。やがて海軍はF401の開発からも手を引き、このプロジェクトは中止となった。

■GE社F101：戦闘機用と民間エンジンに派生した爆撃機用エンジン〔＊51〕〔＊58〕

F-15戦闘機用のP&W社F100に対する競合機種はGE社のF101であった。F101は推力30,000lb（13,608kgf）級のGE社では初のアフターバーナー付きターボファンエンジンであった。TF30での経験を持つP&W社のF100との競合に敗れたF101は、その4ヵ月後の1970年6月、バイパス比2のF101-102（推力14,000kgf）としてロックウェルB-1A可変翼爆撃機（4発）のエンジンに向けて開発契約が結ばれた。1974年12月にB-1原型機が初飛行を行なった。1977年、4機が完成して飛行試験が行なわれていたところで、カーター大統領によって開発経費削減のため、この計画はいったんキャンセルされてしまう。

GE社はこの仕事を失ったが、F101X（後のF110）エンジンを開発する大きな動機となった。1981年、レーガン大統領によって100機のB-1B（空中発射巡航ミサイル母機として）（図6-10）の契約が成立し、F101の生きる道もできたうえ、戦闘機用のF101DFEの開発を有利に導いた。このエンジンはF101として使用された

図6-10 ロックウェルB-1B「ランサー」
可変翼爆撃機
F101-GE-102(推力13,960kgf)4発搭載。
(エアタトゥー、2006年7月)

ことに加え、そのコアエンジンが戦闘機用エンジンF110および高バイパス比の中型ターボファンエンジンでGE社とスネクマ社の合弁会社CFMI社が開発したCFM56(第8章)に使用され、F101の優れた点が活かされて新しいエンジンとして発展したことも特徴的である。

■GE社F110(F101DFE):本命を超えた代替エンジン〔＊51〕〔＊62〕

　F-111に搭載されたTF30やF-15に搭載のF100エンジンにいくつかの問題が発生していたことから、EMDP(エンジン型式派生計画)が計画された。GE社は独自にB-1爆撃機用エンジンF101のコアエンジンを使用し、ビルディング・ブロック方式でF101Xの開発を開始していたが、EMDPの契約によりF101DFE(派生型戦闘機エンジン)として、F-15、F-16、およびF-14のいずれにも換装できるエンジンを目標に本格的な開発が進められた。1981年12月、F101X(後にF110)を搭載したF-16XLが飛行試験を行なった。1985年のF-16ブロック30からF110が搭載され、その時点で出荷されたF-16の75%にはF110が搭載されるに至った。F110エンジン(図6-11)は、バイパス比0.68の推力27,000〜32,000lb(12,247〜14,515kgf)級のアフターバーナー付きターボファンである。3段のファンと9段の高圧圧縮機の合計12段により全体圧力比30(段当たり平均圧力比：1.3277)を達成している。ファンは3段で入口案内翼は可変フラップ方式になっている。ファンは2段の低圧タービンで駆動される。高圧タービンは1段である。タービン入口温度もF100並の1370℃級である。推力重量比も8に近い値となっている。

　F110はエンジンコントロールに以下のような特徴を持っており、操作性の良い信頼性の高いエンジンとなっている。第1に、ファンの作動線の設定は、ファンダクト内のマッハ数を計測して自動的に行なわれていること。第2に、高圧タービン動翼の温度を直接的にパイロ・メーターで光学的に計測して制御のスケジュールに使用しており、他のエンジンが熱電対で間接的に計測した値を制限値のみに使用しているのと異なること。第3に、アフターバーナーに着火の際に発する紫外線を感知するLOD(着火検出器)を装着しており、アフターバーナーの最小燃料しか流れ

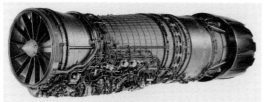

**図6-11　GE社F110-GE-129アフターバーナー付きターボ
ファン**（courtesy of General Electric）

**図6-12　ノースロップ・グラマンB-2「スピリット」ステルス
爆撃機**
エンジンとしてF110から発達したアフターバーナーなしのF118-100
を4発搭載。1989年7月に初飛行。（デイトン航空ショー、2003年7月）

ていないときは、最も内側のリングにしか焔がないことを確認するようになってお
り、爆発的な燃焼による圧縮機系のストールを予防していること。

　さらにF-16のような単発機のための安全性を確保するため、電子コントロール
が故障したようなときにセンカンダリー・モードが選択でき、アフターバーナーが
使えなくても離陸できるだけの十分な推力が確保できるようになっている。また、
F110はENSIP（エンジン構造健全性計画）に基づいて初めて開発されたF101のコ
アエンジンを基にしているので、F110の構造設計およびその実証評価はENSIPの
要求を満足した強健なものになっている。

　F110には搭載機種により以下の型式がある。

●F110-100/400：推力27,000～28,000lb（12,247～12,700kgf）；-100はF-16C/D、
-400はF-14D用。

●F110-129：推力29,000lb（13,154kgf）；F-16C／Dブロック50/52、三菱F-2、韓
国向けF-15K。トルコ、ギリシャ向けF-16に選定。

●F110-132：推力32,000lb（14,515kgf）；圧力比33。F-16ブロック60向け。IHPTET（統
合高性能タービンエンジン技術）で開発されたワイド・コード・ブリスク・ファン
や複合材のファンダクトなどが採用されている。

●F118-100/-101：F110を基にしたアフターバーナーなしのターボファンエンジ
ンである。F118-100（推力8,618kgf）はノースロップ・グラマンのステルス爆撃機
B-2「スピリット」（図6-12）に4発搭載され、1989年7月に初飛行を行なっている。
また、-101（推力8,390kgf）はロッキード・マーチンの高高度偵察機U-2S（1発）に
搭載されている。U-2機のエンジンはP&W社のJ57から始まり、P&W社のJ75の
時代を経て、1989年以降、F118-101に換装されている。

挿話：大エンジン戦争（Great Engine War）[*58][*51][*50]

　F-15のエンジン、F100のコンペでいったんは負けたF101Xエンジンを F100の代替エンジンとして開発し、再度コンペにかけるという事態が生じ、F100とF110との間で大戦争が起こったかのように報道され、政治家やメディアを巻き込んで騒ぎとなったのが、「Great Engine War」といわれる事件であった。

　1967年12月、米空軍と海軍は共通のコアエンジンを使って先進エンジンの開発を行なうことになった。1968年4月にRFP（提案要求書）が出され、GE、P&W およびアリソン社の間でコンペが行なわれた。最終的に1970年2月、P&W社のエンジンが選定された。1970年3月P&W社との契約が成立し、空軍向けのF100（F-15用）と、海軍向けのF401（グラマンF-14用）の開発が開始された。通常ならこれでコンペは終わりであった。1973年3月からMQT（型式証明）の試験がAEDC（アーノルド技術開発センター）で開始されたが、チタン火災やタービンローター破損等の対策に追われ、試験が完了したのは同年10月であった。

　F-15は1972年7月に初飛行を行ない、やがて部隊に配備されて運用に入った。加速性、上昇性、機動性、性能等は素晴らしく、F100エンジンのお陰だとパイロット達には好感を持って迎えられた。一方、その頃、空軍はLWF（軽量戦闘機）が必要となり、1972年にノースロップYF-17とジェネラルダイナミックスYF-16の契約を結び、1974〜75年の評価試験によってYF-16を選定した。そしてこれにもF100が1発搭載されることになった。F100（2発）搭載のF-15は、1977年頃までに運用範囲を広げていく中に、高空低速領域で主にアフターバーナーを使用中にスロットルを急操作すると「スタグネーション・ストール」が頻発するようになった。特に単発のF-16では致命的になるので慎重に対策が練られた。F100の項で前述したような恒久対策が取られた。しかし、この対策が取られるまで時間がかかり、トリミングと運用制限で対応したことに加え、燃料コントロール関係の不具合が多かったりして、P&W社は次第に評判を落とすことになった。特に主要サプライヤーのストライキは致命的な悪影響を与えた。P&W社によると、F100エンジンは非常に良く作動し、むしろ良く作動しすぎたため、飛行エンベロープの外側を飛行することが可能で、そのために設計限界を超えて予期せぬ不具合を発生したと主張していた。空軍や

144

政府側から見ると、P&W社の幹部は、自分の問題を解決するのに金をくれなければやらないと主張しているように見えたようである。空軍としては代替エンジンをもってP&W社に鞭を打って目を覚まさせるという考えを持ったようだ。代替エンジンの開発についてGE社とP&W社とのコンペ、すなわち、「Great Engine War（大エンジン戦争）」が始まった。

　GE社では1978年にEMDP（エンジン型式派生計画）によって爆撃機用のF101を戦闘機用エンジン（F101X）として開発する計画を開始した。1981年からはF101DFE（派生型戦闘機エンジン）計画として継続した。P&W社や地元議員たちはあらゆる手段でこの計画を阻止しようと活動した。両社への開発費の配分や用途を巡る議論などが繰り返された。GE社側は幹部が先導してF110の優位性を説得して歩いた。1981年にB-1B（F101を4発搭載）100機分のエンジンの契約がGE社と結ばれて追い風を得たのに加え、同年、F101DFE搭載のF-16での飛行の成功によりF110は魅力的なエンジンとなった。F101DFEのコンペが始まった頃、P&W社も外部から優秀な人を雇用するなど、積極性を示し始めた。

　エンジン戦争といいながら、GE社は能力が高く知識の豊富な技術者の少なくとも3名をP&W社に補充してやった。その中にはF101派生型を担当していた著名な技術者も含まれていた。まさしく「敵に塩を送る」行為である。これによりF100に大きな改善がもたらされた。GE社のF110はいかなる状況でもスタグネーション・ストールに入ることはなかったが、F100もコントロールの改善でF110と同等の状態に改善された。エンジン取り卸し率も大幅に低減した。これらはコンペのお陰と評価されている。1982年12月にRFPが各社に送られ、選定作業が行なわれた。

　1984年2月、結論が出された。1985年度に限りGE社にF-16用（図6-13）のF110を120台（75%）、P&W社にF-15用のF100を40台（25%）発注するというGE社勝利の結論であった。その数日後、海軍はF-14D用（図6-14）のエンジンをTF30に代えてF110を採用することに決定した。イスラエルやトルコもF110搭載のF-16を買った。GE社の年間売上は倍増

**図6-13　ジェネラルダイナミックス
F-16C「ファイティングファルコン」**
F110-GE-129（推力13,420kgf）1台搭載。
F100-PW-220Eも搭載可能。
（RIAT、2010年7月）

**図6-14 グラマンF-14D
「スーパートムキャット」**
F110-GE-400(推力12,610kgf)2台搭載。
(クリーブランド航空ショー、2003年8月)

し、同社のエンジンビジネスに勢いが出た。一方、P&W社はこの「大エンジン戦争」が全て終わってしばらくした後、世界のF-15の100％に、また、F-16の2／3にF100が搭載されているのでP&W社がこの戦争に勝ったのだと評している。

■スネクマ社M53：1軸式AB付きターボファン〔*56〕

　1960年代、フランスには戦闘機用エンジンとしては、「アター」ターボジェット程度しかなかった。そのような中、M53ターボファンは、高速で高低空ミッションのどちらの要求にも応えられて、マッハ3にも到達可能な全く新規な高推力エンジンとして低バイパス比で1軸式のターボファンエンジンとして計画された。1966年にフランス政府に提案され、1970年からM53-2として開発が開始された。その時点では搭載機種が具体的に決まっていなかったため、リスクの大きいプロジェクトであった。

　1971年に初回運転を行ない、1973年中頃、「キャラベル」を改造したFTB（フライング・テストベッド）で飛行試験が開始された。1975年、マッハ2.5級のACF可変翼機計画にM53が提案されたが、キャンセルとなった。1975年末、M53を1発搭載した三角翼でマッハ2級のダッソー「ミラージュ2000」戦闘機の開発が開始された。1978年3月、M53（図6-15）搭載の「ミラージュ2000」（図6-16）の初飛行が行なわれた。その間の1973〜1975年頃には、「ミラージュF1」にM53を搭載する計画があったが、アメリカの軽量戦闘機としてF100エンジン搭載のYF-16が採用されたのを受けて、ヨーロッパでもF-16に傾倒した結果、この計画はなくなってしまった。1984年M53搭載の「ミラージュ2000」はフランス空軍での運用段階に入った。フランス空軍から防空型や核兵器搭載型などの追加発注があったほか、海外でもエジプトやインド、台湾など各国に輸出された。

　M53エンジンは、珍しくも1軸式のターボファンである。すなわち3段のファン（LP圧縮機）が5段のHP圧縮機と同じ軸に結合されており、全8段で全体圧力比9.8を達成している。これを空冷式の2段のタービンで駆動している。タービン

図6-15 スネクマ社M53-P2
1軸式アフターバーナー付きターボファン。
（courtesy of Snecma）

図6-16 ダッソー「ミラージュ2000B」
スネクマ社M53-P2（推力9,700kgf）1台搭載。
（エアタトゥー、2006年7月）

図6-17 ダッソー「ミラージュ4000」
「ミラージュ2000」を大型化。スネクマ社M53-5（推力9,000kgf）を2発搭載。1979年の初飛行で音速を突破。買い手が付かず、幻の機体に。（パリ航空ショー、1979年6月）

入口温度は1165℃程度である。バイパス比は0.35と低く、「連続抽気エンジン」という異名もあったほどである。アフターバーナーはTFの経験を活かし、コア流とバイパス流の2層式の燃焼方式である。フランスのターボファンエンジンとして初めて電子コントロール装置が着けられていた。M53の推力はM53-5で9,000kgfであったが、M53-P2では9,687kgfに増強されている。

　なお、M53を2台搭載し、「ミラージュ2000」を30％ほど大型化した三角翼でカナード付きの「ミラージュ4000」（図6-17）もダッソー社の自社努力で開発された。1979年初頭の初飛行でマッハ1.2を出し、6回目の飛行でマッハ2.2に達したという強力な戦闘機であった。同年、1979年のパリ航空ショーでは、「ミラージュ2000」と「ミラージュ4000」がデモ飛行を行なうなど、宣伝に努めたが、「ミラージュ4000」は高価でもあり、受注を獲得するまでには至らなかった。

■ターボユニオン社RB199：3軸式ターボファンも戦闘機用に[＊164]

　RB199（図6-18）は1969年RR、MTU、およびフィアット社がターボユニオン社を設立して国際共同開発した推力16,400lb（7,439kgf）級のバイパス比1のアフターバーナー付きターボファンエンジンである。この種のエンジンとしては世界初の3軸式であるほか、寒冷地での着陸を想定して戦闘機としては珍しいスラスト・リバーサーを有するユニークなエンジンである。ファンは3段、中圧圧縮機3段、高圧圧

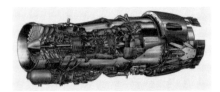

図6-18　ターボユニオン社RB199
3軸式アフターバーナー付きターボファン
（courtesy of Turbo Union ）

図6-19　パナビア「トーネード」
ターボユニオンRB199-34R（推力6,800kgf）を2発搭載。
写真は同機が着陸後、逆噴射のため閉じていたスラストリ
バーサーのバケット（矢印）が上下に開き始めた瞬間。
（RIAT＜エアタトゥー＞、2010年7月）

図6-20　マクダネル・ダグラス（ボーイング）
F/A-18C「ホーネット」
米空軍のYF-17を基に米海軍が艦載機用に開発。スイス
空軍でも使用。GE F404-GE-402（推力7,330kgf）2発搭載。
（エアタトゥー、2006年7月）

縮機6段から構成され、ファンと中圧軸は各1段のタービン、高圧軸が2段のター
ビンによって駆動される。12段で全体圧力比23.5を達成している。エンジンがコ
ンパクトにまとまっており、推力重量比は7.8とF100並に大きい。

　RB199は、やはりイギリス、ドイツおよびイタリアで国際共同開発された、パ
ナビア「トーネード」可変翼多目的支援戦闘機（図6-19）に搭載され、1974年8月
に初飛行を行ない、1980年から運用に入った。

■GE社F404 〔＊134〕：リーキー・ターボジェットから発展したターボファン

　1972年1月に行なわれたアメリカ空軍のLWF（軽量戦闘機計画）の設計提案要求
に対応してノースロップが提案したYF-17に搭載されたエンジン、YJ101-100は、
ハイブリッド、または、リーキー・ターボジェット・エンジンと呼ばれ、ターボファ
ンというよりも圧縮機からの抽気空気がアフターバーナー部の冷却などに使われる
程度のエンジンであった。YF-17／YJ101-100はジェネラルダイナミックスF-16
／F100との競合に負けたが、1975年5月、アメリカ海軍がマクダネル・ダグラス
F/A-18（図6-20）として採用、エンジンもさらに強力なF404として開発されるこ
とになった。

　F404は、バイパス比0.3程度の推力16,000～18,000lb（7,257～8,164kgf）級のア

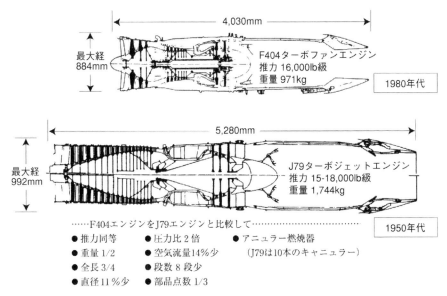

図6-21　GE社F404ターボファン（1980年代）とJ79ターボジェット（1950年代）の比較
30年間における技術の進歩が分かる。

フターバーナー付き 2 軸式のターボファンエンジンである。バイパス比を小さくし、これにマッチしたサイクル（圧力比、タービン入口温度など）を選定してあるため、ストールの心配の少ない、かつ、全領域で安定したアフターバーナーの作動を実現している。

　構造的には、きわめて高度に単純化されている。すなわち、同じGE社のJ79ターボジェットに比較して、同等の推力であるにもかかわらず、重量は1／2、長さは3／4、部品点数は1／3となっている（図6-21）。部品点数の少ないことはそれだけ信頼性、整備性が高いことを意味している。 3 段ファンと 7 段の高圧圧縮機の合計10段で全体圧力比26と、F100が全13段で全体圧力比23、F110が全12段で30という値をも凌ぐ高負荷化を達成している。いずれも高／低圧各 1 段のタービンで駆動されている。バイパスダクトはチタニウム合金製であるが、ケミカル・ミーリングで余肉を掘り下げて格子模様となっているのが本エンジンの概観上の特徴であるが、これも複合材構造に変わっていった。

　F404には、以下の型式がある。
●F404-400：推力16,000lb（7,258kgf）；F/A-18A/B
●F404-402：推力17,700lb（8,029kgf）；F/A-18C/D向けにEPE（性能増強型エンジン）

**図6-22　ロッキード・マーチン F-117A
ステルス戦闘機**
1981年6月に初飛行。エンジンはアフターバーナー
なしのF404-F1D2を2発搭載。湾岸戦争などで活
躍したが、2008年に退役。
（デイトン航空ショー、2003年7月）

として高温化を図った型式。

●F404-102：推力17,700lb（8,029kgf）：F404-402を基に韓国のT-50高等練習機
／軽量戦闘機用に開発した型式。単発機用に冗長性と信頼性が向上し、FADEC（全
デジタル電子式エンジン制御装置）が採用されている。

●F404-F1D2：推力10,540lb（4,780kgf）：アフターバーナーなしのF404で、双発
のステルス戦闘機F-117（図6-22）に搭載された。戦闘生存性を重視。

・タービン入口温度を190℉（83℃）上昇させて推力を増強して特別定格を設定。

・エンジンコントロールをデジタル化するとともにバックアップを完璧化。

第7章　新分野への挑戦

7.1　垂直離着陸（VTOL）機

　ジェットエンジンの推力がその自重を上回るようになると、1950〜1960年代には民間および軍ともに垂直離着陸機が実現できないか模索するようになった。各国ではいろいろな形式の垂直離着陸の試作機を作って試験を行なった。結果的に実用化までに至った機種は「ハリアー」（「ペガサス」エンジン搭載）など極めてわずかであったが、エンジンの軽量化技術の発展などに貢献し、間接的に後世のエンジン開発にも少なからず影響を与えたということができる。ここで使用している略字の意味は以下のとおりである。VTOL：垂直離着陸、STOL：短距離離着陸、STOVL：短距離離陸垂直着陸。

(1) V/STOLリグ装置の開発

(a)「空飛ぶ寝台枠」[＊59]

　イギリスでは1950年初頭にRR社「ニーン」（推力1,814kgf）が推力重量比2を超えたことから、「ニーン」2台を骨組みだけの装置に搭載した「空飛ぶ寝台枠」と称する試験機を試作して主に垂直離着陸の制御についての試験を開始した。1台の「ニーン」の排気はパイプでそのまま直角に下方に向けて中央のノズルから噴出するのに対して、他の1台の「ニーン」の排気は2つに分けられ、中央のノズルを挟むようにして2本のノズルから噴出するよ

図7-1　RR社「空飛ぶ寝台枠」
RR社「ニーン」ターボジェット2台を背中合わせに搭載した世界初のVTOL実験装置。1台のエンジンの排気が中央のノズルに、他の1台のエンジンの排気がこれを挟んで2本のノズルから噴出する。1954年にフリーフライトに成功。(Courtesy of Science Museum, London) 2008.7.

うになっていた（図7-1）。姿勢制御はエンジンの抽気を小さなパイプから噴出することで行なった。試作機は2機造られ、初号機は1953年7月に綱付き飛行に成功したのに続いて、1954年8月にはフリーフライトを開始した。合計120回のフリーフライトに成功している。初号機は墜落事故もあったが修復されて博物館に展示されている。2号機は墜落で失われた。

(b) ライアン「バーティジェット」への道

ライアン社では1947年、アリソン社J33ターボジェットを水平に装着した試験台で方向制御のためジェット推力を変向する方法の研究を開始した。1950〜1952年にはJ33エンジンを垂直試験装置に縦に搭載するようになり、これに操縦席や三角翼を取り付けて、米海軍の支援で綱付き飛行まで行なうようになった。

(2) VTOL機はテイルシッターから始まった

V/STOL機の方式には色々あるが、最も早く考案されたのが、テイルシッター方式である。この方式では飛行機を上向きに立てておいて垂直離陸を行ない、水平状態で巡航した後、再び機体を上向きに立てて垂直着陸をするようになっている。

(a) ライアンX-13「バーティジェット」〔*59〕〔*60〕

ライアン社が前述の垂直試験装置で試験を繰り返す努力をした結果、米空軍が1953年にX-13「バーティジェット」（図7-2）として予算を付け、本格的な開発が始まった。X-13にはRR社「エイボン」（推力4,536kgf）ターボジェットエンジン2台が水平に搭載された。本機には通常の3点式の降着装置が装備されており、1955年12月に通常の飛行形態で初飛行を行なった。その後、テールシッティング用にスキッドが取り付けられ、1956年5月に初の垂直離陸ホバリング飛行に成功した。正規の運用では、降着装置は除去され、代わりに運搬台車に水平に載せて移動した。垂直離陸時には運搬架台のプラットフォームを垂直に立て、機体が真上を向くようにしてナイロンのワイヤで保持した。そのとき、操縦席も姿勢に合わせて回転するようになっていた。着陸時にはプラットフォームにあたかも蝉がとまるようにして接近し、スカイフック・システムと称するワイヤで固縛するようになっていた。1957年4月には初めての垂直離陸

図7-2 ライアンX-13「バーティジェット」
RR社「エイボン」（推力4,536kgf）1台を搭載。運搬台車に垂直に立ったプラットフォームにフックされたX-13。
(Courtesy the National Museum of the U.S. Air Force) 1999.3.

－水平飛行－垂直着陸を成功させた。2機の機体が造られ、1958年までに125回の
VTOL飛行を行なった。本機は実用化には至らなかったが、ワシントンの陸軍省
の前庭で垂直離着陸を披露するなど、世界で初めて自由に飛び回ったVTOL機と
なった。

(b) コンベアXFY1「ポゴ・(スチック)(1本足の竹馬)」〔＊60〕〔＊61〕

小型艦船から離着陸できる戦闘機を狙って1951年にコンベア社がロッキード
XFV-1「サーモン」と競合設計を行なって開発したVTOL機である。カーチスラ
イト社XT40-6(出力5,500hp)(T38ターボプロップを2台結合したエンジン)ター
ボプロップ1台で二重反転プロペラを駆動するというプロペラ式のテイルシッター
機である。1954年8月に垂直離陸を行ない、同年11月に初めて水平飛行への遷移
を行なった。垂直着陸ではパイロットが後を見ながらの操作なのでよほど訓練を積
んだ人でないと操縦が難しい機体だとされた。

(c) ロッキードXFV-1「サーモン」〔＊60〕〔＊61〕

上記のコンベアXFY1「ポゴ」と競合設計して開発した機体であり、XT40
(5,849hp)のターボプロップで二重反転プロペラを駆動するテイルシッター機とい
う点でもコンベアの機体と同じような姿をしていた。1953年12月に意に反してホッ
プしたことがあったが、初飛行は1954年6月であった。しかし、飛行試験は通常
の降着装置の大型のものを装着しての水平飛行が主体で、高空で模擬垂直離着陸は
行なったが、実際の垂直離着陸は行なわないまま計画は終わってしまったようである。

(3) リフトエンジンの開発

テイルシッター方式は困難が伴うことが判明し、機体を水平にしたまま垂直離着
陸時できるように専用のリフトエンジンを使用する方向に進んだ。リフトエンジン
は巡航中には使用せず、単なる荷物になるため、推力重量比(推力をエンジン重量
で割った数値で、通常の旅客機用エンジンでは5程度)が10を超えるような特別に
軽量でパワフルなジェットエンジンが必要となる。そのためこの時代にはリフトエ
ンジンの研究開発が進められ、エンジンの軽量化技術や高負荷技術の発展に寄与し
た。これらの技術はその後に開発された先進的なエンジンの開発にも少なからず寄
与している。

(a) RR社RB108〔＊59〕

ミサイル用の使い捨て軽量エンジンとしてRR社ではRB82とその後継のRB93
の先駆的な開発を行なってきた。RB93は1952年に初回運転を行ない、推力重量比
6.6を達成した。このような経験を基にRB108は初めてVTOL機用リフトエンジン

図7-3 ショートSC1
RR社RB108リフトエンジン(推力1,043kgf)を5台(4台は上向きで垂直離着陸用、他の1台は水平で巡航用)に搭載。1960年に往復遷移飛行に成功。
(「世界の翼」1960年版による)

として開発された。1955年7月に初回運転を行なった。1軸式のエンジンで、圧縮機は軸流8段、アニュラー燃焼器および2段のタービンから成っていた。圧縮機ローターはアルミニウム製のディスクを互いに溶接して一体化したものであった。また、軸受は巡航中の運転停止状態のとき、ブリネリング(回転していないボールやローラーが常に同じ場所にあることで、ベアリング・レースに凹みを生じる現象)を生じないようにスプリングで荷重をかけるという工夫がされていた。始動はタービンに空気を吹き付けるインピンジメント・スタート方式であった。このエンジンの推力は2,300lb(1,043kgf)、推力重量比は8.7であった。まだ第1世代のリフトエンジンであった。RB108リフトエンジンは以下のような機体に搭載された。

■ショートSC1〔＊59〕

RB108リフトエンジン5台が搭載されている。その中の4台は垂直に搭載されていて離着陸に使用する一方、残り1台を水平に搭載して巡航用エンジンとして使用するという機体である。VTOL用の4台のRB108は機体の重心周りに十文字状に配置・搭載され、排気ダクトは前後に合計35°首を振れるようになっていた。姿勢制御は5台のエンジンからの抽気を使用した。

SC1は巡航用エンジン1台のみで1957年4月に通常離着陸による初飛行を行なった。4台のリフトエンジンを搭載後(図7-3)、1958年10月に初の自由ホバリングを行なった。1960年4月に垂直離陸－水平飛行－垂直着陸の初めての往復遷移飛行に成功した。しかし、量産化されることはなく、1968年にこのプロジェクトは終了した。

■マルセル・ダッソー「バルザック」〔＊59〕

三角翼機「ミラージュⅢC」量産先行型を改造し、RB108リフトエンジン8台を左右2列にほぼ垂直に搭載して離着陸に使用する一方、その中央にオーフュース(推力4,500lb＝2,041kgf)1台を水平に搭載して巡航に使用するようにした機体である。「ミラージュⅢV」の先駆けとなった。1962年11月にフリー・ホバリング飛行が行なわれた。1963年3月に遷移飛行に成功した。事故によって遅れているうちに本命の「ミラージュⅢV」の飛行が始まった。

(b) RR社RB162[＊59]

　第2世代のリフトエンジンといわれ、推力重量比
16を達成していた。RB108の構造をさらに単純化し
たのに加え、圧縮機にグラスファイバーを使ったり、
タービンディスクをチタニウム製にするなど、使用
材料の面でも軽量化が図られた。圧縮機は軸流6段、
アニュラー燃焼器およびタービン1段からなってお
り、段数の削減も図られていた。「ミラージュⅢV」
用のRB162-1は1961年12月に、ドルニエDo31用の
RB162-4は1964年4月に、また、VFW-フォッカー
VAK 191B用のRB162-81（推力6,000 lb＝2,722kgf）
は1966年8月に初運転を行なった。RB162（図7-4）
が搭載されたVTOL機に以下のようなものがある。

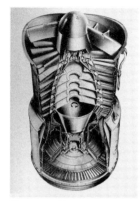

**図7-4　RR社RB162
リフトエンジン**
RB108の構造を簡素化して軽量
材料を多用することで推力重量
比16を達成。「ミラージュⅢV」
やDo31に搭載された。
(Courtesy of Rolls-Royce)

■マルセル・ダッソー「ミラージュⅢV」[＊59]

「ミラージュⅢE」の胴体を延長した機体で、推力
4,400lb（1,996kgf）で推力重量比16という軽量のRB162-1リフトエンジン8基を左
右2列に垂直に搭載して離着陸用とし、巡航用に1号機はスネクマ社のTF106（推
力16,775lb＝7,609kgf）、2号機にはP&W社TF30（推力18,520lb＝8,400kgf）1基
を搭載し、マッハ2級のVTOL戦闘機として開発された。1965年2月に初のフリー・
ホバリング飛行が行なわれた。通常離陸による飛行に続いて1号機のVTOL遷移
飛行は1966年3月に行なった。2号機は1966年9月の通常離陸による飛行でマッ
ハ2.0を記録した後、同年11月にVTOL遷移飛行を行なったが、6回目の遷移飛行
の際、墜落して失われてしまった。パイロットは射出して無事だった。

■ドルニエDo31[＊59]（図7-5）

　2台の推力偏向エンジン「ペガサス5」（推力15,500lb＝7,030kgf）（後述）を両主
翼に吊り下げて垂直離着陸と巡航に使用するのに加え、両翼端のエンジン・ポッド
に片翼4台ずつ合計8台のRB162-4リフトエンジンを垂直に搭載し、離着陸時に
垂直方向の推力を補完した。このリフトエンジンの排気ノズルは僅かに首振りが可

**図7-5 ドルニエDo31　大型VTOL実験機
（イメージ）**
推力偏向式のRR社「ペガサス5」を2台搭載して垂直離
着陸と巡航に使用するのに加え、両翼端ポッドに垂直
に搭載された合計8台のRB162リフトエンジンで垂直離
着陸時のリフトを補っている。

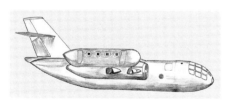

能で推力の方向が偏向できた。ホバリング中の姿勢制御は「ペガサス」エンジンからの抽気の噴出および左右のリフトエンジンの推力を違わせることで行なっていた。1967年7月に初の通常飛行を行ない、1967年12月にVTOL遷移飛行を行なっている。Do31の試験では将来の都心空港で離着陸可能なVTOL旅客機の設計に適用可能なデータ（大型V/STOL機の制御と安定性、全天候V/STOL機としての運航、騒音、リサーキュレーション、滑走路の侵食など）の取得に力が注がれた。1970年5月に全ての試験を終わり、機体はそのまま保存された。

■VFW―フォッカーVAK191B〔*59〕

ドイツとイタリアの両政府がフィアットG91の後継機を目指したVTOL攻撃戦闘機として開発が始まったが、イタリアは途中で脱退してしまった。1971年9月にフリー・ホバリングに成功し、1972年10月にVTOL遷移飛行を行なった。推力10,163lb（4,610kgf）で4つの推力変向ノズルを有するRB193-12（後述）ターボファン1台の外に推力6,000lb（2,722kgf）のRB162-81リフトエンジン2台を胴体内に垂直に搭載して離着陸時の推力に加担した。結局、量産には至らなかった。

(c) 日本におけるリフトエンジンの研究開発〔*64〕〔*65〕

同じような時期、1963年度から日本の科学技術庁航空宇宙技術研究所（NAL、現JAXA）では垂直離着陸機（VTOL）用の超軽量ターボジェットエンジン（JR）に関する一連の研究試作が開始された。推力1,500kgf級で推力／重量比10のJR100はJ3を発展させて軽量化を図り、1964年に完成し、翌年、性能確認試験に成功した。耐久性や信頼性の向上を図り、高度制御試験用JR100Hは1966年6月に完成し、1968年10月にNAL角田支所で40mの塔で垂直離着陸を想定して高度制御試験に成功した。この試験は次の段階であるFTB（フライング・テストベッド）試験に備えた慣熟も兼ねていた。1968年に完成したFTB用のJR100FはJR100Hを基にさらに耐久性を向上させ、姿勢制御用の抽気が可能としたエンジンであった。その2台がガントリー内に設置されたFTB（「アイアンバード」）（図7-6）に垂直に搭載され、角田支所で各種予備試験を経て、1971年に垂直離着陸、前後左右への移動などのホバリング飛行に成功した。姿勢制御はエンジン抽気によって行なわれた。この

図7-6 航空宇宙技術研究所（NAL）の VTOL実験用フライング・テストベッド
JR100Fリフトエンジン（推力1,439kgf、推力重量比15）を2台搭載。自由ホバリング試験に成功。
（かかみがはら航空宇宙科学博物館、2010年12月）

JR100F（推力1,439kgf）は1軸式のターボジェットで、6段の軸流圧縮機（圧力比3.9）、アニュラー燃焼器、軸流1段のタービンからなっていた。

　これと平行して推力2,200kgf級で推力／重量比15を目標としたより高性能なJR200/220が1964年から試作研究が進められ、運転試験に成功した〔＊69〕。JR220はJR100シリーズのエンジンと基本構成は変わっていないが、タービンノズルを空冷式にしてタービン入口温度を100℃上昇させたことが大きな違いであった。JR100/200エンジンで得られた軽量構造設計や要素技術はその後のFJR710などのエンジン開発に多大な貢献をした。

(4) リフトファン

　リフトファンは、ターボファンエンジンのファンだけを取り出して上向きに置いたような形態をしている。当時のリフトファンは、その先端部にタービン動翼が付いており、これに巡航用エンジンの排気をダクトを通して導いて吹き付け、タービンとファンを駆動するようになっている。その例として以下のものがある。

(a) GE社－ライアンXV-5A「バーチファン」〔＊51〕〔＊61〕

　推進用のJ85-GE-LF1（推力2,950lb〈1,338kgf〉）ターボジェットを2台搭載し、垂直離着陸時には、このエンジンの排気をダクトを通して両主翼内に置かれた大型のリフトファン2台（ファン・イン・ウィング方式）、および機首に置かれたピッチコントロール用の小型リフトファン1台に導き、各リフトファンの先端にあるティップタービンに排気ガスを噴射してリフトファンを駆動して垂直方向の推力を得る（図7-7）。リフトエンジン作動時には主翼の上側のドアが開いて空気を吸入し、ファンで圧縮された空気は主翼下側のルーバーが開いて噴出するようになっている。1台の推力がわずか2,950lbのJ85エンジンで合計16,000lb（7,258kgf）の垂直推力を得たといわれる。機体が垂直離陸して十分な高度に達すると切り替えバルブでエンジン排気は後方の排気ノズルの方に送られ、通常の水平推力を発生する。そのときはリフトファンのドアもルーバーも閉ざされている。1964年5月に初飛行をした。XV-5Aは2機が試作され、遷移飛行にも成功していたが、不幸にも2機

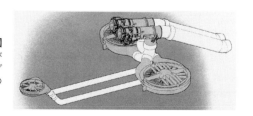

図7-7 「ファン・イン・ウィング」方式の概念図
垂直離着陸時には2台のJ85ターボジェットの排気が両翼のファンと機首の姿勢制御用のファンのチップタービンに送られ、ファンを回転させて垂直方向の推力を得る。
（Courtesy of General Electric）

とも墜落し、実用化には至らなかった。ファンの技術は高バイパス比エンジンの発達を促したが、リフトファンはいつの間にか忘れ去られてしまい、見直されたのは2008年にロッキード・マーチンF-35Bが初飛行してからであった。

(5) エンジンの推力の方向を変向する形態（ベクタードスラスト）

　1種類のエンジンで推力の方向を変向（スラストベクタリング）して垂直離着陸用と巡航用エンジンを兼ねる形態である。離着陸専用のエンジンが不要のため死荷重を運ばなくて済むうえ、推力方向を垂直から水平、または、その逆に切り換えるのがスムーズにできる利点がある。その代表がRR社「ペガサス」エンジン搭載のSTOVL（短距離離陸垂直着陸機）ハリアー／AV-8Aである。

(a) RR社「ペガサス」エンジン（BAe社「ハリアー」／AV-8A搭載）〔＊59〕〔＊62〕〔＊63〕

●**原理と構造**：「ペガサス」エンジンは回転式の推力変向ノズル4個（ファン出口左右に2個、排気出口左右に2個）を有する2軸式のバイパス比1.4のターボファンエンジンである。ファン（LP系）と高圧圧縮機などHP系のローターの回転方向が互いに反対なので、それぞれのローターのジャイロモーメントを打ち消しあって最小限となり、ホバリング時の機体制御が楽になっている。また、推力／重量比は6.94で通常のエンジンに比較して大きな値となっている。ファンは3段の遷音速設計である。独立した2段の低圧タービンによって駆動される。高圧圧縮機は8段の軸流式圧縮機であり、独立した2段の高圧タービンによって駆動される。全体圧力比は14である。ファンおよび高圧圧縮機にはチタニウム合金が多用され、軽量化が図られている。この「ペガサス」（米海兵隊のAV-8Bの場合はF402-RR-408）エンジン（図7-8）はバイパス比1.4程度のターボファンエンジンであるが、通常この程度のバイパス比のターボファンエンジンでは、ファンからのバイパス流はコアエンジの外側を通過してエンジン後方でコアエンジンの排気を包囲または混合した状態で排出されるのに対して、「ペガサス」エンジンの場合はファンからのバイパス流

図7-8　RR社「ペガサス」ターボファンエンジン
バイパス流とコア流がそれぞれ二股に分かれ、4つの回転式ノズルから噴出する。ノズルを回転してカスケードを下に向ければ垂直方向、後に向ければ水平推力が得られる。(Courtesy of Rolls-Royce)

は主翼の直前付近で胴体左右2本のダクトに導かれ、カスケードを介して排気ノズルから直接噴出される。この排気ノズルが回転することによって推力を後方から下方まで変向させることができる。

　一方、コアエンジンの排気も二股に分けられ、ファンの場合と同様に胴体左右の推力変向ノズルから噴出される。機体重心を挟んで前後左右の合計4個所にあるこれらの推力偏向ノズルは互いに連動して一斉に動くようになっており、下方に向ければ機体を持ち上げる力を生じ、後方に向ければ巡航のための強力な推進力を発生する。

　ファンで圧縮された空気はプレナムチャンバーという空気溜めに入り前方左右の推力変向ノズルから噴出する。その量は全体空気流量の約58％であり、温度107℃、速度360m/secと比較的低温低速である。それに対してコアエンジンの排気は排気ダクトに入って左右に分かれて後方の推力変向ノズルから噴出する。その量は全体空気流量の約42％である。この排気の温度は677℃、速度は525m/secと高温高速である。前側の比較的低温の空気が防護壁を形成するため、後方の高温ガスが前方に流れるのを妨いでくれるためリサーキュレーション（エンジンが高温の排気ガス吸入すること）を防止できるとともに、高温ガスによる滑走路など地面の侵食被害も避けられる。

●「ペガサス」エンジンの開発経緯と発展：推力変向式エンジンの元祖をたどると、フランスの軍用機の設計者ミシェル・ウィルボーが1956年にSTOL（短距離離着陸）能力を持った地上攻撃機「ジャイロコプター」という計画をフランス政府に支援を拒絶された後、イギリスのブリストル社（後のRR社）に提案したのが始まりだった。これは8,000hpのブリストル社「オライオン」ターボプロップから延びるシャフトとギアボックスによって機体の重心回りに自動車の車輪のように配置した4個の遠心式ブロワーを駆動し、そのケーシングの空気出口の向きを回転させて推力を水平方向から垂直方向に転換する方式であった。この計画では重量がかさみ過ぎ、実際的ではなかったが、機体の重心周りに配置された4つの回転式の排気ノズルを使用して推力変向を行なうというアイデアは活かされた。

　これを発展させ、1957年、「オーフュース」エンジンをガスジェネレーターとして、軽量化、単純化を図るため遠心送風機の代わりに「オリンパス」エンジンから流用した低圧圧縮機を組み付け、2軸式にして2段のタービンでこれを駆動するようにした、二股ダクト式の推力変向ノズルを有するBE53エンジンを計画した。BE53は製造されることはなかったが、これを回転式の推力変向ノズル2個に変更したうえ、別の2個を追加して4個の回転式の推力変向ノズルを有するエンジンと

したのが推力9,000lb（4,082kgf）の「ペガサス1」エンジンである。「ペガサス1」は1959年9月に初運転を行なった。

　推力を12,000lb（5,443kgf）に増加した「ペガサス2」が1960年に完成し、ホーカー・シドレー（H.S.）社のP.1127量産先行型機に搭載され、1960年10月に初のホバリング試験に成功した。「ペガサス2」は、ファン2段、高圧（HP）圧縮機8段、キャニュラー燃焼器、高圧（HP）タービン1段および低圧（LP）タービン2段からなるエンジンである。

　HP圧縮機を9段とし、HPタービンも2段として推力が14,000lb（6,350kgf）となった「ペガサス3」が1961年4月に初運転され、1962年4月にはP.1127に搭載されて飛行を行なっている。

　推力15,500lb（7,031kgf）の「ペガサス5」が三国共同の改良型P.1127「ケストレル」に搭載され、1964年2月に初飛行を行なった。また、「ペガサス5」エンジンはドイツのドルニエDo31に2台が、8台のRR社RB162-4リフトエンジンとともに搭載され、各種の試験が行なわれた。

　さらに改良を加え、ファンをすべてチタニウム合金製とし、燃焼器を水噴射用に改造し、HPタービン動翼第2段も空冷としたほか、推力変向ノズルのベーンを2枚方式にして推力を19,000lb（8,618kgf）とした「ペガサス6」が1965年3月に初運転を行なった。「ペガサス6」はハリアーの試作1号機に搭載されて1966年8月に飛行を行なった。このエンジンは1968年3月に型式証明を取得し、1969年にハリアーのエンジン、「ペガサスMk.101」として英空軍の訓練部隊に配備されてパイロット養成に続いて制式に運用が始まった（図7-9）。1982年に勃発したフォークランド紛争では英空海軍の「ハリアー」が実戦に参加し、ここでSTOVL機の評価を高めた。

　このペガサス6をもとにしてタービン入口温度を上昇させると同時に水噴射によって推力を20,500lb（9,300kgf）としたのが「ペガサス10」である。「ペガサス10」は1969年2月に初運転を行ない、1970年3月に「ペガサスMk.102」として型式証明を取得。米海兵隊のAV-8A用エンジンF402-RR-400として翌年4月に部隊

図7-9　BAe社「ハリアー」
「ペガサス」エンジン搭載。排気ノズルを下方やや後方に向けてホバリング走行をしているところ。（エアタトゥー、2006年7月）

配備された。

「ペガサス10」をもとにして、主にファンの空気流量を増加したり、タービンの冷却方法を改善するなどして推力を21,500lb（9,752kgf）としたのが「ペガサス11」である。「ペガサス11」は1969年4月に初運転し、1971年7月に型式証明を取得。「Mk.103ペガサス11」として英空軍向けおよびスペイン海軍向けなど輸出用のハリアーの量産型エンジンとして多用された。また米海兵隊のAV-8AにもF402-RR-401として使用されている。

「Mk.103ペガサス11」と同じ推力を保ち、耐食性の高い材料を採用したり、発電能力を向上するなどの変更を行ない、英海軍の「シーハリアー」用エンジンとしたのが、「Mk.104ペガサス11」である。1977年2月に型式証明を取得している。一方、「ケストレル」をXV-6として評価試験をしていた米国もSTOVL機の有用性を認識し、米海兵隊は「ハリアー」をAV-8Aとして採用した。1971年4月にはAV-8Aの飛行隊が編成された。エンジンは「ペガサス」の米軍名F402-RR-402（推力21,500lb）となった。さらに改良、高性能化されたAV-8Bが開発されて1979年から運用に入っている。搭載エンジンも最終的にF402-RR-408（推力23,800lb＝10,796kgf）と初期の「ペガサス1」エンジンの2倍以上の推力となっている。

　実用化されてこのように長期間にわたって使用されたSTOVL（短距離離陸垂直着陸）機は「ハリアー」をおいて他には見当たらない。日の目を見なかった機体の中には、巡航用エンジンとは別に離着陸時にしか使用しないエンジンをお荷物として搭載した機体、巡航用エンジンの向きを垂直に変える形式、機体の姿勢を離着陸時に垂直とする形式など、実現性に乏しいアイデアの機体が多かった。それにひきかえ、唯一推力変向方式で実用化に成功した「ハリアー」の場合は、RR社「ペガサス」という推力変向エンジンの開発成功によるところが大きいといえる。

●短距離離陸：「ハリアー」は離陸時の機体重量が大きいので垂直離陸ではなく短距離離陸（STO）をする。離陸滑走開始時にはノズルはほぼ後方を向いているが、加速してある程度の距離を進んだところで排気ノズルは一気に下方に向けられ、瞬間的に機体が浮き上がる。その後、排気ノズルは徐々に後方に向きを変えてゆき、通常機と同様に上昇に移行する。このSTO性能をさらに向上させるため「スキージャンプ」が使われることがある。これは7°程度の傾斜の付いたジャンプ台を「ハリアー」が排気ノズルを後方に向けて駆け上った後、排気ノズルを一気に下に向けてスキーのジャンプのようにして飛び上がるやり方である。スキージャンプの有効性の研究が盛んに行なわれた頃、1979年、パリ航空ショーの会場に特設されたジャンプ台から海軍型の「シーハリアー」が飛び上がるデモ飛行を盛んに行なっていた

図7-10 BAe社「シーハリアー」のスキージャンプ

左下に見えるジャンプ台を水平推力で駆け上り、排気ノズルを急速に下に向けて離陸しているところ。(パリ航空ショー、1979年6月)

（図7-10）。この方式の有用性が認められ、イギリスの「シーハリアー」用の航空母艦にはスキージャンプが設置されて活躍した。米海兵隊でも試験は行なわれたが、スキージャンプを常備した艦艇はないようである。垂直着陸（VL）のときは排気ノズルを70°ほど下方に向けてわずかな前進速度を残して降下してくる。このときはすでに主翼の浮力はあるようには見えない。接地すると直ちにノズルを後方に向けてタキシングに移行する。

（b）RB193-12〔＊59〕

「ペガサス」と同様の形態をしたエンジンであるが、ロールスロイス社とドイツのMTU社がVFW-フォッカーVAK.191B用に共同開発した推力10,163lb（4,610kgf）の2軸式ターボファンであり、「ペガサス」とは異なるエンジンである。ファン3段のほかに中圧（IP）圧縮機2段があり、ともに3段のLPタービン（無冷却）によって駆動される。6段からなるHP圧縮機は1段の空冷式HPタービンによって駆動される。全11段で全体圧力比16.5を達成している。LPとHP軸は互いに反対方向に回転する。4つの推力変向ノズルを持っているが、「ペガサス」の経験が活かされているという。機体の姿勢制御用の抽気はHP系の空気流量の22％まで取り出すことができる。1967年12月に初運転を行ない、1969年12月に飛行試験用の認可を取得した。飛行試験用に9台のエンジンが1970年9月に出荷され、2台のRB162-81リフトエンジン（前述）とともに3 VAK.191Bが搭載され、3機が完成した。1971年9月に初のホバー試験が行なわれ、1972年にかけて遷移飛行を含む飛行試験が行なわれたが、1972年12月にドイツ空軍の契約は終了した。

（c）RR社RB145〔＊59〕

RB108を基にE.W.R. VJ.101C超音速VTOL研究機のために開発されたリフト／クルーズエンジンである（以下は後述のE.W.R.VJ101Cの項参照のこと）。

その他の推力変向方式をもつものとして、以下が挙げられる。

■ロッキードXV-4A「ハミングバード」

2基のJT12A-3ターボジェットを胴体両側に搭載し、これで巡航を行なうとと

もに、離着陸時には胴体中央上下に貫通したダクトにエンジン排気を下方に向けて噴射し、エジェクター効果で大量に吸入した空気を噴出することにより垂直方向の推力を得る。

■ベルX-14 [*59]

2基のRR社「バイパー」ターボジェットを隣り合わせで機首に搭載して巡航に使用するが、離着陸時にはエンジン後方にあるカスケードにより排気ガスを下方に変向させて垂直方向の推力を得る。

(6) 巡航用エンジンの方向を転換する形態

(a) E.W.R. VJ101C [*59]

主翼の両端にあり、94°垂直方向に回転できるエンジン・ポッドにRB145という推力2,750lb(1,247kgf)／AB付き3,650lb(1,656kgf)のターボジェットを2台ずつ合計4台搭載し、垂直離着陸時には、このエンジン・ポッドを下に向けるとともに胴体内に常時垂直方向に搭載されている別の2台のRB145エンジンと一緒になって垂直方向の推力を得る。巡航時には、胴体内のエンジンを停止し、翼端のエンジン・ポッドを後方に向けて前進する。試作1号機は1963年4月にフリー・ホバリング飛行を行なった。1963年10月にはVTOL（垂直離着陸）の往復遷移飛行に成功している。その後、通常離陸をした直後に墜落して失われてしまった。2号機の翼端エンジンにはアフターバーナー付きのRB145が搭載され、1965年10月に往復遷移飛行に成功した。このプロジェクトは量産化よりもマッハ2.0級のVTOL迎撃機に関するデータを取得するために実施され、機体は1971年初頭まで、色々なVTOL飛行試験に活用された。

(b) ティルト・ウィング／ティルト・ローター

この方式での唯一の成功例としてはベル・ボーイングV-22「オスプレイ」があるが、これについては項を改めて論じたい。

7.2 マッハ3への挑戦

(1) マッハ3級のYF-12／SR-71を成功させたP&W社J58、AB付きターボジェット [*50]

1950年代初頭にP&W社ではマッハ3級の原子力式ターボジェットエンジンを研究開発していた。これをスケールダウンしたJ58アフターバーナー付きターボジェッ

図7-11　ロッキードSR-71「ブラックバード」長距離戦略偵察機

P&W社J58ターボジェット（AB付き）を2台搭載。85,000
ft以上の高高度をマッハ3で飛び続けることができる。
(Courtesy of the National Museum of the U.S. Air Force)
1994.11.

図7-12　P&W社J58ターボジェット（AB付き）

高速飛行時には圧縮機から抽気した空気を6本の太
いダクトでタービン後方に送り込むという「バイパス・
ブリード・サイクル」が特徴。(Courtesy of the National
Museum of the U.S. Air Force) 1994.11.

トを米海軍が艦載攻撃機に搭載する計画を立てたが実現せず、ロッキード社の「ス
カンク・ワークス」で秘密裏に開発された対超音速爆撃機攻撃用のマッハ3級高高
度迎撃機ロッキードYF-12Aに2台搭載された。この機体は秘密にされ、1964年2
月に公式に存在が公表された。YF-12Aは実運用には入らなかったが、技術はマッ
ハ3級のロッキードSR-71「ブラックバード」高高度戦略偵察機（図7-11）に引き
継がれた。ターボジェットエンジンがマッハ3で飛行を継続するということはマッ
ハ2の場合と異なり、圧縮機の空気流量と圧力比が大幅に低下して仕事をしない状
態に近づく。これはラムジェットに近い状態である。また、エンジン入口の大きさ
をマッハ3に合わせるとマッハ1の状態では空気が入り切らずに溢れて大きな抵抗
を生じるという問題がある。

　1959年、そこでJ58エンジンで考え出されたのが「バイパス・ブリード・サイクル」
という方式である。これは圧縮機の4段目からブリード（抽気）した空気を太いダ
クト6本で後方に導き、タービンとアフターバーナーとの間に送り込むという方法
である。これによって圧縮機前段側の失速を防止し、後段側の閉塞状態を緩和でき
るため圧縮機はより多くの空気を吸入できるようになるとともに、排気ジェットの
速度を増加、すなわち推力の増加を図れた。理想的にはターボーラムジェット方式
にして、高速状態では空気は圧縮機を通さずにラムジェットに導く方法があるが、
これでは切り替えドアなどが必要となり、重量的に不利である。J58エンジンの外
観上の特徴として太い抽気ダクトが圧縮機からタービン後方に配管されていること
が挙げられる（図7-12）。J58は1軸式のAB付きターボジェットエンジンであり、
軸流8段の圧縮機を有し、2段の軸流タービンで駆動される。燃焼器はキャニュラー
式であった。アフターバーナーは可変式のダイバージェントノズルを持っていた。
推力はAB使用時に15,400kgf（不使用時に11,300kgf）であった。これで100,000ft
の高空をマッハ3.2で巡航できる能力を持ったエンジンとなった。

J58を２台搭載したロッキードSR-71Aは1964年12月に初飛行を行ない、1966年１月に部隊運用に入った。そして1990年１月に退役するまでの24年間、世界で最も高速で最も高い高度を飛行できる実用航空機としてその地位を保持した。その背景には上記のような特徴を持ったJ58エンジンの存在があったのである。

(2) マッハ3級の爆撃機XB-70「バルキリー」に搭載されたGE社J93 [＊68]

　1950年代初頭に東西冷戦が激化する中、当時配属が進みつつあったB-52爆撃機に替えて、超高速で超高高度を長距離飛行できる爆撃機の計画が生まれた。

　色々な検討の結果、1957年、米空軍から最終的な要求仕様がボーイング社とノースアメリカン社に提案された。この要求によると、マッハ3.0＋の持続飛行、飛行高度75,000ft、航続距離10,000マイルと厳しいものであった。競争設計が行なわれた結果、1957年12月、ノースアメリカン社の案がXB-70「バルキリー」(図7-13)として採用された。エンジンとしては1955年頃からGE社でJ79-X275という型式でマッハ2.75を狙って計画されていた。米空軍はP&W社にJ91、アリソン社にJ89として研究委託をしていたが、この爆撃機の最終的な要求仕様が決まったことからGE社のJ79-X275が採用され、YJ93として進むことになった。

　YJ93はXB-70爆撃機およびF-108要撃機用に開発された。両機ともマッハ３を保持して飛行できることが要求された。1958年９月に最初のエンジンが台上試験を行なった。YJ93は可変静翼付きの11段軸流圧縮機を２段のタービンが駆動する構造であった。推力は13,608kgf（AB使用時）である。タービン動翼は空冷式であるが、長手方向に細長い冷却孔を開けるためにSTEMドリリングという新しい電解式穴あけ法を初めて採用した。

　そのほか、軽量設計に徹しており、XB-70に相応しいエンジンとなった。また、燃料としては通常のJP-4では蒸気圧が高くて高速時に高温に曝されるXB-70の用途には不適切なので、蒸気圧が低く、熱的に安定した、JP-6という燃料が開発された。XB-70には６台のYJ93が搭載されたが、一つの箱の中に６台を単純に並べて搭載し（図7-14）、２つの空気取入口から片側３台のエンジンに空気を送る方式を採用し、

図7-13　ノースアメリカンXB-70「バルキリー」高高度超高速爆撃機

GE社J93ターボジェット（AB付き）（推力13,608kgf）を6台搭載。72,000ftの高空をマッハ3で持続飛行ができる。2機造られたが、2号機は空中衝突事故で失われた。写真の機体は1号機。
(Courtesy of the National Museum of the U.S. Air Force) 1982.4.

図7-14　GE社J93ターボジェット
の排気ノズル部

XB-70では「シックス・パック」といって
一つの箱の中に6台のエンジンを並べて
配置。整備性の向上を図っている。
(Courtesy of the National Museum of the
U.S. Air Force) 1994.11.

エンジン交換などの整備性にも考慮されていた。いわゆる「シックス・パック」設計と呼ばれるものである。

　インテークは超音速機の場合、非常に重要であり、高速飛行時に生じるインテークの衝撃波がエンジンに吸入されたり、振動しないようにする必要がある。XB－70の場合は可変形状2次元インテークを採用して衝撃波を制御している。また、高速時にこれで制御できない余剰の空気は、エンジンに入らないようにバイパスドアでアフターバーナー部に迂回させるようになっている。これにより圧縮機を通る空気の圧力比を下げ、エンジンが仕事をしないようにできる。いわゆるラムジェットに似せた状態になる。SR-71のJ58が圧縮機の途中からバイパスしてラムジェット化しているのとは対象的である。

　XB-70は1号機が1964年9月に初飛行を行ない、1965年10月にはマッハ3を超えた。2号機も完成して飛行試験に加わった。1966年6月8日、GE社製のエンジンを搭載したXB-70(2号機)、F-4、F-5、T-38、およびF-104からなる編隊飛行のシーンを撮影中にF-104がXB-70の右ドゥループ翼端に接触した後、XB-70の主翼の上を転がりながらその2枚の垂直尾翼をなぎ倒してしまい、F-104もXB-70も墜落してしまった。やがて米空軍の長距離戦略防衛に対する要求が変化し、XB-70のプロジェクトは中止になってしまった。XB-70とJ93エンジンで習得した技術はアメリカ製SSTの計画に活用された。

7.3　SST（超音速輸送機）の開発競争

(1) SST「コンコルド」の英仏共同開発と「オリンパス」エンジン

(a)「バルカン」爆撃機用エンジン「オリンパス」の開発[*66][*67]

「コンコルド」のエンジン「オリンパス」は亜音速のアブロ「バルカン」三角翼爆

撃機によって醸成されたといえる。したがって、超音速輸送機「コンコルド」のエンジンについては爆撃機「バルカン」とそのエンジンの開発経緯を抜きにしては語ることはできない。

　第2次世界大戦後、鉄のカーテンを下ろすなどして急速に力を増しつつあったソ連の動きにイギリスでは不安を感じ、再軍備が急務となった。1949年にソ連が初の核実験を行なったことによりその脅威は現実のものとなった。冷戦の始まりである。イギリスは心配される核攻撃に対して核抑止力が必要と考えた。戦時中のデハビランド「モスキート」に代わってイングリッシュ・エレクトリック「キャンベラ」が運用に入っていたが、ソ連に対する抑止力となるには、長距離を高高度で核兵器を搭載して飛行する能力が必要と考えた。すでに1947年に要求仕様書が政府より提示されていた。要求としては、10,000lbの爆弾を搭載して50,000ftの高度を500ktで3,350nm飛行できる5人乗りの機体であった。そこで開発されたのが、3Vと呼ばれる3機種の爆撃機、ビッカース「バリアント」、アブロ「バルカン」およびハンドレページ「ビクター」であった。仕様を緩和して開発した3Vのうち、ビッカース「バリアント」が「エイボン」エンジンを搭載して1951年5月に初飛行して運用に入り、108機の量産機が製造されたが、主翼スパーに疲労クラックが発生し、1965年1月には運用停止となっている。

　上記の要求仕様を満足させるべく開発された最初の機体がアブロ「バルカン」であった。1947年11月にアブロ社の案が認められ、その1週間後に2番目の機体、ハンドレページHP.80(後の「ビクター」)も選定されている。

　1948年6月には量産先行型のアブロ698の契約が行なわれた。アブロ社では三角翼の機体が最適と判断して開発を開始したが、実大の機体を開発する前に縮小型の実験機の必要性が認められ、RR社「ダーウェント」エンジン搭載のアブロ707を

図7-15　アブロ「バルカン」
2機のアブロ「バルカン（RR社「オリンパス」ターボジェット4台搭載）が、縮小型実験機アブロ「707」(RR社「ダーウェント」1台搭載の各種4機とファンボロー航空ショーでデモ飛行をしている珍しい写真。
(朝日新聞社刊「世界の翼」1954より)

図7-16　BAC社TSR2 超音速戦術攻撃・偵察機
AB付き「オリンパス22R」を2台搭載。1964年に初飛行を行ない、2号機まで作られたが、1965年に開発は中止となった。(Courtesy of Imperial War Museum, Duxford) 1997.11.

開発した。小型の707は1949年9月に初飛行を行ない、ファンボローに展示されたが、その後間もなく墜落してしまった。アブロ707は複座型も含め各種の形態で1953年までにさらに4機ほど製造され、アブロ698の開発に有益なデータを提供した。アブロ698の初号機は1952年8月に初飛行を行ない、ファンボローでは小型の707A（赤色）2機、707B（青色）と707Cと編隊を組んで飛行を行ない（図7-15）、アピールしている。アブロ698はそれまで「エイボン」エンジンや「サファイア」エンジンを搭載して飛行を行なっていたが、量産先行型2号機から本命の「オリンパス」エンジン（当時は推力9,750lb＝4,423kgf）が搭載され、1953年9月に初飛行を行なった。色々な問題があったり、先行型2号機が損傷したりして試験が本格的に進められたのは1954年春になってからであった。

「バルカン」B.1量産初号機が「オリンパス100」（推力10,000lb＝4,536kgf）を搭載して1955年2月に初飛行を行なった。1956年5月に部隊に納入された最初の機体は海外遠征飛行用に改修され、オーストラリアまでの長距離飛行を達成したが、残念ながらロンドン・ヒースロー空港に着陸する寸前に墜落して失われてしまった。量産型の「バルカン」が運用に入る一方、「バルカン」をテストベッドとして、ミサイルやエンジンの試験が行なわれた。「オリンパス」エンジンはブリストル近郊のフィルトンで「バルカン」をテストベッドとして継続的に開発が続けられ、推力10,000lbから始まった「オリンパス」エンジンはMk.101、102を経て推力13,500lb（6,124kgf）のMk.104へと能力向上が進み、1959年末にはMk.104搭載の「バルカン」B.1が世界一周飛行を53時間で達成した。

　推力17,000lb（7,711kgf）の「オリンパス」201はバルカンB.2用に開発された。さらに強力な「オリンパス」Mk.301は推力20,000lb（9,072kgf）のエンジンとしてフィルトンを基地に高高度試験が行なわれたりしたが、構造強度的に問題があり、エンジンが直接原因となって4機の「バルカン」が事故で失われた。

　超音速機用のアフターバーナー（AB）付き「オリンパス」としてはBAC社TSR2

（超音速戦術攻撃・偵察機）（図7-16）用として「オリンパス」22RがMk.301をベースに開発された。1961年３月に台上運転が開始された。1962年２月「バルカン」B.1に搭載されて飛行試験が行なわれたが、同年12月に地上運転中に低圧タービンディスクが破断して火災を起こし、機体を失っている。TSR2は1964年９月に初飛行を行ない、２号機まで作られたが、1965年には開発は中止となった。機体の開発が中止になった後もエンジンは「オリンパス320」として試験が継続され、「コンコルド」のエンジンとして育っていった。

(b) SST「コンコルド」の開発 [*34][*70][*71]

　イギリスでは1956年11月にSTAC（超音速輸送機助言委員会）によってSSTの検討が開始されていた。色々な検討が行なわれ、当初は130人乗りでエンジン６発案もあったが、インテークや重量的な問題があり、スケールダウンして100人乗りでエンジン４発案の223型で進むことになった。エンジンはTSR2用に選定済みのアフターバーナー付きの「オリンパス」を採用することになった。各国に共同開発を持ちかけたが、ドイツは時期尚早として辞退、アメリカは独自にマッハ３級のSSTを検討中とのことで、フランスのみがポジティブな態度を示した。フランスではすでに1957年頃からSSTに対して熱心であり、マッハ2.2で3,200km飛べる70席の４発機が検討されていた。1962年４月に英仏間の討議が始まり、同年11月に英仏共同SST計画が基本合意された。それによると、100席のマッハ2.0で飛行できる三角翼のSSTであった。ワークシェアは50：50となっているが、機体は60：40でフランス上位、エンジンは65：35でイギリス主導という配分であった。エンジンはブリストルシドレー社（後にRR社）の「オリンパス593」と決まった。フランスはスネクマ社がアフターバーナー、排気ノズルおよびサイレンサー／スラストリバーサーを担当することになった。最初はAB付き「オリンパス22R」の民間型「オリンパス591」から始まり、空冷タービンの採用による推力増強および低圧圧縮機へのゼロ段の追加による空気流量の増加を図り、「オリンパス593」となった。1964年７月に初運転を行ない、1966年９月から「バルカン」の爆弾倉の下に懸架されてFTB試験が開始され、特に亜音速領域における特性が詳細に調査された。一方、エンジン入口空気を加熱してマッハ２の飛行状態を模擬できる高空試験装置（ATF）での試験が繰り返された。

　1969年３月にフランスの登録番号を付けた１号機が初飛行を行ない、翌４月にはイギリス登録の２号機が初飛行を行なった。当初は離陸時の騒音が予想以上に大きかったことに加え、黒い煙を吹いて飛行する姿に「スモーキー・ジョー」と呼ばれた。1969年10月に初の超音速飛行を行なった。量産化に向けて「オリンパス

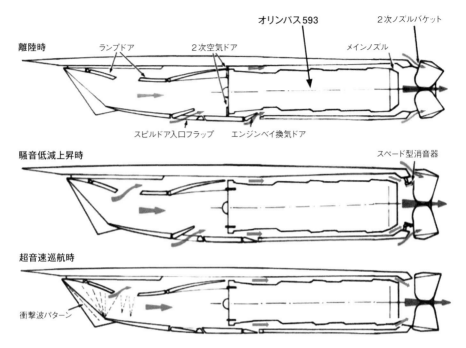

離陸時

オリンパス593

2次ノズルバケット

ランプドア　　　　　2次空気ドア　　　　　　　　　　メインノズル

スピルドア入口フラップ　　エンジンベイ換気ドア

騒音低減上昇時

スペード型消音器

超音速巡航時

衝撃波パターン

図7-17　RR-スネクマ「オリンパス593」AB付きターボジェットの概念図
・離陸時：スピルドア、2次空気ドア、エンジンベイ換気ドアが開き、大量の空気を吸入。
・騒音低減上昇時：AB排気部の可変コンバージェントノズルに引込式のスペード型消音
　ベーンが突き出して消音を図る。
・超音速巡航時：インテークのランプドアで衝撃波パターンを制御する。
　排気ノズルでは逆推力用バケットを兼ねた可変ダイバージェントノズルが開く。

593」エンジンには改良が加えられた。燃焼器はキャニュラーからアニュラー方式
に変わり、燃料ノズルも噴霧式から蒸発式に改善され、スモークの削減に成功した。
　最終的に量産機に搭載されたエンジンは推力38,400lb（17,400kgf）（AB使用時）の
「オリンパス593Mk.610」であった。このエンジンは2軸式のAB付きターボジェッ
トで、低圧圧縮機も高圧圧縮機も7段で、全体圧力比が14である。燃焼器はアニュ
ラー式で蒸発式噴射弁に変更されている。タービンは高圧も低圧も1段で空冷式と
なっている。アフターバーナーは可変コンバージェントノズル、引込式消音ベーン
および可変ダイバージェントノズルを兼ねた逆推力用バケットから構成されてい
る。インテークも可変式でランプの位置の調整によって衝撃波パターンを制御し、
マッハ2で飛行中でもエンジンに吸入される空気の速度はマッハ0.4〜0.5に低減す
ることができる（図7-17）。

1976年1月、エールフランスとブリティッシュ・エアウェイズの両航空会社で商業運航に入った。ソニックブーム（衝撃波）のため超音速飛行は海上に限定されたこと、空港騒音の問題、政治的な問題、経済的な理由等から、「コンコルド」の定期運航路線は最終的にニューヨーク－ロンドンおよびニューヨーク－パリの2路線に限られた。また、買い手も付かず、製造された「コンコルド」も試験機を含めて20機に留まった。

(c)「コンコルド」の終焉 [＊74]

「コンコルド」は1976年の就航以来、死亡事故ゼロの安全運航を誇って来たが、2000年7月25日、パリCDG空港で離陸途中に滑走路上に落ちていた金属片を踏みつけたことがきっかけとなり、タイヤのパンク－燃料タンクの破損・漏洩－火災－エンジン出力低下（停止）－上昇・制御不能という連鎖現象を経て墜落事故を起こしてしまった。耐空性証明も取り下げられ、これで「怪鳥」も死んだかに見えたが、英仏の航空関係者が一丸となった熱意と努力で、燃料タンクの内張り補強やパンクし難いタイヤの採用などの対策を施した結果、飛行が許されることになり、事故から15ヵ月後の2001年11月7日、イギリスとフランスの両エアラインで同時に商業運航を再開した（図7-18）。「怪鳥甦る」との印象を強く与えた。タンクの補強等による機体重量の増加は座席数を100から92に減らして対応したが、室内装飾の刷新に伴う軽量座席の採用で、元の座席数を保持する計画も進められた。寿命の点からも機体は2015年頃まで使用できるとの評価がされており、前途は有望と見えていた。

しかし、「コンコルド」再就航2ヵ月前の9月11日にアメリカで突発した同時多発テロによって世界中は経済的にも大きな衝撃を受けていた。企業での節約の風潮は運賃の高い超音速機から安い亜音速機へという乗客の移動を促進した。1999年頃は「コンコルド」のロード・ファクターは70%を超え、単年度的には十分に利益の上がるビジネスであるとされていたが、再就航後はそれが50%を切るようになり、イラク戦争勃発後は20%にまで低下したという。切符の売上げより整備費の方が高くなってしまい、利益を食べてしまうことになった。その上、テロ対策のため操縦席に頑丈なドアを設ける必要があり、その改修費が亜音速機に比較して10倍以上も高く、これも大きな負担となったようである。これらの結果、エールフラン

図7-18 墜落事故後、飛行を再開し、寄港地で出発準備をするエールフランスの「コンコルド」
（ニューヨークJFK空港、2002年3月）

スでは2003年5月31日に、ブリティッシュ・エアウェイズでは10月31日にその商業運航の全てを終了してしまった。12機の「コンコルド」がイギリス、フランス、アメリカ、ドイツの航空博物館等に展示されており、往時を偲ぶことができる。

挿話：「バルカン」XH558号の復活〔＊67〕〔＊72〕〔＊73〕

　バルカン（Vulcan）というと古代ローマ神話のウルカヌスという火と鍛冶の神のことで、これが転じてボルケーノ（Volcano＝火山）となったとされている。航空機の世界ではバルカンとはアブロ「バルカン」という4発の三角翼爆撃機のこと。ビッカース「バリアント」およびハンドレページ「ビクター」と並んで冷戦時代を代表するイギリスの3V爆撃機の一つである。この「バルカン」は1993年に最終飛行を行なってから20年近くが経つが、2007年頃から世界の航空関係者の注目を集めている。「バルカン」で最後の飛行を行なったXH558号機が、支援者などの資金協力や大勢の人の努力で飛行可能状態にまで修復され、2008年のファンボロー航空ショーで飛行展示を行なったのを初めとして、2010年にはエアタトゥーで飛行デモを行なった後、ファンボロー航空ショーでも飛行したからである（図7-19）。この飛行機がそれほどまでに根強い人気を保っている背景には、三角翼（デルタ翼）というユニークで魅力的な形状をしていることに加え、本機が世界情勢の歴史を凝縮して反映したような機体であると同時に、超音速旅客機「コンコルド」のエンジンなど、技術開発上でも歴史に残るような功績を上げた機体だったからだと考えられる。

「バルカン」がかかわるVフォースには、核抑止力として「ブルー・スティール」という防空圏外からも発射できる核弾頭ミサイルの開発が急

図7-19　離陸するアブロ「バルカン」XH558号機

RR社「オリンパス301」（推力9,000kgf）を4台搭載。冷戦時代に高高度からのミサイル攻撃を目的に開発されたが、時代遅れとなり、空中給油機などに改造された。本機はその唯一の生き残りで英国の国民的支援を得て復旧し、英国各地の航空ショーで飛行している。本機は"The Spirit of Great Britain"と命名された。
（エアタトゥー、2010年7月）

務であった。1956年3月に開発開始、1961年初めにオーストラリアのウーメラで発射試験が行なわれ、1963年2月には運用可能と宣言されていた。「ブルー・スティール」は高度50,000ftで発射、70,000ftに上昇してマッハ2.5で100nm先の目標に到達する性能を持っていた。しかし、1960年5月にアメリカの高高度偵察機U-2が撃墜され、ソ連の迎撃ミサイルが60,000ftまで到達することが明確となったため、Vフォースも低高度作戦に切り替えざるを得なくなった。「ブルー・スティール」の代替としてアメリカの「スカイボルト」が「バルカン」で試験されたが、不満足な結果となり、キャンセルされた。そして潜水艦発射方式の「ポラリス」の成功を受けて「ブルー・スティール」も「ポラリス」に置換されていった。「バルカン」の塗装も核攻撃用の白色から迷彩色に変わったのもこの頃であった。

　1980年代に入ると、「バルカン」は低高度攻撃を得意とするパナビア「トーネード」GR1に置換され始めたが、1982年に始まったアルゼンチンのフォークランド紛争に向けて「バルカン」の一部は通常爆弾搭載用に、他の一部は「ビクター」とともに空中給油用のタンカーに改修され、「ブラック・バック作戦」としてフォークランドの爆撃に活躍した。

　タンカーに改修された6機の「バルカン」の中の1機が、これから説明をするXH558号機である。1984年9月に原型の「バルカン」B.2形態に戻され、1993年3月に最後の飛行が行なわれるまで飛行可能な状態であった。1999年9月に最後の地上滑走が行なわれた。2001年12月に「バルカン・ツー・スカイ」(VTS)という信託組織が設立され、飛行可能な状態への修復工事が開始されたが、問題は資金であった。遺産抽選基金(HLF)の支援や何万人という一般の人達からの寄付およびBAE社やRR社をはじめとする関連企業の技術的な協力で修復が完了し、2007年10月に初飛行ができるようになった。初飛行をしたものの、航空ショーの会場まで飛行する資金がないなど、度重なる資金難で、その都度飛行の再開が危ぶまれたが、全国的な献金や寄付金の募集によって辛うじて飛行状態を保つなど、イギリス国民の期待を全身に集めた機体ともいえる。青少年に冷戦とは何であったかを理解させるための教材としても使っているという。2010年のファンボロー航空ショーでは、「バルカン」の初飛行50周年の記念、航空遺産の象徴、およびイギリスの全国民的な支援の下、飛行可能にさせた決断と努力に対して、本機は"The Spirit of Great Britain"と命名された。

(2) アメリカ製SST(ボーイング2707)用のGE4、
AB付きターボジェット〔＊69〕〔＊70〕

1963年頃からアメリカでも同国製のSSTを持つべきだとの掛け声でSSTに関する事務局が設立されるなどの動きがあった。GE社でも1963年にSSTエンジンのプロジェクトが設立され、J79、J93およびTF39の設計現場からベテランが集められてボーイング社のSSTチームと共同作業を開始した。エンジンはGE4と命名された。GE4はXB-70「バルキリー」用のJ93エンジンを強力にしたAB付きターボジェットであった。競争相手のP&W社のエンジンは「ファン・ジェット」であった。これはエンジンの外周を通過した空気によるダクト・バーニング方式であった。これなら空港騒音も小さく、亜音速で効率が良いとされていた。

しかし、GE社はXB-70での経験に基づき、高速時に高効率で信頼性も高い、ジェットエンジン方式を支持した。1966年12月GE4(図7-20)搭載のボーイング2707がマッハ2.7のアメリカ製SSTとして選定された。1967年量産先行型エンジンの開発が開始された。マッハ3、高度80,000ftの能力を有する高空試験装置(ATF)がGE社のイーブンデール工場に建設された。GE4はGE1からのスケールアップで、J93の空力設計に依存していた。圧縮機には中空動翼が使用され、巨大なエンジンの重量軽減に寄与した。タービンはTF39などの経験に基づく冷却方式が採用された。

GE4は1軸式のアフターバーナー(AB)付きターボジェットで、推力は68,600lb(31,116kgf)(AB使用時)と、ターボジェットエンジンとしては世界最大級である。9段の軸流圧縮機を2段の空冷式タービンで駆動した。可変静翼付きで圧力比は12.5である。燃焼器はアニュラー式である。可変一次ノズルがスラストリバーサーのブロッカードアを兼ねていた。アメリカ製SSTについては環境保護などの観点から賛否両論が戦わされ、1971年3月のアメリカ議会で投票の結果49対48で反対派が勝ち、このプロジェクトはキャンセルされてしまった。英仏の「コンコルド」もニューヨーク路線に就航するに当たり、騒音対策など環境問題での説得に相当苦労したと聞く。これに懲りたNASAが環境対策を重視した次期SSTを実現するべくHSR(High Speed Research)というプロジェクトを立ち上げ、騒音対策のみなら

図7-20 GE4 世界最大級のターボジェット (AB付き) (推力31,116kgf)
アメリカ製SST、ボーイング2707への搭載が決まって高空試験装置などでの試験が進んでいたが、議会で開発が中止と決められた。
(Courtesy of Smithsonian National Air and Space Museum) 1987.10.

ず、オゾン層破壊の恐れのあるNOxの対策も含めた調査や研究開発を促進させた。特にエンジン関係では要素レベルでは対策の見通しが立ち、いよいよ実機大での実証試験という段階に入ったが、1998年、先導役であったボーイング社が次期SSTの研究をスローダウンさせたのを受けて、NASAのHSRはSSTのみならずさらに広範囲に適用可能なUEET（Ultra Efficient Engine Technology）というプロジェクトに方向転換してしまった。

　このスローダウンの理由として、それまでにHSRのプロジェクトで目途をつけた環境対策技術は、即時次期SSTが出現するのであれば十分であるが、出現時期が遅れた場合にはその対策でも不十分となるので、研究を根本からやり直すべきというものであった。その後、ボーイング社は「ソニック・クルーザー」なる遷音速輸送機の計画を発表したが、技術的、市場的にどうなのかと思っている中にキャンセルされ、高効率亜音速機「7E7」（後の787）の方に重点が移行してしまった。一部に超音速ビジネスジェット機の計画は見られるものの、具体的な次期超音速輸送機の計画はまだ見えていない。

(3) ロシアのSST、ツポレフTu-144とそのエンジン〔＊70〕

　英仏共同開発による「コンコルド」と時をほぼ同じにしてロシアでもSSTツポレフTu-144の開発が進められた。英仏およびアメリカのSSTがアフターバーナー（AB）付きターボジェットを搭載しているのに対して、ロシアのSSTの場合、エンジンがクズネツォフNk-144というAB付きの低バイパス比ターボファンとなっている。このエンジンは2軸式で、低圧側はファン2段、低圧圧縮機3段からなり、バイパス比は1.0となっている。高圧圧縮機は11段で、全体圧力比は15.0である。燃焼器はアニュラー式である。ファンと低圧圧縮機は同軸で2段の低圧タービンで駆動され、高圧圧縮機は空冷式の1段の高圧タービンによって駆動される。短いABが付いており、離陸時と遷音速加速の時に限定的に使用される。引き込み式のローブ消音器とスラストリバーサー（外側エンジンのみ）が付いている。推力は38,580lb（17,500kgf）（ABで20％増強時）である。Tu-144には4台のNk-144が搭載されており、マッハ2.35で飛行することができる。Tu-144は「コンコルド」によく似ていることから「コンコルドスキー」という異名もあるが、決して「コンコルド」のコピーではないとされている。翼の平面形も「コンコルド」が比較的単純なデルタ翼であるのに対し、Tu-144はダブル・デルタといわれるように単純な三角形ではない。速度も速く、乗客数も121名で「コンコルド」より大型である。

　Tu-144は1968年12月、「コンコルド」よりも2ヵ月早く初飛行を行なったほか、

1969年6月にはマッハ1を超え、1970年5月にはマッハ2を超えた。これは「コンコルド」よりそれぞれ4ヵ月および6ヵ月先んじていたのである。飛行試験の結果、エンジンがターボファンであったため超音速巡航時の効率が悪化することやエンジン搭載位置が内側過ぎたことおよび翼型が全速度領域を通じて必ずしも効率の良いものではなかったなどの問題があった。1973年のパリ航空ショーに現れたときは大幅な設計変更の跡が確認されている。エンジンも2台ずつ箱に入れて外側にずらしてあった。これによって揚抗比が向上したという。また、引込み式のカナード翼も追加された。だが、この改良型のTu-144はそのパリ航空ショーで墜落してしまった。改良機は1975年12月、モスクワとアルマアタ間の郵便・貨物便として就航した。Tu-144の運航期間は長くはなかった。1985年頃までに引退してしまった。

第8章　第4世代エンジンへの発展

8.1　はじめに

　1960年代に旅客機のジェット時代を実現したターボジェットエンジンを第1世代とすると、1960～1970年代の低バイパス比ターボファンの時代が第2世代となり、1970年代に普及した大型の高バイパス比ターボファンの時代を第3世代ということができる。そして1980年代以降、さらに燃料消費を節減し、低騒音で、有害排気物の少ない高バイパス比エンジンの時代を第4世代と呼ぶことができる。

8.2　NASAの省エネ・エンジン研究の成果 [*118]

(a) ECI (エンジン要素改善計画)

　1973年の石油危機を契機に、アメリカのNASAを中心として「航空機エネルギー高効率」計画(ACEE)が1976年に開始された。その中で、まず「エンジン要素改善」計画(ECI)が開始された。このプロジェクトでは、その当時生産中であったJT8D、JT9DおよびCF6について燃料節約のための改良を行なって1980年頃出荷する新製エンジンに反映することが目標になっていた。1977年2月にGE社とP&W社に対して契約が行なわれ、機体会社や航空会社も参加した。このプロジェクトではファンなどの空力性能の改善もさることながら、各要素の動静翼の先端の隙間やシール類の間隙を少なくして損失を減少させるとともに、経年変化を少なくするなどの改善について研究開発が行なわれた。また、タービンノズルやシュラウドにセラミックコーティングを施して冷却空気の量を節約するなどの研究も行なわれた。

(b) EEE(E³) (エナジー・エフィシエント・エンジン＝イー・キューブド)

　NASAは1970年頃から「燃料節約エンジン」に興味を持っていたが、前述のACEEが開始されると、これを含めてEEE「エネルギー高効率エンジン」と改名

して1984年に適用可能なことを前提に次世代の燃料効率の高いターボファンエンジンの先進技術の基礎作りを目標とするプロジェクトを開始した。当時のエンジン、特にGE社のCF6-50CおよびP&W社のJT9D-7Aをベースにして、

①燃料消費率（SFC）で12％削減したうえ、性能の経年変化を最低50％以下にする

②直接運航費（DOC）を最低5％改善

③FAA（米連邦航空局）およびEPA（環境保護局）の将来の排ガス規定に合致

という目標を掲げていた。

　GEとP&Wの2社に契約をして計画は進められた。両社は先進技術をエンジンに組み込んで運転することを要求されたが、量産エンジンを試作することは目的としなかった。ここで開発した先進技術の採否は各社の判断に任されていた。

　両社とも従来の伝統にとらわれることなく、白紙から高リスク、しかし可能性の高い分野の研究開発を意欲的に行なう機会を活用した。

　両社から候補エンジンのサイクルや形態が示され、機体会社は機体性能やエンジン搭載の観点から、また、航空会社は利用者の立場から検討を加えた。

　研究したエンジンはGE社がCF6-50C、およびP&W社がJT9D-7Aをベースとした2軸式のバイパス比約7、推力約36,000lb（16,330kgf）のターボファンであった。SFCは目標の12％を超えて14〜15％の改善が期待されるエンジンであった。この改善は約半分が要素性能の向上によるもので、残りはエンジンサイクルとミキサーノズルの改善によるものであった。例えば全体圧力比で見ると、GE社のエンジンが36.1（32.0）、P&W社のエンジンは37.4（25.4）と大幅に増加している。それを可能にしたのは高圧圧縮機の圧力比の増加である。GE社のエンジンは22.6（13.2）、P&W社のエンジンは14（10）となっている。しかし、それを達成するための段数は逆に減少しており、GE社のエンジンが10段（16段）、P&W社のエンジンは10段（14段）となっている。なお、（　）内の数値は、GE社のエンジンではCF6-50C、P&W社のエンジンではJT9D-7Aとの比較を表している。

　6年間に及ぶ研究開発でデモエンジンは成功裡に試験が行なわれ、GE社のエンジンではSFCが13.5％も低減し、目標を達成した。また、排ガスについても目標を達成した。このEEEプロジェクトで開発された先進技術を適用してGE社ではCF6-80C2やCFM56およびGE90に、また、P&W社ではPW2037からPW4084などへと、第4世代ともいわれるターボファンエンジンの開発に進んでゆくのである。また、ACEE計画ではATP（アドバンスド・ターボプロップ）の研究開発も行なわれ、先進的なプロペラやプロップファンの開発につながってゆく。

8.3 第4世代の民間エンジンの出現

(a) GE社CF6-80C2〔＊119〕〔＊120〕

　EEEの成果を受けて3次元翼形や改良された空気流路などが設計に反映されてCF6-80C2の最初のエンジンが1982年5月に運転された。1983年3月には量産形態での試験で推力61,000lb（27,670kgf）を達成している。1984年6月、エアバス社から提供されたA300でCF6-80C2の飛行試験が開始された。1985年中頃に型式証明を取得した。その年末にタイ航空がCF6-80C2を搭載した初めての機体、A300-600の運航を開始した。さらに、インド航空はCF6-80C2を搭載したA310-300の最初の客先となった。日本のANAはボーイング767-300にCF6-80C2を採用した。また、JALは長年GE社のエンジンを遠ざけてボーイング747にもJT9Dを使用してきたが、新規に導入したボーイング747-400（図8-1）にはCF6-80C2（図8-2）を使用することになったのに加え、ANAの747-200にもCF6-80C2が採用されるに至った。

　このエンジンは推力が52,500〜63,500lb（23,814〜28,804kgf）と幅が広く、エアバスA300-600やA310-200/300からボーイング767の各型式および航空自衛隊のE-767AWACS（早期警戒管制機）（図8-3）、KC-767J空中給油／輸送機や国産開発のXC-2次期輸送機に使用されているほか、MD-11などにも幅広く搭載使用されて

図8-1　ボーイング747-400
CF6-80C2を4発搭載。（東京国際空港＜羽田＞、2009年4月）

図8-3　ボーイングE-767（AWACS）
767-200ERを基にした早期警戒管制機（航空自衛隊でも使用）CF6-80C2を2発搭載。このエンジンは747政府専用機、KC-767給油機、および川崎XC-2次期輸送機にも搭載されている。（エアフェスタ浜松、2010年10月）

図8-2　GE社CF6-80C2エンジン
推力52,500〜63,500lb（23,814〜28,804kgf）、バイパス比5.3（最大）。（Courtesy of General Electric）

いる。推力に幅があるのでバイパス比も5～5.31、全体圧力比も27.1～31.8と幅を持っている。

　構成は直径93インチ（2.36m）の1段ファン＋4段の低圧圧縮機と、これを駆動する5段の低圧タービン、および14段の高圧圧縮機とこれを駆動する2段の高圧タービンからなっている。この世代のエンジンではファンはまだワイドコード化されておらず、スナバー（中間シュラウド）が付いていたのは興味深いことである。燃焼器は新しい低公害型となっている。また、高圧タービンには先進的な冷却技術が採用され、全体効率の向上および性能劣化防止に貢献している。

　CF6-80C2搭載のボーイング767は信頼性が高いことから180分のETOPS（長距離双発運航＝1発停止しても緊急着陸する空港まで、この場合、180分の洋上飛行を許す）の資格を得ている。

（b）PW2037／PW4000の開発[*121]

　EEEの成果を実際的にPW2037（第5章5.4（1）参照）に適用し、これを改良してJT9Dファミリーの経験に基づきPW4000が開発された。推力的にはJT9Dは60,000lb（27,220kgf）級にまで成長していたが、エンジンの寿命と信頼性を向上させ、燃料消費を少なくして運航費を削減する必要性が生じていた。PW4000を1989年にはJT9D-7R4と交代させるという計画で進められ、機体への搭載は換装が容易なようにJT9Dと共通化された。

　以下の①～⑦は、PW4000開発の要点である。

①燃料効率は圧縮機の空力特性の改善や強度の向上により回転数を27％増加すること、およびタービンの冷却空気を26％削減すること、電子コントロールを採用することで達成を図った。

②部品点数をJT9Dの半分に削減して整備費の25％低減を目標とした。

③低圧圧縮機にはPW2037にも使用された第2世代のディフュージョン制御翼を改良して採用し、これにより翼部品を9％削減することを目指した。ディフュージョン制御翼は通常の翼に比べて前縁および後縁の翼厚が厚く、細かい砂状粒子による侵食に強く、効率的な損失なしに高回転数まで運転できる利点がある。ファンとコア流とを分けるスプリッターを適切な位置にずらすことによりコアに流入する砂状粒子をJT9Dより12％減少させた上、低圧圧縮機4段目の後方に設けた穴から外部に排出するようにした。これによりさらに8％の砂状粒子を削減することを目標とした。

④高圧圧縮機および高圧タービンの回転数はJT9Dより27％高いが、これらの

ローターの直径を小さくすることで達成を図り、これにより高圧圧縮機の圧力比を10％増加しつつ翼部品点数を31％削減することを狙った。

⑤高圧圧縮機の翼端隙間は従来はケーシング側を冷却して縮めることで最小化していたが、PW4000ではローター側を熱して動翼を膨張することで翼端隙間を最小化するようにしてある。

⑥高圧タービンは高回転にしたことで翼部品をJT9Dより43％削減、部品点数でいうと55％削減を可能にした。高圧タービン動翼は3次元設計になっていて翼端からのリークを最小限にしている。

⑦低圧タービンにも3次元設計が適用してあり、翼部品が9％少ない。

　PW4000の最初の地上運転および高空試験装置による一連の試験を1984年5月までに完了し、1985年7月にはエアバスA300の片発（正規はCF6-50C）としてPW4000が搭載されて初の飛行試験が行なわれた。PW4000は当初56,000lb（25,400kgf）で型式証明を取得したが、その後、コアエンジンや製造方法や修理方法を極力共通にしながら以下のようにファン径を変えることで最大99,040lb（44,925kgf）までの広い推力範囲をカバーし、種々の機体に搭載されるに至った。PW4000搭載の双発機に対しては、180分のETOPSが認められている。

・PW4000-94インチ・ファン・エンジン〔＊122〕：ファン径は94インチ（2.39m）で推力範囲は52,000〜62,000lb（23,587〜28,123kgf）のバイパス比4.8〜5.0のエンジンである。全体圧力比は27.5〜32.3である。エンジン型式番号としては、PW4052〜PW4062とPW4152〜PW4162のシリーズがある。搭載機種としてはボーイング747-400、767-200/300、MD-11、A300-600、A310-300がある。

・PW4000-100インチ・ファン・エンジン〔＊122〕：ファン径は100インチ（2.54m）で推力範囲が64,500〜70,000lb（29,257〜31,752kgf）のバイパス比5.0のエンジンであり、全体圧力比は32.0〜35.4である。型式番号としては、PW4164〜PW4170がある。搭載機種はA300-200とA300-300である。

・PW4000-112インチ・ファン・エンジン〔＊122〕：ファン径は112インチ（2.85m）で推力範囲が74,000〜90,000lb（33,566

図8-4　P&W社PW4000-112ターボファン
推力74,000〜90,000lb（33,566〜40,824kgf）、バイパス比約7。
(Reprinted with the permission of United Technologies Corp., Pratt & Whitney division – all rights reserved)

〜40,824kgf）のバイパス比約7のエンジンである（図8-4）。全体圧力比は90,000
lbエンジンで38に増加してある。この型式になってから初めてファンがワイド
コード化されてスナバー（中間シュラウド）が削除された。型式番号としては、
PW4074、PW4084、PW4090がある。搭載機種はボーイング777-200/-200ER/-
300である。

（c）CFM56（初の推力10トン級での高バイパス比エンジン）の国際共同開発

●**開発の始まり**〔＊51〕〔＊36〕：1970年頃、フランスの国益会社スネクマ社ではフラン
スでも民間エンジンのビジネスに参加したいという意向で、M56という10トンエ
ンジンの検討を開始していた。GE、P&W、RR社という3大エンジンメーカーと
競争しながら、リスクをシェアしてリードしたいと考えて各社にアプローチした。
RR社とは「コンコルド」のエンジンを一緒にやったが、もはや関係は切れていた。
P&W社は約10%の株を持っていたが、JT8Dのリファンに熱心で、この共同開発
には興味を示さなかった。

　GE社はエアバスA300のCF6-50でスネクマ社にも満足していた。そしてGE社
はスネクマ社の欲しがっていたコアエンジンを持っていた。さらにスネクマ社は低
圧系の技術を持っていた。GE社ではF101のコアを用いたGE13というエンジンを
検討していた。M56にちょうど良いエンジンであった。GE社とスネクマ社は50：
50のシェアで共同開発を行なうことになり、GE社の民間ターボファンを意味する
CFという文字とスネクマ社のM56とを合せてCFM56という名称になった。62.5
インチのファンにF101のコアを使用することになった。F101の圧縮機は短いので、
コンパクトなエンジンになることが期待された。ジョイント・ベンチャーの会社名
はCFMインターナショナル（CFMI）となった。

　しかし、B-1爆撃機（図6-10）用のF101エンジン（図8-5）は、そのために開発さ
れた高い技術を持っていたことが問題と
なった。アメリカ国防省（DOD）は
エンジン技術がフランスを経てソ連に
漏れることを懸念しており、F101よ
り1世代前のCF6-50の技術に留める
べきだと主張していた。GE社対DOD
の交渉では解決できぬ問題となり、ア
メリカのニクソン大統領とフランスの
ポンピドー大統領との会談に持ち込ま

図8-5　GE社のF101
B-1可変翼爆撃機のために開発されたアフターバーナー
付きターボファンエンジン。推力30,000lb（13,608kgf）。
戦闘機用エンジンF110に発展したほか、コアエンジンは
CFM56などに転用された。(Courtesy of General Electric)

れた。資料検討や会談の結果、CFM56の米仏共同開発は承認された。ただし、GE社からのデータは両社のインターフェース部のみに限定し、コアエンジン内のデータは出してはならぬという条件が付けられた。GE社から試験のためスネクマ社に送られたエンジンは、特別の倉庫でGE社によって管理された。GE社とスネクマ社は同時に作業を開始し、1974年には最初のCFM56エンジンが試験されたが、アメリカ空軍の専門家が両社を常にモニターしていた。

　カーター大統領の時代に入ってF101搭載のB-1爆撃機の開発はキャンセルされ、F101のコアを使用していた両社は拠りどころを失ってしまった。予想外の開発費がかかることになり、プロジェクトを縮小する道もあったが、米仏両国の大統領によって承認されたプロジェクトを殺す訳にはいかなかった。このクラスのエンジンでは、当時高騰した燃料費の節約と差し迫った騒音対策において対応できるのは、このエンジンを置いて他にないので、必ず市場は開けるとの確信を持って開発は進められた。そして1982年、ボーイング707にCFM56を4発搭載して初の飛行試験が行なわれた。

●DC-8／KC-135Rへの搭載〔*36〕：最初の注文はユナイテッド航空のDC-8へのCFM56の換装であった。これがDC8-70シリーズ（図8-6）であり、CFM56のスタートであった。デルタ航空やフライングタイガー社もこれに追従し、110機がエンジン換装された。しかし、コストを下げるためさらに新しい市場が必要であった。新機種の開発に目が移っていたボーイング社はボーイング707にCFM56を換装することに消極的であった。一方、フランス政府は、フランス空軍のボーイング707／KC-135空中給油機の航続距離を延ばすため空軍に対してボーイングでの換装作業に必要な予算を与えた。DC-8-70とフランスのKC-135での燃料節減の効果を知って米空軍もKC-135のエンジン（J57を4発搭載）をCFM56-2（軍用名F108）に換装することになった。これがKC-135Rである（図8-7）。300機以上がエンジン換装さ

図8-6　マクダネル・ダグラスDC8-71
CFM56エンジンが最初に注文を受けた機種。
（ロサンゼルス空港、1985年9月）

図8-7　ボーイングKC-135R空中給油機
エンジンをP&W社J57からCFM56（F108）に換装して航続距離の延長と低騒音化を図った。これでCFM56の開発が損益分岐点に達した。
（エアタトゥー＜RIAT＞、2009年7月）

れ、開発も損益分岐点に到達した。

・**CFM56-2**〔＊123〕：推力22,000〜24,000lb（9,979〜10,886kgf）、ファン径68.3インチ（1.73m）、バイパス比5.9〜6.0、全体圧力比30.5〜31.3

●**ボーイング737への搭載**〔＊30〕：CFM56の真の始まりはボーイングが第2世代のボーイング737（737-300シリーズ）の開発を開始してからであるといっても過言ではない。新しい737は1980年代の運航を目標に21%経済的でありながら70%の部品を737-200と共通化するという計画で進められた。CFMIでは1978年にCFM56ジュニアと称して、ファン径55インチで推力18,500lb（8,165kgf）および60インチで20,000lb（9,072kgf）のエンジンの検討を開始していた。737ではエンジンと地上との隙間が少ないのが課題であった。エンジンの底部にあった補機類は横に移動し、底が平らなエンジンとし、エンジンインテークもにぎり飯状に底をつぶして翼に極力近づけて角度を持たせるようにした。これが737-300（122／149席）用のCFM56-3である。1981年にキックオフしてUSエアやサウスウェスト航空に採用された。

・**CFM56-3**〔＊123〕：推力18,500〜22,000lb（8,392〜9,980kgf）、ファン径60インチ（1.52m）、バイパス比4.9〜5.0、全体圧力比17.5〜30.6

●**エアバスA320への搭載**〔＊30〕：エアバスもボーイング737-300に匹敵する機体の計画を持っていた。燃料消費を7〜10%低減した推力23,000〜25,000lb（10,433〜11,340kgf）のエンジンを要求された。エアバスはエンジンの1社独占を嫌い、CFM56-5-A1とIAE社のV2500との競合となった。A320は1984年にローンチした。1990年には26,500lb（11,340kgf）の-5AでA320（図8-8）の、その2年後には30,000lb（13,608kgf）の-5BでA321（185席）の型式証明を取得した。

・**CFM56-5A**〔＊123〕：推力22,000〜26,500lb（9,980〜12,020kgf）、ファン径68.3インチ（1.73m）、バイパス比6〜6.2、全体圧力比31.3

図8-8　CFM56搭載のエアバスA320
（羽田空港、2004年12月）

図8-9　CFM56-5Bターボファン
エアバスA321に2発搭載。（Courtesy of Snecma）

・CFM56-5B〔＊123〕：推力22,000〜33,000lb（9,980〜14,970kgf）、ファン径68.3イ
ンチ（1.73m）、バイパス比5.4〜5.9、全体圧力比32.6〜34.4（図8-9）

●**エアバスA340への搭載**〔＊30〕：エアバスのTA11プロジェクトがA340に進んだ。
1986年、IAE社はV2500に直径2.72mのダクテッドファンを付けた推力30,000〜
35,000lbの「スーパーファン」というエンジンを提案した。このエンジンにより燃
料消費率（SFC）が15〜20％低減できるとしていた。しかし、「スーパーファン」は
A340の日程に間に合わないのではないかという噂が流れ、エンジン形態にも不具
合のあることが明らかになり、エアバスはゴー信号を出さないでいた。そのうち
IAE社は技術的なリスクが大きいとして自らこの案を放棄してしまった。

　そこで困っているエアバスを助けるためCFMI社は推力30,000lb（13,608kgf）の
CFM56-5Cを提案した。このエンジンは-5Aを基にして同じファン径を持ったエ
ンジンでSFCが3％低減できた。最終的には推力34,000lb（15,422kgf）で直径72.3
インチのファンを持つエンジンとなった。CFM56-5Cを4発搭載したA340（図
8-10）は1993年には商用運航に入ることができた。

・CFM56-5C〔＊123〕：推力31,200〜34,000lb（14,512〜15,422kgf）、ファン径72.3
インチ（1.84m）、バイパス比6.4〜6.6、全体圧力比38.3〜39.2

●**ボーイング737NG等への発展**〔＊30〕：1993年、ボーイング社は第3世代のボーイ
ング737のローンチを決定した。これが737NGと称される737-600/-700/-800（110
席／126席／162席）（図8-11）である。後にエアバスA321に対抗して737-900（215席）
も追加された。737NGにはCFM56-7B（図8-12）が搭載された。

**図8-10　CFM56-5C（推力34,000lb）を4発搭載したエア
バスA340-300**（パリ航空ショー、2000年7月）

図8-12　CFM56-7ターボファン
ボーイング737NG（-600/-700/-800等）に2発
搭載。ファンがワイドコード化されている。
（Courtesy of Snecma）

**図8-11　CFM56-7C（推力18,500〜27,300
lb）を搭載したボーイング737-800**
（羽田空港、2010年5月）

・CFM56-7B〔＊123〕：推力18,500〜27,300lb（8,392〜12,383kgf）、ファン径61インチ（1.55m）、バイパス比5.1〜5.5、全体圧力比32.7、-7Bからスナバー（中間シュラウド）のないワイドコードなファンブレードが使用されるようになった。

　CFMI社では将来のエンジンの大きな変化を予測し、1990年にTECH56という先進エンジンのプロジェクトを開始した。2005年になり、より高い目標を掲げてLEAP56（LEAP＝リーディング・エッジ・アビエーション・プロパルジョン＝前縁的航空推進装置）のプロジェクトを立ち上げた。それがLEAP-Xに発展してA320NEOや737MAXに採用されることになる。詳細は11章11.1および11.2を参照されたい。

　CFM56の開発は10トン級の高バイパス比エンジンを搭載した150席級の旅客機（ボーイング737、エアバスA320）の発達を促し、大きな市場を形成することに寄与した。また、米仏の国際共同開発の成功はその後のエンジン開発において国際共同開発を定着させる流れを作ったといえる。

(d)　日本のFJR710からIAE社V2500への道
●FJR710の開発：日本でも航空宇宙技術研究所（NAL）でファンの要素研究が行なわれ、また、防衛庁第3研究所ではTF1002（T64エンジンにファンを装着した日本初の高バイパス比エンジンで推力2トン、バイパス比5.8）の試作・試験が行なわれるなどターボファンの研究が進められてきた。1966年、通産省工業技術院に大型工業技術開発制度（大型プロジェクト）が設けられ、推力5t級のターボファンエンジンFJR710（図8-13）の研究開発が1971年に開始された。これが日本で国内開発された初の民間航空エンジンとなった。

　日本の航空エンジンメーカーであるIHI（石川島播磨重工業）、KHI（川崎重工業）、MHI（三菱重工業）で構成される航空機用ジェットエンジン技術研究組合とNALの協力によって1975年度までの第1期には、FJR710/10（推力4.5トン）3台とFJR710/20（推力5トン）3台が試作され、次に続く5年間の第2期にはFJR710/600（推力5.1トン）が3台試作された。これらのエンジンは性能試験、機能試験、耐久性試験、環境試験などの各種試験に供試され、所期の性能等が確認された。

　1977年にはイギリスの国立ガスタービン研究所（NGTE）で高空試験（ATF）が実施された。持参した予備エンジンを開梱するまでもなく順調に試験が完了したため、現地では日本の技術が高く評価された。折からNALが計画していた低騒音STOL（短距離離着陸）実験機「飛鳥」に搭載が決まり、FJR710/600を基に機体搭載用に改

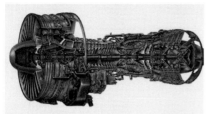

図8-13 航技研／航空機用ジェットエンジン研究組合FJR710ターボファンエンジン
STOL実験機「飛鳥」に4発搭載。RJ500やV2500の開発に結び付いた。(IHI提供)

図8-14 航技研STOL実験機「飛鳥」
C-1輸送機を改造してFJR710-600を4発搭載してSTOL実験機としたもの。(岐阜基地航空祭、1988年7月31日)

良したFJR710/600S(推力4.8トン)6台が製作された。飛行に先立ち、耐空性審査要領等に準拠して各種の試験が行なわれた。1983〜84年にはC-1輸送機(JT8Dを2発搭載)の主翼にFJR700を懸架し、機内で各種計測ができるように改造したフライング・テストベッド(FTB)で飛行試験が行なわれ、空中での機能や性能が確認された。

STOL実験機「飛鳥」(図8-14)はC-1輸送機を改造した機体であり、主翼上に4台のFJR700/600SエンジンがUSB(Upper Surface Blowing)形態で搭載された。1985年10月に「飛鳥」の初飛行が岐阜基地で行なわれた。その後4年余にわたって岐阜を中心に「飛鳥」の飛行試験が繰り返された。FJR710/600Sエンジンの搭載運用時間は約1,600時間に達した。「飛鳥」は実用化には至らなかったが、短距離離着陸機の一形態であるUSBの技術が実証できたことに加え、エンジンとしても日本初の純粋な民間ターボファンとして運用試験が行なわれたことでターボファンエンジンに関する多くの技術を学ぶことができた。

●XJB(RJ500)計画への参加〔＊124〕：この成果を見ていたRR社から100〜120席級向けのRJ500ターボファンエンジンの共同開発が提案された。RR-JAEL(IHI＝石川島播磨重工業、KHI＝川崎重工業、MHI＝三菱重工業)が設立され、RR社とシェア50：50の共同開発に参加することになった。1980年、国の補助事業としてXJB計画が開始された。1981年にはRJ500-01D4の2台の試作が進み、1982年2月に完成した。1台目はイギリスのブリストル社で、2台目は日本のIHIで運転試験が行なわれた。20,000lb(9,072kgf)の目標を6%上回る推力を得た。

●V2500の国際共同開発に参加〔＊124〕：しかし、世界の旅客機の動向はより大型の130〜150席に移行しつつあり、エンジン推力も増大して先進技術も導入する必要が生じてきた。GE社やP&W社からも働きかけがあった。P&W社は折からドイツのMTU社とイタリアのフィアット社とJT10D(推力17トン)を進めており、別

に派生型として10トンエンジンのグループを編成することも検討していた。RR-JAELは新規開発のP&Wグループを採用することになり、1983年3月、日本とイギリスに加えてアメリカ、ドイツ、イタリアも参加した5ヵ国（JAEC＋RR＋P&W＋MTU＋フィアット）によるV2500エンジンの国際共同開発を行なうことになった（JAECについては後述）。

　1983年3月に5ヵ国共同事業契約に調印、1983年12月に共同開発の母体、合弁会社IAE社が設立された。1983年3月に各国政府の承認が得られて共同事業契約書が発効し、1984年4月に国内共同事業基本協定が成立し、共同開発がスタートした。日本はIHI、KHI、MHIのエンジン3社により設立されたJAEC（日本航空機エンジン協会）が開発主体となった。V2500のVは5ヵ国を表すVに、また、2500は推力25,000lb（11,340kgf）にちなんでいるとされている。担当部位としては、JAECがファンと低圧圧縮機、RR社が高圧圧縮機、P&W社が燃焼器と高圧タービン、MTU社が低圧タービン、フィアット社（後日、IAE社を脱退してRR社等の下請けになる）がギアボックスと排気フレームを担当した。

　1985年12月に試作初号機の運転が開始され、1988年6月にはV2500-A1のFAAの型式証明を取得した。1984年にエアバスA320への搭載が決まり、1988年7月にはA320による飛行試験が始まった。1989年4月にはフランス政府とJAA（欧州合同航空局）からA320の型式証明を取得、同年5月にはアドリア航空での商業運航が開始された。同年7月、A320に対してアメリカFAAから型式証明が与えられた。1988年3月には競合エンジンであるCFM56搭載のA320がエアラインに納入されて約1年早く商業運航に入っていた。

●**派生型V2500の開発**〔＊124〕〔＊125〕：エアバス社では150席のA320の胴体長を約6.9mストレッチした186席機の計画を進めていたが、1989年11月、これをA321として開発することが決まった。1990年3月にルフトハンザ航空がV2500搭載のA321を採用することが決まったことからIAE社もV2500の派生型、V2500-A5（推力13.5トン）（図8-15）の開発に踏み切った。さらに共用性を高めるためA320にも-A5の推力を12トンに下げて使用することになった。

**図8-15　IAE（5ヵ国共同開発）V2500-A5
ターボファンエンジン（推力13.5トン）**
エアバスA320/321および横積み型のV2500-D5としてマクダネル・ダグラスMD-90に搭載。（IHI提供）

図8-16 V2500-A5を搭載したエアバスA321
ナセルのファンカウルの長さが図8-8のCFM56搭載の
A320より長いことに注目。(羽田空港、2005年4月)

**図8-17 V2500-D5を搭載したマクダネル・ダグ
ラスMD-90** JASがJALと合併前の塗装(レインボーカ
ラー)の時代。(関西空港、2000年12月)

　一方、マクダネル・ダグラス社は147席のMD-88(JT8D-217Cを2発搭載)の胴
体を前方に1.4m延長して158席とし、エンジンとしてV2500を独占的に搭載した
MD-90-30の発注をデルタ航空から受けて1989年11月に開発を開始した。この機
体にはV2500-A5の定格推力を11.3トンまたは12.7トンに低減させて使用するこ
ととし、サイドマウント(横積み)ができるように改良したV2500-D5として開発
することになり、-A5と-D5の開発を同時平行的に進めた。推力を-A1から20%
増加して-A5にするためにコア側の空気流量を22%増加することが必要とされた。
色々な制約からJAEC担当の低圧圧縮機の段数を1段追加して4段として対応する
ことになった。その他は-A1との共用性を活かして開発が進められた。-A5は1991
年5月に、-D5は1992年3月に地上運転が開始された。そして予定より早く1992年
11月には-A5と-D5が同日にFAAの型式証明を取得するという偉業をなし遂げた。
　V2500-A5搭載のエアバスA321(図8-16)は1993年12月にJAAの型式証明を取
得し、1994年3月からルフトハンザでの商業運航が始まった。1994年末以降、エア
バス用のV2500エンジンは全て-A5に置き換わった。
　V2500-D5搭載のマクダネル・ダグラスMD-90-30(図8-17)は1994年11月に型
式証明を取得し、1995年4月からデルタ航空で商業運航に入った。1997年8月、マ
クダネル・ダグラス社はボーイング社に吸収合併されMD-90の生産は中止となっ
たのでV2500-D5エンジンも1999年に生産は中止された。
　エアバス社ではA320の胴体を縮めて124席級としたA319の開発を決定し、
V2500も推力22,000lb(9,979kgf)に減少させたV2522-A5を開発した。このエン
ジンを搭載したA319は1996年12月に型式証明を得て、1997年6月からユナイテッ
ド航空で商業運航に入った。さらにエアバス社では長距離型のA321-200を開発し
たのに対してIAE社は推力33,000lb(14,969kgf)のV2533-A5を開発し、このエン
ジンを搭載したA321-200が1997年3月に型式証明を取得してエジプト航空で商
業運航に入った。

CFM56に対する競争力維持のため、燃費1%改善した上、主に高圧系部品の耐久性、信頼性向上によって計画外取り卸し率の低減を図り、CAEP6の新環境基準を満足したエンジン、V2500SelectOneを開発し、2007年12月に型式証明を取得した。SelectOne搭載機の型式証明も取得でき、2008年から本格的に市場に導入され始めた。IAE社におけるV2500は2010年1月に-A5の生産を終了し、全てV2500SelectOneの生産に統一された。

・**V2500-A1**：推力25,000lb（11,340kgf）、バイパス比5.4、ファン径63.0インチ（1.6m）、全体圧力比29.7、構成；ファン1段（中空のワイドコードファン＝スナバーなし）、低圧圧縮機3段、高圧圧縮機10段、アニュラー式燃焼器（二重壁セグメント構造）、高圧タービン2段、低圧タービン5段

・**V2500-A5**：推力最大33,000lb（14,970kgf）、バイパス比4.5、ファン径63.5インチ（1.61m）、全体圧力比33.4、構成；低圧圧縮機が4段になった以外は-A1と同じ。

・**V2500-D5**：推力最大28,000lb（12,700kgf）、バイパス比4.7、ファン径63.5インチ（1.61m）、全体圧力比30.0、構成；胴体横付け方式であること以外-A5と同じ。

　余談だが、日本でもCFM56搭載のA320（ANAで25機）とV2500搭載のA321（ANAで7機）およびV2500-D5搭載のMD90（JAS後にJALで16機）の3機種が揃って見られた時期（1998〜2008年頃）もあったが、最後にMD-90も2013年に退役すると、国内の航空会社としては、2012年に新規参入したジェットスター・ジャパンのA320にV2500エンジンを見ることができる程度である。

(e) GE90、世界最大のターボファンエンジンの出現〔＊51〕〔＊126〕

　GE社が1990年頃に市場調査を行なった結果、21世紀に向けて大型長距離旅客機は従来の3〜4発から双発に移行する動向が見えてきた。双発にするにはエンジンの推力を75,000lb（34,020kgf）級に増加する必要があった。ファンを駆動する力も大きくなるため低圧タービンとファンとを結ぶシャフトは太くせねばならなかった。CF6を発展させて使うことも考えたが、太いシャフトを通すためのトンネルの径が小さすぎた。ギアドファンにする選択肢もあったが、GE社としてはこれを好まなかった。また高圧圧縮機の圧力比も20程度に上げる必要があり、このため段数を増加するとエンジンの長さが長くなってしまうという問題があり、CF6では限界のあることが分かった。そこで新規に大型のエンジンを開発することになったのである。一方、ファンも重量が増加するのでこれをいかに軽くするかということも課題であった。GE社にはアンダクテッドファン（UDF）で複合材製（グラファイト）の軽いファンブレードを使用した実績があったので、この技術を使うことに

なった。1990年GE社はこのエンジンをGE90として新規開発することを表明した。

　ボーイング社は双発機の777の開発を開始した。777の最初の型式は70,000lb（31,750kgf）級のCF6の派生型で良かったが、100,000lb（45,360kgf）級へのポテンシャルを持たせるには相当の改良が必要であった。RR社もP&W社も新規開発には踏み切らなかった。英国航空がGE90搭載の777を採用することになり、GE90の本格的な開発がスタートした。GE90の開発にはスネクマ社が24%のシェアで参加したほか、MTU社（後に脱退）、フィアット社および日本のIHI（9%）が参加した。高圧圧縮機は前述のE³（イーキューブド）からスケールアップして9段で圧力比20以上を達成した。グラファイト製のファンブレードは疲労には強いが、鳥打ち込み試験に耐えるためブレード前縁にはチタニウム製のストリップが取り付けられた。コアエンジンの試験が1993年3月に開始され、フルエンジン試験も13日後に始まった。4月には105,400lb（47,810kgf）という記録的な高推力に到達した。

　GE90はスネクマ社のビラロッシュで運転されたのに続いて1994年5月にはIHIの瑞穂で運転が始まった。FTB（フライング・テストベッド）による飛行試験を経て、最初の型式である推力84,700lb（38,420kgf）のGE90-85Bは1995年2月にFAAの型式証明を取得、76,000lb（34,473kgf）（GE90-76B）まで定格を下げてブリティッシュ・エアウェイズ（BA）のボーイング777-200で運航に入った。推力92,000lb（41,731kgf）のGE90-92Bは1996年7月に型式証明を取得した。これを90,000lb（40,824kgf）まで定格を下げて777-200IGW（総重量増加型）の飛行試験が開始された。1996年10月GE90搭載の777に180分ETOPSが認証されてブリティッシュエアで実運航に入った。

　推力94,000lb（42,638kgf）のGE90-94Bは高圧圧縮機に3次元設計を取り入れるなどして開発され、2000年4月にFAAの型式証明を取得し、777-200ERに搭載され、エールフランス航空で同年11月に商用運航に入った。

　ボーイング777の場合、GE90-76〜GE90-94Bの推力範囲ではRR社「トレント884」〜「トレント895」およびP&W社のPW4077〜PW4090の3機種の中から任意のエンジンを選定することができたが、推力が115,000lb（52,164kgf）と最も大きいクラスでは開発費の軽減からGE90-115B（図8-18）が長距離型の777-300ER（図8-19）およびGE90-110Bが長距離型777-200LRと777貨物機に独占的に採用された。777-300ERが商用運航に入ったのは2004年4月であった。GE90-115Bは2001年11月のピーブル野外運転場で試験を行なった際、122,965lb（55,777kgf）の推力を記録し、ジェットエンジンで最もパワーのあるエンジンとしてギネスブックにも登録された。さらに2002年末、GE90-115Bは最終の型式証明試験の最中に127,900lb

図8-19　GE90を搭載したボーイング777-300ER
（成田空港、2011年9月）

図8-18　GE90-115B 世界最大のターボファンエンジン（推力115,000lb＝52,164kgf）。長距離型のボーイング777-300ER等に独占的に搭載。(courtesy of General Electric)

（58,015kgf）の推力を発生し、上記の記録を破ったのである。

　GE90エンジンの構成は次のようになっている。GE90-76Bから-94Bまでは直径123インチ（3.12m）のファン1段、低圧圧縮機3段、高圧圧縮機10段で全体圧力比40となっているが、GE90-110/115Bでは3次元設計の直径128インチ（3.25m）のワイドコードファンを採用し、低圧圧縮機を4段に増加、高圧圧縮機を9段に減らして全体圧力比42を達成している。高圧タービンは2段、低圧タービンは6段であることはすべての型式に共通であるが、-115Bでは3次元設計など、最新技術が採用されている。燃焼器は二重アニュラー方式で、排ガス発生が少ない。

(f)　RR社「トレント」エンジンの開発、世界最大の旅客機の出現〔＊131〕〔＊132〕

　1988年頃、ボーイング777やエアバスA330のようなETOPS能力を持った大型双発旅客機の需要が高まる傾向がみられ、RR社もこれに対応して動き出した。膨大な開発費を避けるため実績のあるコアエンジンをベースに開発を進めることになり、RB211エンジンの3軸方式を踏襲して「トレント」という呼称を与えた。「トレント」の開発にあたってはイギリス政府から相当額の開発投資を得た。

　その後、エアバスA380用の「トレント900」、ボーイング787用の「トレント1000」、エアバスA350用の「トレントXWB」など、用途を拡張している。

■トレント700

　1980年末期頃、エアバスA330用に「トレント600」が提案されていたが、A330の重量が増加したことからエンジン側も推力を増強する必要があり、「トレント700」としての開発が始まった。1990年7月、の「トレント」シリーズのエンジンとして初めて「トレント700」の運転が開始された。1994年1月に推力67,500lb（30,618kgf）で型式証明を取得した。「トレント700」搭載のA330は1995年3月キャ

セイ・パシフィックにより採用された。1996年5月には最終的に180分のETOPS
が認められた。運用推力の最大は72,000lb（32,659kgf）であるが、圧力的、温度的
に75,000lb（34,020kgf）までの能力を持っている。

　ファン径は97.4インチ（2.47m）で、バイパス比は5.0である。ブレードは第2世
代のワイドコードファンであり、ディフュージョンボンディングと超塑性加工で製
造されている。エンジン構成は3軸式であり、中圧圧縮機は8段、高圧圧縮機は6
段、単純アニュラー式燃焼器、高圧タービンと中圧タービンはそれぞれ1段、低圧
タービンは4段となっている。全体圧力比は35である。

■トレント800

　1990年までにボーイング社はエンジン推力80,000lb（36,288kgf）以上を必要とす
る777の開発を決定した。ファン径97.4インチの「トレント700」では力不足だっ
たことからファン径を110インチ（2.80m）に増加した「トレント800」を開発する
ことになった。バイパス比は最大6.2となる。1993年9月に運転が開始され、1995
年1月に型式証明を取得した。「トレント800」搭載の777は1995年5月に初飛行し、
1996年3月タイ航空によって商業運航に入った。

　エンジン構成は低圧タービンの段数が5段に増加したこと以外は「トレント700」
と同じである。このエンジンの推力は75,000lb（34,020kgf）〜95,000lb（43,092kgf）
と幅を持たせてあるが、777の長距離型には搭載されておらず、GE90-115Bに席を
譲っている。

■トレント500

　4発のエアバスA340-200/-300には「トレント」が入手できる前にはCFM56（推
力34,000lb）が搭載されていたが、このエンジンでは新型のA340-500/-600には推
力不足のため、代替エンジンをGE社およびP&W社と競争した結果、1997年6月、
RR社の「トレント500」が独占的に採用されることになった。1999年5月に初運
転の後、2000年12月に型式証明を取得した。2002年7月にバージンアトランティッ
クのA340-600が、また、2003年12月にエミレーツ航空の超長距離型のA340-500
が商業運航に入った。ファン径は「トレント700」と同じの97.4インチで、バイパ
ス比は7.6である。推力は56,000lb（25,402kgf）である。エンジン構成は「トレント
800」と同じである。

　なお、「トレント500」搭載のA340-600（図8-20）は全長が75.3mもあり、長さ
ではボーイング747-8F（76.3m）が出現するまでは777-300やA380を上回って世
界最長の旅客機であった。また、A340-500は全長は少し短いが、航続距離が最大
16,050kmと世界トップクラスであるが、双発機でも同等以上の航続距離を持つボー

**図8-20 CFM56から「トレント500」エンジンに
換装して長距離化を図ったA340-600**

全長は75.3mもあり、長さではボーイング747-8F(76.3m)が
出現するまでは、777-30やA380よりも長く、世界最長を誇っ
ていた。「トレント500」搭載のA340-500は航続距離が世界
トップ級。しかし、双発化したA330(「トレント700」搭載)の
方が売れ行きが良い。(パリ航空ショー、2005年6月)

**図8-21 「トレント900」を搭載したエアバス
A380の初公開飛行の様子**

(パリ航空ショー、2005年6月)

イング777のような機種が現れ、競争が厳しくなった。

■トレント900

　エアバス社が1990年代初めにボーイング747に代わる大型旅客機A380の開発を
開始した。これに対してRR社は「トレント900」を開発して対応することになった。
「トレント900」は2004年5月にエアバスA340-300の左内側のCFM56と取り換
えて初めて飛行試験が行なわれた。推力としては、70k、72k、76kおよび80klbの4
段階で型式証明を取得しているが、A380に対して型式証明を取得したのは70kお
よび72klbの2型式のみであり、他は将来の高推力の要求に対応できるようにした
ものである。ファン径は116インチ(2.94m)と大きくなり、バイパス比も8.7とさ
らに大きくなっているが、同サイズのエンジンでより大きな推力を出し、かつ、重
量的に15%も軽量な後退角付きのワイドコードファンを採用している。また、こ
の型式の大きな特徴は高圧軸が低圧軸と逆方向に回転することである。全体圧力比
は39である。エンジン構成は「トレント800」と同じで、中圧圧縮機8段、高圧圧
縮機6段、高圧タービン／中圧タービン各1段、低圧タービン5段である。「トレ
ント970」を4発搭載したA380(図8-21)は2005年4月に初飛行を行ない、2007年
10月にシンガポール航空で商業運航に入った。総2階建て、標準座席数(3クラス)
555席の世界最大の旅客機の登場である。

　なお、A380の搭載エンジンで競合機種はエンジン・アライアンス社(GE社と
P&W社の合弁会社)のGP7200(初飛行2006年8月)である。

■トレント1000

　2004年4月、ボーイング社は787「ドリームライナー」のエンジンメーカーとし
てRR社とGE社を選定した。RR社が提案したのが「トレント1000」(図8-22)である。
このエンジンは「トレント8104」実証エンジンから発展したもので、ボーイング

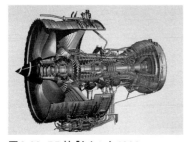

図8-22　RR社「トレント1000」
推力62,264〜77,826lb（28,243〜35,302kgf）
ボーイング787に搭載。(Courtesy of Rolls-Royce)

**図8-23　RR社「トレント1000」を搭載したボーイング787
「ドリームライナー」**
世界に先駆けて日本で初就航した。
（大阪伊丹スカイパーク、2012年2月）

社の要求で「モア・エレクトリック」エンジンとなっており、「抽気（ほとんど）なし」の設計となっている。発電機など機体側補機を駆動する動力の需要が増加するが、その動力を従来のエンジンでは高圧軸から抽出していたのに対し、「トレント1000」では中圧軸から抽出するようになっている。また、中圧軸と高圧軸は互いに反対方向に回転していて効率が高く、全体圧力比は最大で52という高い値を達成している。ファン径は112インチ（2.85m）でバイパス比は11という大きな値となっている。

　エンジン構成は低圧タービンが6段に増加した以外は「トレント800」と同じである。「トレント1000」は2006年2月に初の地上運転を行ない、2007年6月にボーイング747フライング・テストベッドによる飛行試験を開始した。2007年8月に推力62,264〜77,826lb（28,243〜35,302kgf）の間の7段階について型式証明を取得した。2011年11月、「トレント1000」搭載の787（図8-23）をもってANAが世界で初めて787を国内の定期航空路線に就航させたのに続いて2012年1月には国際線にも就航している。なお、競合エンジンであるGEnxを搭載した787はJALが2012年4月から国際線に就航させている。

■ トレントXWB〔*133〕

　ボーイング787に対抗してエアバスがA330をベースとした機体を計画していたが、2006年7月、市場の要求から胴体径を787より少し太くした旅客機A350XWB（エクストラ・ワイド・ボディ）を新規に開発することを発表した。これに対してRR社は「トレントXWB」を開発することになった。推力範囲はA350-800用の75,000lb（34,020kgf）、A350-900用の84,000lb（38,102kgf）およびA350-1000用の93,000lb（42,185kgf）の3種類が計画された。ファン径は118インチ（3m）と「トレント」エンジンの中で最大となっている。翼枚数は22枚で厚さを増した中空ブレードを高速回転させている。バイパス比は9.3と計画された。

最初のエンジンの地上試験は2010年6月に完了した。2012年2月にA380をフライング・テストベッドとして飛行試験が開始された。2012年7月に量産先行型の製造が開始された。

(g) GP7200の共同開発 [*36] [*127]

　折からエアバスでは4発の大型長距離旅客機A380の開発が計画された。エンジン推力はボーイング777よりも低い75,000lb級のエンジンが必要であり、RR社が「トレント800」をベースに「トレント900」で対応した。GE社としてはGE90をスケールダウンして対応するのは不適当だと判断し、開発費の節減も考慮して1996年8月、P&W社と50:50のジョイント・ベンチャー会社「エンジン・アライアンス(EA)」を設立し、GP7200として開発することになった。

　2001年5月にGP 7200の開発が始まり、2004年4月に初の地上運転が行なわれた。2004年12月に飛行試験が開始され、2006年1月に型式証明を取得した。2006年8月にGP7200(図8-24)を搭載したA380(図8-25)の初飛行が行なわれた。なお、「トレント900」搭載のA380の初飛行は2005年4月末であった。GP7200搭載のA380は2007年12月に型式証明を取得し、2008年8月にエミレーツ航空で商用運航に入った。

　GP7200はGE90におけるコア技術およびPW4000におけるP&W社の低圧系の技術を統合してそれに最先端技術を取り入れて開発されたエンジンである。ファンはPW4084をベースとした直径116インチ(2.98m)の3次元設計の後退角付きのワイドコード中空チタニウム製のブレードが使用されている。バイパス比は8.7、全体圧力比36である。低圧圧縮機は5段でPW4084をベースとした3次元設計のものである。高圧圧縮機は9段でGE90をベースとして3D設計になっている。燃焼

図8-24　GE／P&W社の合弁会社エンジン・アライアンス(EA)社が開発したGP7200推力75,000lb(34,020kgf)級 [*153]
(Courtesy of Engine Alliance)

図8-25　EA社GP7200を搭載したエアバスA380
エンジンポッドのEAというロゴマークに注目。
(ソウル航空ショー、2009年10月)

器はCF6やCFM56をベースとした単純アニュラー式である。高圧タービンは2段でGE90をベースとした3D設計のもの、低圧タービンは6段でPW4000をベースとした3D設計のものである。燃料消費をそれまでのエンジンより8～9％低減することが期待されている。

(h) GEnxへの発展（第5世代のエンジン）[*128][*129]

GEnxエンジンは客先の環境対応と運用効率の向上のために最新でコスト効率の良い技術を開発しようというGE社の事業戦略である「エコマジネーション」の一部として開発されたエンジンである。このエンジンに採用されている技術の信頼性はGE90の15年以上の実績に基づき、証明されている。また、進行中の他のエンジンの研究開発で培われた軽量・高信頼性複合材、特殊コーティング、先進的なきれいな燃焼器および整備不要のファンモジュールなどが採用されている。GE90の構造様式をベースとした第5世代の設計といえる。

GEnx（図8-26）にはボーイング787向けのGEnx-1B（競合エンジンはRR社「トレント1000」）とボーイング747-8F/I向けのGEnx-2Bの2種類がある。

GEnx-1Bは推力が53,200～74,100lb（24,132～33,611kgf）でファン径が111インチ（2.82m）バイパス比9.6、全体圧力比43.5（離陸時）である。搭載機ボーイング787は機内空調などに抽気空気よりも電力を多用するという新しい概念の機体なので、-1Bエンジンの抽気量は「抽気なし」といわれるほど少なくなっている。JALのボーイング787にはこのエンジンが搭載されている。

GEnx-2Bは推力が66,500lb（30,164kgf）でファン径は-1Bより小さく105インチ（2.66m）でバイパス比も8.0と小さくなっている。全体圧力比44.7（離陸時）である。747-8F/I搭載用の-2Bの抽気量は通常機並みである。

GEnxは燃料消費率（すなわちCO_2）が従来機より15％低く、NOx排出量も燃焼器が二重アニュラー予混合旋回（TAPS）方式になっているため56％も少ないとされている。

このエンジンのファン動翼およびファンケースの両方ともカーボンファイバー複合材で造られた初めてのエンジンである。ファン動翼は後退角付きで高流量で

図8-26　GEnxエンジン
787用のGEnx-1B、推力53,200～74,100lb（24,132～33,611kgf）と747-8F用のGEnx-2B、推力66,500lb（30,164kgf）の2種類がある。
(Courtesy of General Electric)

あり、次世代3次元設計のスナバーのないワイドコードのものである。動翼の枚数もGE 90の22枚に比較して18枚に減少させている。これに加えて複合材製のファンケースはケブラーを巻く必要もなく、ファン動翼飛散時のコンテインメントの要求に耐えうるようになっており、軽量化にも大きく寄与している。ファンの先端速度を低くしてあるので、騒音レベルも従来機より30％も静かである。また、異物吸入によりコアエンジンに損傷を生じないように、異物を遠心力で弾き飛ばしたり、吸い出したりする工夫が取り入れられている。

　低圧圧縮機は-1Bが4段であるのに対して-2Bは3段で済ませている。同様に低圧タービンも-1Bが7段にあるのに対して-2Bでは6段になっている。

　高圧圧縮機は10段で共通である。高圧タービンも両型式とも2段である。GEnxの構造上の大きな特徴はファンなどの低圧系は反時計回り、高圧圧縮機などの高圧系は時計回りというように互いに逆方向に回転していることである。これによって高圧タービン2段目の動翼枚数を10％、低圧タービン第1段ノズルの枚数を15％削減できたとしている〔*130〕。また低圧タービンにはチタンアルミナイド合金製の高揚力ブレードを使用しており、1段当たり枚数を35％削減できたとしている。

　787用のGEnx-1Bは2006年3月に初回運転を開始し、その2日目には推力80,500lb（36,515kgf）に到達した。2008年3月に型式証明取得、2010年6月に787に搭載されて初飛行を行なった。なお、「トレント1000」搭載の787の初飛行は2009年12月であった。GEnx搭載の787は日本ではJALが2012年4月から成田〜ボストン間などの国際線に就航させている。

　787はGEnxまたは「トレント1000」搭載いずれの場合もエンジンの高バイパス比、高性能化に加え、機体に複合材を多用するなど軽量化を図り、総合的に燃料消費が従来機より約20％も少なくなっている。そのため、250席級の中型機でありながら400席級の大型機並みの航続距離があり、これまでは大型機では経済的に成立しなかった乗客数の少ない中小都市への国際線運航が可能になった。

　747-8F/I用のGEnx-2Bは2007年2月に初回運転を行ない、2010年2月に747-8F

図8-27　GEnx-2Bを搭載したボーイング747-8F
（関西空港、2012年11月）

貨物機（図8-27）に搭載されて初飛行を行なった。型式証明は2010年7月に取得し、2011年10月にカーゴラクス社で運航に入っている。また、国際線旅客機747-8Iは2012年6月にルフトハンザで商業運航に入った。

　747-8F/Iはすでに製造の終った747-

400に代わる新世代の747であり、胴体が6mほどストレッチされて貨物の収容能力または乗客数の増加が図られている。

（i） CF34、対潜哨戒機からリージョナル機のエンジンへの変身

●**TF34ターボファンエンジンの誕生**〔＊53〕：1990年代末頃から急速な発展を続けているリージョナル機（50～120席級で地方空港など中短距離用の旅客機）用の代表的なエンジンとしてCF34というターボファンエンジンがある。このエンジンは1960年代末から対潜哨戒機用にGE社で開発されたTF34を基に民間型に発展したエンジンである。

　1968年4月、アメリカ海軍の次期対潜機VSX（後のロッキードS-3A「バイキング」）計画のエンジンとしてGE社との間でTF34-2の開発に関する契約が行なわれた。このエンジンはT64ターボシャフトをベースに、径を10％程度大きくして空気流量を20％増加したガスジェネレーターの前にバイパス比6.2のファンを付けた形態である。このファンもT64で試験済みのCF64から発展したものである。1969年4月、TF34-2の初回運転が行なわれ、1971年1月にはB-47FTB（フライング・テストベッド）で初の空中試験が行なわれた。1972年1月にはYS-3Aに搭載されて初飛行に成功した。TF34-2搭載のS-3Aは1974年2月に訓練部隊で運用に入った。その後信頼性、耐久性、運用性などに関するいくつかの改良が加えられて型式名称がTF34-400（推力9,275lb＝4,207kgf）と改名されたエンジンが1974年12月からS-3A用に出荷され始めた。

　一方、空軍ではサイドマウント方式でロングダクト形態のTF34-100（推力9,065lb＝4,112kgf）がフェアチャイルドA-10Aに（図8-28）採用され、1975年2月に初飛行を行なった。TF34は両形式合わせて2,000台以上が出荷された。

●**TF34の日本との関係**：1970年頃、日本ではP-2Jに続く将来の対潜哨戒機PX-Lの検討が行なわれており、海外調査団が派遣されたり調査研究費が計上されたりするなど具体的な動きが始まっていた。このPX-LはDC-8を小型化したような4発の機体で、エンジンにはTF34が候補として検討が行なわれていた。特にジェット式の対潜機は日本でも初めてだったので騒音低減に関する検討や調査研究が重点的に行なわれた。

　しかし、1972年10月の国防会議で

図8-28　フェアチャイルドA-10A
TF34-100（推力9,065lb＝4,112kgf）（S-3A対潜哨戒機用TF34のサイドマウント型）搭載。
（エアタトゥー＜RIAT＞、2009年7月）

「次期対潜機問題は白紙還元」とされ、専門家会議が設置されて検討が行なわれた結果、さらに一段先の研究開発を含みとしながらも「当面外国機の導入を図ることもやむを得ない」という答申がなされ、PX-Lのプロジェクトは幻に終わってしまった。これでTF34エンジンも国産されることはなくなり、その後、紆余曲折を経てロッキードP-3C「オライオン」（アリソン社T-56ターボプロップ搭載）が次期対潜機として採用された。

　さらに時代は進み、国内開発の次期固定翼哨戒機XP-1（国内開発のXF7-10ターボファンを4発搭載）が2007年9月の初飛行を経て飛行試験段階に入り、PX-Lの夢が35年を経てようやく現実になったという感じである。

●**TF34からCF34へ―リージョナル機の発展**〔＊53〕：1970年代はビジネス機が急速に発展した時代である。この業界では著名なW.リア氏が設計した「リアスター600」という超長距離、高速ビジネスジェットを基にカナディア社が設計変更を行ない、CL-600「チャレンジャー」としての開発が1976年に開始された。エンジンとしてライカミング社ALF502が採択された。「チャレンジャー」は胴体の拡大などのため機体重量が大幅に増加してしまい、推力向上を図ったALF502L（推力7,500lb＝3,402kgf）でも対応できなくなった。それに加え、ALF502エンジンに不具合が続出したうえ、納期を守ることができず、エンジンを替えざるを得なくなった。

　そこに登場したのがTF34-100を民間型にしたCF34-1A（推力9,140lb＝4,146kgf）（サイドマウント方式）であった。このエンジンを搭載し、機体もさらにストレッチしてペイロードと航続距離を増加した機体が「チャレンジャー601」と改名されて1982年4月に初飛行をした。1986年9月には、高温日までフラットレート化したCF34-3A（推力9,220lb）が搭載された「チャレンジャー601-3A」が初飛行した。当時としては最もキャビンが広く、高バイパス比エンジンのため燃費が少なく、大陸間飛行が可能な初めてのビジネス機となった。また、騒音も小さく、ロナルド・レーガン・ワシントン・ナショナル空港のような騒音規制の厳しい空港にも夜間の離着陸が可能なレベルになった。

　やがて、カナディア（後にボンバルディア）社では、この「チャレンジャー」をストレッチして50人乗りのリージョナルジェットRJ100の開発を行なうことになった。エンジンとしては耐久性や整備性を向上したCF34-3A1（推力9,220lb＝4,182kgf）が採用され、1991年5月に初飛行を行なった。また、CF34はタービン部の温度を上昇させずに空気流量で推力増強を図り、さらに高温日までフラットレートにしたCF34-3B（推力9,220lb＝4,182kgf）に発展してCRJ200（図8-29）に搭載され、速度や航続距離や離着陸性能が改善された。

1994年からコムエアがCRJ200を運
航して多額の利益を上げたことから、
リージョナル機のブームとなり、2001
年にはCRJ100/200の受注機数が1,000
機を超えるまでになった。市場では
リージョナル機の大型化の要望が強
くなり、カナディアでも70人乗りの
CRJ700を開発することになった。そ

図8-29　ボンバルディア（カナディア）CRJ-200
CF34-3B（推力9,220lb＝4,182kgf）（A-10A用TF34-100
の民間型）を搭載。リージョナル機ブームに火を付けた機
体。（関西空港、2009年3月）

れを受けてCF34もCF34-8C1（推力13,790lb）の開発をすることになった。14段あっ
た圧縮機は10段に削減したうえ、全体圧力比を21から28.1に増加し、ファン径を
1.5インチ増加するなどで推力増加に対応した。この圧縮機の前側7段はF414（F/
A-18E/F「スーパーホーネット」搭載）エンジンから派生したものである。このク
ラスのエンジンの開発を模索して日本に1994年GE社から共同開発の申し入れがあ
り、V2500で設立されたJAECとして政府助成も得て30％という高いシェアで開
発に参加することになった。対潜機用のTF34は日本では製造することはなかった
が、民間発展型のリージョナル機用のCF34として日本でも開発製造する機会を得
た訳である。CRJ700は1999年5月に初飛行した。続いて90人乗りのCRJ900用お
よび100人乗りのCRJ1000用のCF34-8C5（推力14,510lb）に発展した。

　一方、ブラジルのエンブラエル社は早くからERJ135/140/145（37〜49席）（RR
社AE3007A〈推力3,197kgf＝7,048lb級〉2発をサイドマウント）を開発し、リー
ジョナル機として成功を収めてきたが、世間の大型化の動向に応えて胴体幅を
ERJ145より0.64m太くして新設計したエンブラエル170（70〜78席）／175（78〜
86席）（図8-30）を開発することになった。この機体には翼下懸架式のCF34-8E（推

図8-30　ブラジルのエンブラエルERJ175
CF34-8E（推力14,510lb＝6,582kgf）を搭載。成功作ERJ140
シリーズから胴体を太くし、エンジンを大型化して翼下懸架式
にした。（パリ航空ショー、2005年6月）

図8-31　GE社CF34-10E
（推力20,000lb＝9,072kgf級）
エンブラエルERJ175をさらに延長し、乗客数を100
人以上に大型化したERJ190に搭載。
（Courtesy of General Electric）

力14,510lb = 6,582kgf）が採用された。エンブラエル社はさらに大型のリージョ
ナル機としてエンブラエル190（98〜108席）／195（108〜118席）を開発することに
なったが、この機体にはさらに最新技術を適用して推力を増強したCF34-10E（推
力20,000lb = 9,072kgf）（図8-31）を開発して対応した。さらに推力が大きいCF34-
10A（推力18,285lb = 8,294kgf）も開発され、中国のARJ-21-700／-900（78〜105席）
に搭載されている。すでに4,000台以上のCF34が世界中で運用されており、成功
作となった。1994年頃、リージョナルジェット機の開発に消極的であった日本の
航空工業界にあって、CF34エンジンの国際共同開発を決意した当時の官民の関係
者の英断は高く評価すべきものである。

8.4 先進的な軍用機エンジンも出現

　民間用のエンジンの発達と相前後して互いに影響し合いながら軍用エンジンも先
進的なターボファンエンジンが次々と出現した。

■GE／ボルボ社F404／RM12〔＊135〕（推力18,100lb＝8,210kgf）

　F404（図8-32）はFA-18のほかに何種類かの機体に採用されているが、その中で
特筆すべきエンジンはスウェーデンのサーブ／BAe社JAS39「グリペン」多用途攻
撃・偵察機（図8-33）のためにボルボ社とGE社がF404を基に共同開発したF404／
RM12エンジンである。スウェーデンは比較的人口の少ない国であり、軍用機やそ
のエンジンの開発に大きなリソースを割り当てることが制約されるため、同国では
昔から国外の優秀なエンジンを導入して自国の機体要求に合致するように改良設計
を行なうのが常道であった。例えば、J-35「ドラーケン」にはRR社「エイボン」
がRM6B／6Cとして、また、AJ-37「ビゲン」にはP&W社のJT8DがRM8として

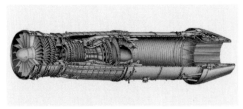

**図8-32　F404-GE-400アフターバーナー付きターボ
ファン（推力16,000lb＝7,258kgf）級**
ボーイングFA-18A/B/C/Dに2発搭載。F404を基にRM12お
よびF414に発展してゆく。(Courtesy of General Electric)

**図8-33　スウェーデンのサーブ／BAe社
JAS39「グリペン」戦闘機／攻撃機／偵察機**
F404/RM12エンジンを搭載。FA-18用のF404よ
り鳥吸入に強く、信頼性も高い。
（エアタトゥー＜RIAT＞、2010年7月）

搭載されている。

「グリペン」は単発機なのでF404/RM12エンジンは、双発のFA-18用のF404に比較して性能・安全性・信頼性等の向上が図られている。主要な改良点は、F404-400に対して、コントロールや点火システムに二重のフェールセイフのバックアップがあることに加えてファンの空気流量を10％増加させながら翼厚や翼間距離を増してスウェーデンで多発する鳥吸入に対する強度を増加したこと、高圧圧縮機も鳥吸入に対する強度を増加したことおよび圧縮機出口圧力の制限値とタービン入口温度を増加させて性能に余裕を持たせたことなどである。

1981年に両社で開発が開始され、1984年に初の運転が行なわれた。1988年にF404/RM12搭載の「グリペン」の初飛行が行なわれた。1997年にスウェーデンで初めて部隊配備となった。外国にも輸出されている。

■GE社F414 〔＊136〕〔＊137〕

開発が中止されたA-12フライング・ウイング式戦闘機用に開発されていたF412（GE23が基）（推力：ABなしで13,000lb＝5,897kgf）から発展して推力をF404より35％増強して22,000lb（9,980kgf）級としたアフターバーナー付き2軸式ターボファンである。F/A-18E/F「スーパーホーネット」（図8-34）（従来のFA-18より25％大きい）用に開発され、1998年に量産に入った先進的なエンジンである。推力重量比が9に達し、巡航燃料消費率もF404より3～4％低い。ファンは、F404/RM12の設計を基に空気流量を16％増加した上、耐FOD（異物吸入による損傷）強度を向上、圧縮機とともにブリスク（動翼とディスクが一体構造）が多用されている。構造部品には損傷許容設計が導入され、堅固で信頼性の高いエンジンとなっている。高／低圧のタービン動翼は単結晶空冷式で、耐熱コーティングが施されている。エンジン制御は二重系のFADECが使用されている。最終的には29,000lb（13,154kgf）と、F110級の推力領域まで成長する可能性を持っているという。2003年12月にはノースロップ・グラマンEA-6B「プラウラー」電子戦機の後継機としてボーイングEA-18G「グロウラー」を開発することになり、F414が搭載された。2006年8月にF414搭載のEA-18Gの初飛行が行なわれ、2009年9月に運用に入った。

図8-34　ボーイングF/A-18F「スーパーホーネット」
F414-400エンジン、推力22,000lb（9,980kgf）級（F404/RM12をさらに発展）を搭載。F414はEA-18G「グロウラー」にも搭載され、2009年よりEA-6B「プラウラー」電子戦機から交代した。（ペンサコーラ航空ショー、2011年11月）

図8-35 P&W社YF119-PW-100Lアフターバーナー付きターボファン

この写真のエンジンは量産先行型であるが、右端に2次元推力変更ノズルの機構が見られる。推力35,000lb(15,876kgf)級。ロッキード・マーチンYF-22に搭載して飛行試験が行なわれた。(Courtesy of the National Museum of the U.S. Air Force) 1999.3.

図8-36 ロッキード・マーチンF-22A「ラプター」

F119-100エンジンを2発搭載。ステルス性があるうえ、推力変向ノズルの効果で小回りの利く機動性を持っている。(エアタトゥー<RIAT>、2010年7月)

■P&W社F119-100〔＊138〕

　ロッキード・マーチンF-22「ラプター」に搭載されている、推力35,000lb(15,876kgf)級のアフターバーナー付きの2軸式のターボファンエンジンである。1980年代からP&W社ではATF(先進戦術戦闘機)の要求に合致するようにYF119先行エンジンの開発を開始していた。1990年、YF119はロッキード・マーチンYF-22に搭載され、ノースロップ・マクダネル・ダグラスYF-23(GE社YF120搭載)と飛行試験で競合した結果、1991年4月、F-22(F119エンジン搭載)が選定された。最初のF119エンジンは1992年12月に地上試験が開始された。F-22は1997年9月に初飛行が行なわれた。2002年7月にF119(図8-35)搭載のF-22(図8-36)が部隊運用に入った。2011年6月にF119エンジンの最終号機が出荷された。

　F119は運用中のエンジンの中でも最も先進的なエンジンであり、アフターバーナーなしでもマッハ1.5程度までの超音速飛行(スーパー・クルーズ)ができる能力を持っており、超音速飛行時の燃料消費を極めて少なくできる。チタニウム製のファンは3段で、1段の低圧タービンによって駆動され、3次元設計で空力的に洗練され、ブリスクが多用された高圧圧縮機は6段で、次世代単結晶材からなる1段の高圧タービンによって駆動される。高低圧軸は互いに反対向きに回転するようになっている。F119のアフターバーナーには上下両方向に推力軸を20°傾けることができる2次元式推力変向ダイバージェント・コンバージェント排気ノズルが付いており、戦闘機としての機動性を高めている。エンジン制御はFADECによって行なわれ、上記の排気ノズルの制御をはじめ、数百項目にのぼるエンジン／機体パラメーターを制御しているほか、故障診断にも使用される。

　F119は先進的な改良をされてF135エンジンに発達し、ロッキード・マーチンF-35戦闘機のエンジンとして開発されていく。

図8-37 ロッキード・マーチンJSF試作機 X-35B STOVL（JSF119-611エンジン搭載）

ボーイングX-32とのコンペティションに勝ち、F-35B STOVLとして量産中。エンジンはF135-600を1発搭載。他に通常型のF-35A（F135-100搭載）と航空母艦用のF-35C（F135-400搭載）がある。エンジン推力はいずれも43,000lb（19,505kgf）。(courtesy of Smithsonian National Air & Space Museum) 2004.6.

図8-38 P&W社F135-PW-600STOVLエンジンのモックアップ

F-35BSTOVLに搭載。垂直着陸時には図左側のリフトファンとエンジン後方のスワイベル・ノズル（下方に向けることができる）とによりホバー推力を発生する。エンジンの両側に突き出している棒状のロールポストでロール制御を行なう。（ソウル航空宇宙ショー、2010年10月）

■P&W社F135 [*139]

　F135エンジンはロッキード・マーチンF-35JSF「ライトニングⅡ」のエンジンとしてF119-100（F-22に搭載）を基に発展・開発された最新鋭のアフターバーナー付き2軸式ターボファンである。JSF（統合攻撃戦闘機）計画において、ロッキード・マーチン社の試作機X-35（JSF119-611搭載）（図8-37）はボーイング社の試作機X-32（JSF119-614搭載）との競合に勝ち、F-35として採用が決まったが、両試作機ともにF119から派生したエンジンを搭載して飛行試験を行なった。これが後にF135エンジンとなった。エンジン開発に当たっては、IHPTET（統合高性能タービンエンジン技術）計画の成果が反映されており、第5世代のエンジンともいえる。

　F-35には離着陸形態の差により3種類の機体があるが、F135エンジンもこれに対応して以下の3形態に分けられる。推力はいずれも最大43,000lb（19,505kgf）であり、全体圧力比は28である。

・**F135-100**：F-35A陸上CTOL（通常離着陸）機用

・**F135-400**：F-35C航空母艦用CTOL機向け

・**F135-600**：F-35B STOVL（短距離離陸垂直着陸）機用

　F-35B STOVL機用のF135-600エンジンはコアエンジンのほか、3軸スワイベル・ダクト（推力変向用）、排気ノズル、ロール・コントロール・ポスト（姿勢制御用）、およびRR社の51インチ（1.30m）の二重反転式リフトファンとその駆動軸から構成される（図8-38）。垂直着陸時には前方にあるリフトファンを駆動して上向きの推力を発生させるとともにメインエンジンの排気ノズルを下方に向けて上向き推力を発生させるようになっている。リフトファン、メインエンジンおよびロールポストの推力によりホバー推力は40,550lb（18,393kgf）になる。

F135エンジンはF-22用の先進エンジンF119-100を基に発展させた高性能の6段高圧圧縮機および1段高圧タービンからなるコアエンジンに新しい低圧系（F119より径の大きい3段ファンとこれを駆動する2段低圧タービン）を統合して開発したエンジンである。F135エンジンは整備性の向上に重点を置いて設計されており、従来のエンジンに比較して部品点数が40％も少なく、それだけ信頼性も高くなっている。また全てのLRC（列線交換部品）も6本の汎用工具で取外し・交換が可能となっている。2006年6月には第1次エンジン試験を完了した。2006年12月にF135エンジン搭載のF-35Aの初飛行が行なわれた。STOVL形態のF-35Bの初飛行は2008年7月であった。

■GE／RR社F136 〔＊140〕〔＊141〕

　推力40,000lb（18,144kgf）級のアフターバーナー付き2軸式のターボファンである。1980年代中頃からATF用エンジンYF120として開発され、ノースロップYF-23に搭載されて競合飛行試験の結果、ロッキードYF-22（P&W社YF119搭載）に敗れたが、きわめて低バイパス比の可変サイクル・エンジン（可変バイパス比）であり、高低圧軸は互いに反転する先進的なエンジンであった。スーパー・クルーズの能力も有するように設計された。

　1995年にJSF計画の開始で、GE／アリソン社（後にRR社に合併、40％負担）はこのYF120とF110を基にJSFエンジンの開発を開始した。これは、後にF136に発展し、JSF用のP&W社のF135の代替エンジンとして完全に互換性を有するように開発が進められた。F136はYF120を基にしてIHPTETの技術を適用して、全く斬新なエンジンとなっている。RR社担当のファンは、3段で3次元設計ワイド・コード翼が使われ、1段目は中空翼となっている。全段ともにブリスク構造である。GE社担当の高圧圧縮機は5段で、1段、2段および3〜5段の3個のローターからなっているが、互いにイナーシャ溶接で結合される。圧縮機動翼は丈夫な前進翼となっており、圧縮機静翼は3次元設計の傾斜・後退翼で非常に高負荷設計となっている。RR社担当の燃焼器は「ラミロイ」冷却構造で、IHPTETの技術を取り入れた簡潔なアニュラー式燃焼器である。高圧タービンは1段で先進単結晶動翼を使用、低圧タービンは3段で高圧タービンとは反対方向に回転する。アフターバーナーはF110-129などの経験・実績に基づいている。F136エンジンはF135と同様に3形態のF-35に対応できるようになっていた。

　F136は2007年に本格的な開発試験に入り、量産エンジンは、F-35の少なくとも100機目が出荷される2011年に出荷される予定であったが、開発費について議

会での承認が得られず、2011年5月には自社開発に切り替えたが、結局、2011年12月、GE社とRR社は開発中止と決定した。これまでのところ、F135との間で、第2のエンジン戦争が起こる気配は見えない。

■スネクマ社M88-2〔＊142〕〔＊143〕

　多目的戦闘機ダッソー「ラファル」用にスネクマ社で開発された、バイパス比0.30、推力17,000lb（7,711kgf）級のアフターバーナー付きの2軸式ターボファンエンジンである（図8-39）。3段ファンと6段の高圧圧縮機の合計9段で全体圧力比24.5（段当たり平均1.426）と非常に高負荷のエンジンとなっている。ブリスクが使用されている。これらをそれぞれ1段の高圧および低圧タービンが駆動する簡潔なエンジンであり、タービン入口温度も1577℃と高いため、推力重量比は8.6に達している。燃焼器はアニュラー式で低公害型である。タービンには単結晶動翼および粉末冶金のディスクが使用されている。エンジン制御には冗長性の高いFADECが使用されている。また、整備性についても十分な配慮がされたエンジンとなっている。

　1989年2月に開発エンジンの試験が開始された。「ラファル」は1986年7月にF404-400エンジンを搭載して初飛行を実施した。M88が「ラファル」（図8-40）に搭載されて飛行したのは1990年5月であった。「ラファル」に相当する戦闘機は本来1983年にイギリスやドイツなど5ヵ国で共同開発しようとしたFEFA（将来ユーロピアン戦闘航空機）計画として開発されるはずであったが、フランスの仕様要求が他の国と異なることからフランスは共同開発から外れて単独で開発を行なったのが「ラファル」である。他4ヵ国はそのまま開発を続け、EJ200エンジン（次項）搭載のユーロファイター「タイフーン」を完成させた。

図8-39 スネクマ社M88
ダッソー「ラファル」に2発搭載。
(Courtesy of Snecma)

図8-40　ダッソー「ラファル」
スネクマ社M88-2アフターバーナー付きターボファン（推力17,000lb＝7,711kgf級）を2発搭載。ユーロファイター計画から離脱してフランスが独自に開発した機体。
（エアタトゥー＜RIAT＞、2009年7月）

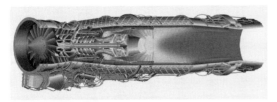

図8-41　ユーロジェットEJ200アフターバーナー付きターボ
ファン（推力20,000lb＝9,072kgf級）
ユーロファイター「タイフーン」に2発搭載。
(from website by courtesy of Eurojet)

図8-42　ユーロファイター「タイフーン」
ユーロジェットEJ200を2発搭載。
（エアタトゥー＜RIAT＞、2009年7月）

　M88搭載の「ラファル」は2006年から運用に入り、アフガニスタンやリビアで実戦にも参加している。

■ユーロジェットEJ200 [*143] [*144]

　4ヵ国共同開発のEFA（ヨーロッパ戦闘航空機）計画（ユーロファイター「タイフーン」戦闘機）のために、イギリスのRR社、ドイツのMTU社、イタリアのアビオ社およびスペインのITP各社からなるユーロジェット社が国際共同開発した、バイパス比0.4、推力20,000lb（9,072kgf）級のアフターバーナー付き2軸式ターボファンエンジンである。ファン3段と高圧圧縮機5段の合計8段で全体圧力比26（1段当たり平均1.5027）ときわめて高負荷の圧縮機系となっている。単結晶動翼を有する1段の高圧タービンおよび1段の低圧タービンがそれぞれこれらを駆動している。タービンディスクは両方とも粉末冶金製である。簡潔な構造のため、推力重量比は約9となっていて、最も先進的なエンジンの一つとなっている。エンジン制御はFADECで行なわれる。

　EJ200エンジン（図8-41）は、ユーロファイター「タイフーン」（図8-42）に2発搭載されているが、初飛行を1994年3月に行なったときの「タイフーン」にはRB199エンジンを搭載していた。2003年2月に最初の量産型EJ200を搭載した「タイフーン」が飛行した。2003年、イギリス、ドイツ、イタリアおよびスペインで運用に入った。1,300台余のEJ200が製造されるものと考えられる。

8.5 近代的なターボプロップ／ターボシャフトエンジンの出現

■TP400-D6 [*145]

　エアバスA400M輸送機のために新規に開発されたTP400-D6エンジン（図8-43）

図8-43 エアバス A400M 輸送機のエンジン、TP400-D6（出力11,000shp）と後退角付き8枚翼プロペラ
回転数は840rpmと低くて低騒音。
（ファンボロー航空ショー、2010年7月）

図8-44 ベル・ボーイング MV-22B「オスプレイ」ティルトローター式 VTOL 機
AE1107C（6,105shp）を2発搭載。垂直離陸をした後、ローターを前傾させながら水平飛行に移るところ。
（エアタトゥー＜RIAT＞、2006年7月）

は11,000shpという西側では過去最大の出力を持つ3軸式のターボプロップエンジンである。イギリスのRR社、ドイツのMTU社、フランスのスネクマ社、スペインのITP社から構成されるユーロプロップ・インターナショナル社として国際共同開発した。3段のフリー（低圧）タービンで減速装置を介して直径5.3mの複合材製の8枚翼の後退角付きプロペラを840rpmという低回転数で駆動する。第1世代のターボプロップに比較してきわめて低騒音である。中圧圧縮機は5段で圧力比3.5、高圧圧縮機は6段（VSVが2段）で圧力比7（全体圧力比約25）、タービン入口温度約1500Kで、高圧及び中圧タービンはともに1段で互いに回転方向が反対になっている。

　ターボプロップは経験的にいえることとして、プロペラに起因する振動、減速比を大きくして、かつ、コンパクトにせざるを得ない減速装置の歯車や軸受の技術、歯車や軸受から発生する大量の熱の処理など、解決すべき課題が多いと考えられるが、これらの課題を克服して開発は進められた。TP400-D6エンジンは2005年に初の地上運転を行ない、2006年にはプロペラを付けての試験に進んだ。2008年にはC-130FTBに搭載して飛行試験が行なわれた。TP400-D6搭載のエアバスA400Mは2009年12月に初飛行を行ない、2010年までに型式証明のための飛行試験を完了している。TP400-D6エンジンは2011年に型式証明を取得し、機体もともに量産に入っている。（第11章の「余談：カウンターローテーション」も参照されたい。）

■V-22「オスプレイ」のエンジン（AE1107-1ターボシャフト）[*146][*147]

　2012年に沖縄にも配備されたティルトローター式VTOL機V-22「オスプレイ」（図8-44）のエンジンはRR社製のAE1107C（出力6,105shp）で、米軍の型式ではアリソンT406-AD-400としてV-22用に開発されたエンジンの民間名である。P-3C対

潜機やC-130輸送機などに多用されているT-56エンジンを発展させて開発された。T56では14段の圧縮機と出力軸を4段のタービン一つで駆動する1軸式であったが、AE1107では2軸式となり圧縮機および出力軸をそれぞれ独立した専用の2段のタービンで駆動しており、高性能化が図られている。

「オスプレイ」ではインレット・パーティクル・セパレーターや赤外線抑制排気ノズルが要求されたことは、当然のことながら、このエンジン特有の要求としては、エンジンを上向きにして始動・停止をすることがあった。この場合、課題となるのは排油(スカベンジ)の処理である。水平状態のエンジンではエンジン下部に重力で落下滞留したオイルをスカベンジ・ポンプで吸引するが、エンジンが垂直状態になると、それにも限度がある。そこで考え出されたのが、遠心式スカベンジであった。各サンプ室(ベアリング室)に設けたインペラーにより排油を遠心力で押し付けた後、スカベンジ・ポンプで吸引する方式である。1986年頃、姿勢が変化できる特別な試験装置を用いたサンプ室の可視化試験や台上運転試験を実施したのに続いて、エンジン全体として頭下げ90°から頭上げ115°まで姿勢を変えられる特別なテストスタンドで試験を行ない、姿勢の影響の受けることなく正常に運転できることが確認されている。

V-22は双発機であるが、左右のエンジンはギアボックスを介して主翼の中を貫通するインターコネクト・ドライブ・シャフトで結合されており、片方のエンジンが停止しても反対側のプロップローターを駆動し続けることができる。このドライブシャフトが複合材でできているのは革新的である。このほか、プロップローターのブレードをはじめ、主翼や胴体にも複合材が多用されている。その機体の強度を確認するため20年間の使用時間に相当する20,000時間(固定翼機モード14,000時間+ヘリコプターモード6,000時間)の間に遭遇するであろう、あらゆる荷重条件で低サイクル疲労試験が行なわれ、実証されている。

8.6 日本での練習機(T-4)用エンジン、 F3ターボファンの開発[*148]〔*76〕

IHI(石川島播磨工業)では次世代の技術を目指して独自に1970年に圧縮機の要素研究を開始し、1973年にはこれをIHI-G15というコアエンジンに発展させて地上運転試験を開始していた。このコアエンジンをベースとしてターボファンエンジンが、1975年に防衛庁で開始された研究試作に提案され、XF3-1(バイパス比1.9、推力11.76kN)として運転試験が第3研究所でIHIの協力の下に進められた。1977年

に防衛庁から次期中等練習機（MTX）の要求として示された性能に対応できるように推力が大きく、燃料消費率の低いXF3-20（バイパス比0.9、推力15.68kN）が試作され、1979年1月にXF3-20の運転試験が開始された。この成果は、XF3-30（バイパス比0.9、推力16.38kN）の設計に反映され、実用化を目標とした本格的な開発が1980年に開始された。

1980年から1983年にかけてPFRT（予備飛行定格試験）が行なわれた。飛行試験に先立ち、60時間耐久試験などに加え、鳥などの異物吸入や、ディスク破断などの飛行安全に直接影響のある試験も追加的に行なった。高空試験（ATF）は、アメリカのテネシー州タラホマにある米空軍のアーノルド・エンジニアリング開発センター（AEDC）にXF3-30エンジンを搬入して、急加減速試験、空中再始動試験などが成功裏に終了した。試験開始の段階でエンジン運転中に異常な高振動が発生したが、原因はアメリカの試験設備側にあることを日本の技術陣が解明して解決に導き、高く評価された。国内ではC-1輸送機をフライング・テストベッド（FTB）に改造し、XF3-30エンジンを翼下に懸下してFTB試験が行なわれた。飛行荷重や飛行姿勢の変化および雨中飛行などに対するエンジン特性の確認が行なわれた。

一方、1981年、川崎重工業株式会社（KHI）が中等練習機XT-4のプライムとして選定された。XT-4の搭載エンジンは世界の競合機種との比較検討が行なわれてきたが、1982年10月XF3-30がその優位性が認められて防衛庁から正式に採用が決定された。中等練習機XT-4は訓練の中にスピンなどのマニューバが要求されており、エンジンに対しては、それによって生じる厳しいインレットディストーションに耐えることが要求された。そのためファン動翼はワイドコード化されてディストーションや鳥吸い込みに対して強化された。ATF試験では、これを実証するため、スピン状態など、機体側の風洞試験で得られたインレットディストーション下の圧力分布データを基に作製した数種類の邪魔板をエンジン入口に装着してより現実に近い状態で高空試験を行ない、要求を満足することが実証された。これはエンジンと機体の同時開発の良さが生かされた良い前例となった。

1984年6月にはPFRTの一連の試験に合格して飛行試験用エンジンとしての資格が与えられ、飛行試験用のXF3-30エンジンのXT-4の機体（双発）への搭載が開始された。1985年4月、XT-4がロールアウトし、1985年7月にKHIの社内初飛行が行なわれた。1985年12月からXT-4試作機が防衛庁に納入され、飛行試験が開始された。その傍ら、PFRTでの試験成果や機体側の要求を反映し、さらに日本で初めて導入されたデザイン・ツー・コスト（DTC）を適用して量産向けに改良した認定試験（QT）用のXF3-30エンジンが試作され、1983年にQTが開始された。QT

図8-45 F3-IHI-30ターボファンエンジン
推力1,670kgf。航空自衛隊中等練習機川崎T-4の
ために防衛庁の要求に沿ってIHIが開発した純国産
のエンジン。日本の環境と練習機特有の要求条件
を満足するように設計されている。(IHI提供)

図8-46 川崎T-4練習機(F3-IHI-30を2発搭載)
各基地で活躍しているほか、「ブルーインパルス」として各地
の航空祭などのイベントで軽快なエアロバティックを披露
し、好評を博している。(入間航空祭、2012年11月3日)

　試験はPFRT同様、第3研究所を中心に実施されたが、鳥、氷、などの異物吸入試験、
環境氷結試験などの野外試験は航空宇宙技術研究所（NAL、後のJAXA）の角田支
所の野外運転場でも実施された。高空試験としてアメリカのAEDCで第4回目の
ATF試験および国内でC-1輸送機によるFTB試験が行なわれた。1986年3月に耐
久試験を含む全ての試験を完了してQTに合格した。エンジン型式名もF3-IHI-30（図
8-45）と決まり、1987年から本格的に量産エンジンの出荷が開始された。F3エンジ
ンが搭載されたT-4は各基地で活躍する一方、T-4「ブルーインパルス」（図8-46）
として、各地の航空祭などで軽快なエアロバティックを披露し、好評を博している。
エンジンと機体の同時開発のメリットは、10.3項「テーラー・メイドのエンジン」
を参照されたい。

第9章　環境に優しいエンジンを目指して

9.1　飛行機の音

(1) 音から騒音へ

　プロペラ機が全盛の頃、プロペラとレシプロエンジンの音の微妙な組み合わせにより、飛行機の機種ごとにその爆音には独特の音色があり、音を聞いただけで機種名を当てることも比較的容易であった。特に、太平洋戦争中には、敵機来襲に備えて識別訓練のためラジオで敵機の爆音を盛んに放送していた。筆者も当時小学校低学年であったが、スピーカーに耳を付けるようにして聞いていた。小学生にも強く印象に残る、それ相応の内容であったのではないかと思われる。おかげで、めったに空襲のなかった疎開先の秋田で、ある深夜、突然空襲警報が鳴り、飛行機の爆音が聞こえてきたとき、その爆音から「コンソリデーテッドB-24 (図9-1) が1機、雲の上を飛行している！」と、はっきりと認識できたのである。当時の記録を調べて見ると、確かにその時期にB-29ではなく、B-24の1機が疎開先上空を通過していたのである。このような経験から戦後も米軍のC-124、B-26やビーチS-18など、また、民間のDC-3やDC-7Cなど特徴のある爆音を響かせて飛行する機体が多かったので、音による機種当てはごく自然にできたものであった。

　レシプロ機の場合、その音色は (プロペラ回転数×プロペラ枚数) を基調とする「ブルブル」という低周波数のプロペラ音と、(エンジンの気筒数×回転数) を基調とする「ババババ」という比較的低周波数で大きなエンジン音が絡み合い、エンジン台数も関係して独特の爆音を発生するものと考え

図9-1　コンソリデーテッドB-24
戦時中に夜間雲中飛行している爆音を識別できた。
(写真はデイトン航空ショー、2003年7月)

図9-2 新明和US-2（左）とUS-1A（右）
US-2のプロペラは6枚翼、US-1Aは3枚翼で、爆音も
異なる。（自衛隊観艦式、2012年10月）

られるが、時代が進んでターボプロップの時代になると、プロペラが上記のようにプロペラ枚数を基調とする低周波数の音を発生することには変わりはないが、エンジンはレシプロからガスタービンに進化して回転数が著しく高くなったことによりキーンという高周波数の音を発生するようになった。音は周波数が高いと減衰しやすいため、遠く離れて聞くとターボプロップ機の音は、方向によってはプロペラの音だけが聞こえるということになるが、大抵の場合、プロペラの低周波音とガスタービンの高周波音がミックスして特徴的な音を発している。例えば、MU-2、YS-11、P-3C、C-130、E-2C、US-1A／-2（図9-2）などのターボプロップ機は、特徴的な音を発して飛行しており、音での識別が容易である。

　ジェット機の時代になると、事情はやや複雑になる。ターボプロップでは、排気のエネルギーのほとんど全てをタービンで吸収してプロペラを回すのに費やし、ジェット推進に残すエネルギーはごくわずかであるのに対して、ターボジェットでは、排気を高速のジェット噴流として噴出することによって推進力を得るので、この排気ジェット音が圧倒的に大きくなる。軍用機も燃料消費率の比較的良いターボファンエンジンを使用するのが通例になったがバイパス比が低いため、排気ジェット音はかなり大きい。ターボジェットと同様にその周波数分布も比較的広くて特徴が少ないため、ジェット音を聞いただけでは、機種の識別は難しくなった。その代わり、エンジン・インテークの形状によって独特の音を発生する機体が多いので、

図9-3 ロッキードF-104J
インテークから独特の音が聞こえた。
（入間基地航空祭、1964年11月）

それを頼りに識別することが可能である。例えば、かつてのF-104J（図9-3）のヒューンという音が特徴的であった。F-1、F-2、F-15、F/A-18なども独特の音を発している。

（2）騒音対策

　飛行機の音も爆音などといわれていた頃はまだしも平和であったといえるが、ジェットエンジンが旅客機にまで搭載されて、その便利さゆえに便数が増加すると「飛行機の音」とか「爆音」では済まなくなった。空港周辺の騒音問題の始まりである。航空

輸送が便利になり、何もなかった広野のようなところに空港が開設されると、空港を中心として街が形成され、人口の増加と集中が進むようになり、空港周辺の騒音はますます深刻な問題となっていった。

(a) ジェット騒音

　そもそも、「ジェット騒音」はエンジンそのものから出るのではない。排気ノズルから高速で排出されるジェット噴流が静止状態に近い周辺の空気を切り裂くようにして流れる際に、剪断力によりその境目に無数の大きな渦が生じ、これが発生したり消滅したりして「ごろごろ」という低周波の騒音を発生し、全体として「ゴー」という凄まじいジェット騒音になると解釈できる。

　ジェット噴流と静止空気との境界でジェット騒音を発生しているということを、筆者は身をもって体験したことがある。あるエンジンの騒音計測試験を行なったときのことである。マイクロフォンで収録した各方位角における騒音の周波数解析を行なう前に、実際にどのような音が聞こえるのか、エンジン運転中にエンジンの周りを前方から順にぐるりと回って自分の耳で確認をしてみた。最後にエンジン後方30mくらいのところでジェット噴流に接近した。周辺の空気がバリバリと音を立てていた。さらに接近するとゴロゴロという激しい音に身体が包まれ、衣服が激しく翻弄された。ここがジェット噴流との境界だったのだろう。風圧で倒れそうになりながらさらに中心に進むと、辺りは急に静かになり、何かトンネルに入ったような気分になった。トンネルの内壁に相当する全周からサーという音が聞こえるだけの静けさであった。まさにジェット騒音はジェット噴流と静止空気との境界線上付近で発生していることを実感したわけである。

　ジェット騒音の大きさはジェット噴流速度の8乗に比例するといわれ、騒音の成分は低周波数であり、空気中の伝播における減衰も少ないという特質がある。そのため騒音低減対策としては、ジェット噴流の速度を低減することや、ジェット噴流を細かく粉砕して混合を促進したり、減衰しやすい高周波数の騒音に変えたりするなどの手法が考えられた。ジェット旅客機が初めて就航した頃、エンジンとしてはJT3やJT4などの純ジェットエンジンが搭載されており、ジェット騒音が卓越していたので、これを低減するために各種の排気ノズルが工夫された。周囲の空気を取り入れて混合を早めるコリュゲート・ノズル（「コメット4」）（図9-4）、ジェット噴流を細分するローブ・ノズル（ボーイング707）（図9-5）、噴流速度を低減するとともに高周波数の騒音に変えるミキサー・エジェクター・ノズル（ダグラスDC-8）（図9-6）などがあった。これらの対策は重量増加や性能低下などという犠牲を伴わざるを得なかった。しかし、純ジェットエンジンでのこのような苦労もターボファン

図9-4 デ・ハビランド「コメット4」の
消音排気ノズル(コリュゲート式)

図9-5 ボーイング707(JT-3C搭載の頃)の消音排気ノズル
(ローブ方式)(多管方式)(羽田空港、1962年4月)

ミキサー・ローブ・ノズル

スラストリバーサー(未使用位置)

エジェクター(最も消音効果大の位置)

図9-6 ダグラスDC-8(JT-4搭載の頃)の消音排気ノズル
(ミキサー・エジェクター方式)(羽田空港、1964年6月)

エンジンの出現により、ジェット騒音の問題はいったん解決したと見られるように
なった。

(b) ファン騒音(吸音パネル)

　旅客機の場合、近年は燃料消費率及び騒音低減の観点から高バイパス比のターボ
ファンが主流になった。排気のエネルギーの大半をタービンで吸収して大きなファ
ンを駆動し、その比較的低速の排出空気で推力の80%以上を得るようになってい
る。排気ジェットの音は大幅に低減する(図9-7)。そしてファンが発生するギーン
というファン回転数×ファン動翼枚数を基調とする高周波数のターボ機械的な音が
支配的になる。しかし、この音を生で聞くことは滅多にない。幸なことにこのよう
に特定の周波数を持った音は吸音パネル(図9-8)をファンの入口と出口に貼ること
で、大幅に吸音することができるからである。吸音パネルは、基本的にはヘルムホ
ルツの共鳴箱の原理を応用したものであり、規則的に穴の開いた表面板、ハニカム
構造および底板からなっており、多数の共鳴箱を形成している(図9-9)。その共鳴
周波数は表面板に開いた穴の直径、穴の間隔、および底板との間隔によって決まっ
てくる。ファンから発生する騒音の周波数が分かれば、それに共鳴する周波数を持っ
た吸音パネルが設計できる。

　筆者も吸音パネルを自分達で設計・製作して、実物のターボファンエンジンに装

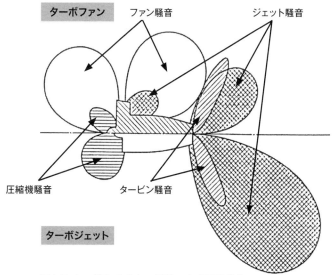

図9-7 ターボファンとターボジェットの騒音分布
ターボファン化することでジェット騒音は大幅に減少するが、ファン騒音が
顕著となる。

図9-8 ボーイング787(トレント1000搭載)のファン入口の吸音パネル
穴あき板が見える。

図9-9 吸音パネルの構造
穴あき板の板厚と穴径および穴の間隔、ハニカムの高さにより吸音ピーク周波数が決まる。この周波数を持ったファン騒音が吸音される。穴あき板とハニカムの間に多孔質材を入れると吸音できる周波数帯が広くなる。

着して、騒音測定試験をしたことがあるが、吸音パネルなしではいたたまれないようなファンから発生する鋭い音も、吸音パネルを装着すると嘘のように静かになることを、身をもって体験したことがある。これが、高バイパス比ターボファンの騒音が少ない理由である。ファン回転数が変化すると騒音の周波数も変化する。広い回転数領域にわたって吸音したい場合には吸音パネルの穴開き板の裏に多孔質材を貼っておけば広い周波数範囲で吸音が可能となる。ボーイング777、787やエアバスA330、A380などの高バイパス比ターボファンを搭載した旅客機から聞こえて来

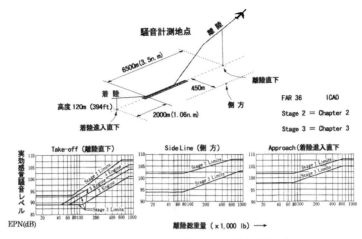

図9-10　FAR（連邦航空規則）36による航空騒音の規定

さらにStage4（Chapter4）と厳しさを増している。

る音は、吸音された後の「ザー」という特徴の少ない音色なので、聞き慣れないと音による機種の識別が難しくなったという感じがする。

(c) 騒音規制の強化

　空港周辺に対する騒音対策が重要な問題となり、早くからジェット旅客機の騒音対策が研究され、採用されてきた。航空機が型式証明を取得する際、騒音も定められた計測点で、定められた規制値以下であることを証明することがFAR36（図9-10）やICAOアネックス16などにより国際的な基準となった。その規制値の大きさを表すのにEPNdB（実効感覚騒音レベル）という単位が使用されている。騒音の大きさと一言でいっても、上記のようにエンジンの仕様や台数、飛行高度や速度、聞く方向によっても騒音の大きさは変化する。また、同じ大きさの騒音でも、人間の耳の周波数特性上、敏感に感じる音もあれば、耳障りになる音もある。さらに、大きな音でも短時間で消えるのであれば我慢できるが、小さい音でも長時間続くとやかましいと感じる場合もある。このEPNdBはこれらの条件を物理的に勘案して算出することになっているので、一見、まやかしのように見えるが、人間が最も嫌う騒音の大きさで航空機を評価するという点では合理的な手法だと考えられる。技術の進歩に応じてその規制値も段階的に厳しさを増してきた。FAR36では、ステージ（ICAOではチャプター）2から3へ、さらにステージ4へと厳格化が進んでいる。ボーイング747、ダグラスDC-10、ロッキードL-1011、エアバスA300など、高バイパス比ターボファンを搭載した大型旅客機の就航で空港周辺は静かになった。

エンジンの高バイパス比化は中型のエアバスA320やボーイング737などにも波及し、低騒音化は完成したかに見えた。特にターボジェットや低バイパス比ターボファンの時代に苦労したジェット騒音の対策は一応不要となっていたが、さらなる規制値の強化に伴い、低騒音をセールスポイントにできることからも、塵も積もればということで、高バイパス比ターボファンでも吸音材に依存するだけではなく、ファンの空力に遡って3次元設計の低騒音ファンを開発すると同時に、ファン動翼枚数と静翼枚数の適正化による低騒音化、静翼の傾斜による低騒音化などを併せて適用するようになった。また、いったんは不要と思われたジェット騒音の対策を再び行なう機種も出てきた。歴史は繰り返すというところだろうか。

(d) シェブロン・ノズル〔＊154〕〔＊155〕〔＊156〕

その中で、静かであるはずのファン出口の排気ジェットによる騒音までわずかでもよいから低減させたいという願望が生まれてきた。そこに登場した対策案の一つがシェブロン・ノズルである。シェブロンは重量増加も少なく、性能への影響も少ないので有望であるが、これが効き過ぎると、逆に騒音は増加してしまい、反対に効きが悪いと、騒音低減効果が全くないということになってしまう。ちょうど適切な設計をするのが難しいとされていたが、CFD（コンピューター流体力学）の発達で、かなり正確に効果を予測できるようになり、再認識されるようになったといえる。シェブロン・ノズルは図9-11のように後縁がいくつかの花弁に分かれていて全体としてぎざぎざの形状になっている。各花弁の後縁部分は少し流れの内側に曲がっていて、これによって各花弁で渦が形成され、隣り合う流れの混合を促進する。そのためジェット噴流の大きな渦が粉砕されて低周波数の騒音が低減し、ジェット騒音も低減する。

CFDの解析結果に基づいて製作したいくつかの縮小模型での試験を経て、最終的に絞り込んだ実機試験用のシェブロン・ノズルが試作された。ボーイングのほか、グッドリッチ、GE、NASAおよび試験機としてボーイング777を提供したANAが参加して実施されたQTD2（Quiet Technology Demonstrator 2）というプログラム

図9-11　ボーイング787（RRトレント1000搭載）のファン出口のシェブロン・ノズル
ボーイング747-8はコア側出口にもシェブロン・ノズルが付いている。（ファンボロー航空ショー、2010年7月）

でシェブロン・ノズルをファンおよびコア出口両方に取り付けて飛行試験が行なわれた。その結果、最大で4dBの騒音低減効果があったとのことである。QTD2では、この他にエンジン入口とリップ部に面積を増加した継ぎ目のない一体形吸音パネルを装着することにより、地上および客室前方のファン騒音レベルが15dB低減したことを確認している。特に離陸上昇時に不快な音がするバズーソー騒音（高出力時にファン動翼先端からランダムに発生する衝撃波による）の低減に対して有効であったとのことである。これによりボーイング787の場合、約91kg防音壁材を削減できたとのことである。

シェブロン・ノズルはジェット噴流速度が音速に達していない離陸時には効果は比較的わずかだが、高速巡航時のように空気の押し込み量が増加して、ジェット噴流が音速に近くなる場合には効果的であり、上記飛行試験では巡航時に客席後方で聞こえる「バリバリ」という低周波数騒音を4〜6dB低減できたとされている。その結果、787ではシェブロン・ノズルの採用で防音壁材を272kg削減できたとのことである。787では、シェブロン・ノズルはファン出口のみにしか使われていないが、新型の747-8では、ファンおよびコア出口の両方に使われている。これらに先立ち、いち早くシェブロン・ノズルを採用したのはGE社のCF34エンジン搭載のリージョナル機、エンブラエル190だった。ボーイング社によると、シェブロン・ノズルは将来的には形状記憶合金を使用した「スマート」シェブロンに発展させようとしている。これにより自動的にノズル面積を変化させて、離陸時や巡航時のエンジン性能の最適化を図るとともに、空港騒音およびジェット騒音の低減も図れるとしている。

9.2 飛行機の煙 [*75]

(1) 目に見える煙

　青空を背景に白い煙を引いて華麗な演技を見せるT-4ブルーインパルス。この煙はエンジンの排気内にスピンドル油（機械の洗浄などに使用する油）を吹き付けて発生させている（図9-12）。かつては、色の付いた煙を発生させるために各色の顔料を混合していたと聞く。また、2004年に来日した米空軍のF-16サンダーバーズの場合は生物分解性のパラフィン系の無公害オイルを排気内に噴射しているようである。小型機などのアクロバットでは発煙筒を使っているのも見かける。いずれの場合も人に見せるために人工的に作った煙である。

　ところが、およそ半世紀前頃までは、意図せずして黒煙を吐きながら飛行する

図9-12　川崎T-4「ブルーインパルス」(F3-30を
2台搭載)の人工的スモーク
(入間基地航空祭、2010年11月)

図9-13　初期のボーイング727 (P&W社JT8Dを
3台搭載)の煙 (川崎浮島、1968年5月)

ジェット機が多く見られた。特に白い雲をバックに飛行しているときは、その黒さが目立った(図9-13)。空気が澄んでいて視程が抜群の日などに、アメリカの大きな空港で飛行機が着陸進入してくる方向の空を見ていると、何本もの短い縮れ毛が宙に浮いてへばり付いているような光景が見られた。これは、数十kmの遠くから着陸のために列を作って進入してくる何機もの飛行機が吐いている黒煙を正面から見ていたからである。遠くて機影はまだ見えなくてもそれぞれの飛行機の航跡の変化や風の影響で吐いた煙がジグザグになり、散らばった縮れ毛のように見えたのである。

　このように煙のために遠くからでも機体の存在が分かってしまうと、特に軍用機の場合は敵に自機の居場所を知られるという死活問題になるので、無煙化対策は早くから進められてきた。ベトナム戦争の頃、日本の基地にもロッキードC-5A大型輸送機が頻繁に飛来していた。TF39ターボファンエンジン4発が搭載されているが、本機も黒煙を吐いて独特のファンの音を響かせながら飛行していた。ある日、あるグランドに集まってスポーツをしていた人達が空を見上げて騒いでいた。飛行機がエンジン停止で落ちてくると話しているのである。よく見ると1機のC-5Aが高度を下げ、場周経路に沿って着陸準備に入ったところだったが、確かに煙を吐いているエンジンは1発のみであった。何も知らない人から見れば、残りの3発は停止してしまったと見えるだろう。しかし、その時期、エンジンの無煙化の改修工事が進行中であり、たまたまこの機体では1発のエンジンが未改修であったということのようである。耳を澄まして聞いていると全エンジンが順調に回っていることが分かり、安堵した。

　煙の正体は、カーボンの細かい粒、すなわち、煤のようなものである。圧力比が高いほど発生しやすい傾向にある。そのカーボンが排気ガスの中に占める割合は重量でわずか0.003%という微量で、エンジン性能にもほとんど影響がないといわれ

ているが、極めて細かい粒子となって分散しているため、煙として目に見えてしまうようである。それ自身は人体の健康に影響ないとされているが、見た感じが汚いことに加え、空港近辺の視界を悪くし、霧やスモッグの核にもなりかねないので、民間機でも無煙化対策が進められた。2003年に全機が引退した超音速旅客機コンコルドの場合、1969年に初飛行した直後は、騒音と煙を撒き散らす飛行機として騒がれたが、煙については、燃焼器の構造を変えることで無煙化に成功しており、量産機では、この改良型の燃焼器が使用され、煙はほとんど見えなくなった。当時、英国航空（BA）は「コンコルドは喫煙をあきらめた」という題名の映画を作って、この対策効果をアピールしたといわれている。アメリカのEPA（環境保護局）とICAO（国際民間航空機関）の航空機排ガス規制には煙に対する規定もあり、エンジン推力の累乗根に比例するスモーク・ナンバー（SN）を規定しているが、いずれも煙が目に見えなくなる限界値を与えている。

　SNの測定は、エンジン排気ガスの一部を配管で引いて一定流量、一定時間、白い濾紙を通過させた後、この濾紙の白さを評価することで行なっている。真っ白ならSNは0、真っ黒なら100となる。通常、SN20〜30程度以下になれば煙は目に見えないとされている。煙の元になるカーボン粒子は、燃焼器の一次燃焼領域で局部的に燃料が濃くなっている部分があったり、燃料と空気が十分に混合していない場所があったりすると、そこで発生すると考えられている。旧式のエンジンでは、燃料ノズルに圧力噴射（アトマイザー）方式を使用していた。これは、いわば、霧吹きの原理を使っていたため、着火性は良いのだが、どうしても燃料の濃い領域や空気との混合が不十分な領域ができてしまい、煙が発生していた。この対策の一つとして気流微粒化（エアブラスト）方式の燃料ノズルが開発され、1960年代の後半からCF6やJT9D、RB211など主要なターボファンエンジンに採用され、煙の規定値を満足するようになっている。上記のコンコルドのエンジン（オリンパス593）では、圧力噴霧式から蒸発管（ベーパライザー）方式に変更して、燃料が燃焼する前に蒸発・微粒化させ、空気に十分に混合するようにして無煙化に成功している。

　1960年に国内開発されたJ3エンジン（T-1BおよびP-2Jに搭載）のSNを計測したことがあるが、計量するまでもなく濾紙が真っ白（SN＝0）だったのに驚いた。このJ3エンジンには蒸発管方式の燃料ノズルが使用されている。無煙という観点からは最先端のエンジンであったといえる。

(2) 目に見えない煙（排ガス）

　煙が見えなければ、それで良いという訳にはいかない。問題はこのSN計測用の

222

濾紙で受け止められる煤の大きさは約$30\mu m$以上であり、それより小さい粒子は濾紙を通過してしまうことである。このようにして計測されたSN値から確かに煙の見えないエンジンとして認証されるが、近年になって注目されて研究が進められているのは、濾紙を通過するような小さな粒子が、上空では飛行機雲や巻雲の源になったり、地上付近では健康に影響するとして話題となっているPM10（$10\mu m$以下の粒状物質）やPM2.5に寄与していないかなどという新たな問題である。

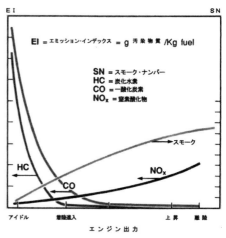

図9-14　エンジン出力に対する排ガス成分の発生傾向

　エンジン排気の中には、煙のほかに低出力側での排出が顕著な一酸化炭素（CO）および炭化水素（HC）、ならびに高出力側で多く発生する窒素酸化物（NOx）などの目に見えない各種のガス（図9-14）が含まれており、ICAOの排ガス規制により、それぞれ基準が設けられている。COとHCは、アイドル近辺で低温低圧状態の燃焼効率の悪い領域での燃料の不完全燃焼が原因で発生する。対策として、効率よく均一に燃焼できるようにエアブラストやベーパライザー方式の燃料ノズルなどが使われている。また、エンジンの圧力比が高くなると、アイドル付近でも燃焼効率も十分高くなるため、COとHCは対策済みといっても過言ではない。

　逆にNOxは高温雰囲気中で空気中および燃料中の窒素を基にして生成されるため、旧世代のエンジンでは問題なかった。しかし、近年のようにエンジンの高圧力比・高温化が進むとNOx対策は重要課題となった。各社とも燃焼器を低出力と高出力用2分割したようなダブルアニュラー方式を採用するなどして対策が採られている。さらにはLPP（希薄予蒸発予混合）方式などという複雑な対策が進められている。このように、たかが煙といっても奥の深い話である。

（3）CO₂削減と地球温暖化対策

（a）地球環境の変化

　地球温暖化の問題が話題にのぼることが多くなってきた。1990年代に地球温暖化を警告する映画をスミソニアン航空宇宙博物館で見たことがあった。その中で、紹介された、巨大台風による豪雨や烈風、氷河や氷山の融解による海面水位の上昇

など、そのときはまさかと思っていた現象が、もはや現実の問題になってきた。北極圏では氷河の後退や無氷結期間の増加、ツンドラ地帯の氷解などが起こる一方、南太平洋の珊瑚礁でできた低海抜の島では海面の異常上昇が深刻になってきた。日本国内の身近な例でも、1980〜90年代の気象と比較して、何かが変わってきたという感じがする。周囲を海で囲まれた日本の気候の変化は穏やかで、メリハリのある四季の移り変わりを謳歌できる稀にしかない地域であることには変わりがないが、以前よりも気象の変化が大陸的で、荒々しくなってきたように感じる。冬季の異常な寒さと豪雪、夏季における真夏日の連続日数の更新、過去の記録を破る集中豪雨や強風など、日本には稀にしか見られなかった竜巻の発生など、枚挙に暇がない状態が続いている。地球温暖化の影響と断定するにはさらに長期にわたる追跡調査が必要であろうが、何か未経験の事象が起こり始めたということは否めない事実である。太陽の黒点数の増減の周期に関係あるか否かは別として、過去にも暖冬や冷夏は何度も繰り返して、長期的に見ると安定していたが、気候の変動はどうも後戻りしないような段階に達しているようにも感じられる。地球温暖化の大きな要因としてCO_2による温室効果が注目され、CO_2減少対策が急務となってきたことは衆知の通りである。

(b) ジェットエンジンのCO_2削減対策（高温化）

　航空機が排出するCO_2の全体に占める割合は、約3％といわれている。航空輸送の需要は紆余曲折を経ながら、増加の一途をたどっているので、何らかの対策をしないと、寄与率は3％を超えて大きな値となってしまうことは間違いない。航空機の場合、CO_2はH_2O（水蒸気）と同様、エンジン内で燃料が燃焼した結果、必然的に生じる生成物である。水蒸気は上空において飛行機雲（図9-15）を発生させ、これが発達すると、太陽光線を遮ったり、逆に温室効果をもたらせて温暖化に寄与したりすることも懸念されている。これらの燃焼生成物は、燃料の使用量（消費量）に比例して増加するので、燃料消費の少ないエンジンを作ってやれば、一つの有効な解決策となる。

　燃料消費、すなわちCO_2発生量の少ないエンジンにするには、どうすればよいか？　と聞くと、エンジンを「高温化」すればよい、という言葉が短絡的に出てくるようになった。この「高温化」は、ジェットエンジンの中で最も温度の高い場所であるタービン入

図9-15　巻雲に変化しつつある飛行機雲
（米国ミシガン湖上空、1997年1月）

口、または燃焼器出口の温度を上昇させることだが、タービンブレードの材質や冷却方法など、その時代の最先端の耐熱技術を適用する必要がある。ジェットエンジンの発達過程において「高温化」は常に設計者の最大の目標となってきたが、それを必要とする理由は、その時代によって的確に変化してきたように思われる。

1930年代後半のジェットエンジン創成期から1950年代末のターボジェット・エンジン全盛期にかけて、「高温化」は、エンジンの重量当たりの推力（推力重量比）、および前面面積当たりの推力（比推力〈単位空気流量当たりの推力〉）に相当、を増大するために重要な課題であった。また、「高温化」を実現するため圧縮機の圧力比をいかに上昇させるかもそれ以上に大きな技術課題であった。

タービン入口温度（TIT）はジェットエンジン創成期の700℃台からスタートして上昇を続けてきた。第2次世界大戦中においても耐熱合金を入手できたイギリスやアメリカでは800℃を超えるエンジンが作られたが、ニッケルなどが戦略物資として使用を制限されていたドイツでは750℃台のJumo004Bを開発するのに鉄系の材料に適切な添加剤を追加して耐熱性を向上したうえ、タービン翼を空冷式とする必要があった。比推力は40s台であった。推力重量比も1を少し超える程度だった。1950年代になると、ジェット機とそのエンジンの開発は非常に盛んに行なわれ、1960年代に入る頃には、F100、F101、F102、F104、F105、F106など超音速戦闘機が勢ぞろいするような時代となった。これらの機体に搭載されたJ57、J79、J75などのエンジンのTITはまだ900℃前後であり、あまり上昇したとはいえなかった。しかし、比推力は90〜100sと2.5倍にもなり、推力重量比も5に近づいた。アフターバーナー（AB）によって推力の増強を図ったからである。

TITが不連続的に急激に上昇した時期があった。1960年代、初の高バイパス比エンジンTF39が導入されたときである。TITは一気に1250℃台に上昇した。全体圧力比も2倍以上の25級に上げてバランスを取り、高バイパス化の効果で燃料消費率（SFC）はターボジェットの約40％にまで低減した。それ以降、民間旅客機にはSFCの低い高バイパス比ターボファンが主流となった。戦闘機用など、軍用エンジンも多用途性が求められるようになり、比較的低SFCで巡航し、必要なときに大きな推力増強が可能な低バイパス比のAB付きターボファンが主流になった。軍用エンジンでは、相変わらず比推力（推力重量比）増大の要求が強く、これに対応するためTITは1400℃級以上のエンジンが開発され、F100とかF110というAB付きターボファンが生まれた。そしてF119など、ABを使用しなくても超音速巡航（スーパー・クルーズ）ができるような高性能エンジンも出現した。推力重量比も9に達するようになった。冷戦時代から東西対立の時代には、「高温化」の

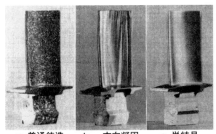

| a. 普通鋳造 | b. 一方向凝固 | c. 単結晶 |

図9-16　タービン動翼に使われる精密鋳造の進歩
a.普通鋳造では全面に結晶粒が見られる。
b.一方向凝固では長手（荷重）方向に結晶が伸びている。
c.単結晶では全体が一つの結晶からできていて境界が
　ない。

技術は高度の戦略技術と見なされ、同盟国の安全保障のため、その技術の相手側への流出を厳しく制限するところもあった。

　このような「高温化」は、タービンの動静翼の材質がニッケルなどの普通鋳造から、一方向性凝固を経て単結晶（図9-16）という高温疲労やクリープに非常に強い精密鋳造技術が開発された。また、材料の耐熱性向上に頼るだけではなく、タービン翼の冷却方式の進歩に大きく依存している。これは冷却についての数値的な予測の向上に加え、精密コア（中子）技術や穴あけ技術の進歩も大きく寄与している（図9-17）。

　また、「高温化」のためにはそのTITに相応した高い圧力比が必要である。圧力比を上げようとすると圧縮機等の段数が増加して重量が増加し、コストも上昇する。そこで、少ない段数で最大の圧力比が得られるよう高負荷の圧縮機が必要となる。例えば、1950年代に最先端エンジンあったJ79が17段で圧力比12.2であったものが、F414では、わずか10段で圧力比30という高負荷化を達成し、かつ、ストールなどが起こり難い設計になっている。民間の旅客機用のエンジンでは、推力重量比もさることながら、SFCおよび騒音の低減が要求される。そのためバイパス比は大きくなる一方である。当初はバイパス比5程度であったが、近年では12などと極めて大きな値になっている。この大きなファンを駆動するのにTITを上昇させて十分な動力を発生させる必要があるが、一方、圧力比が高いほど、SFCは低減するので、民間機の場合、軍用機ほどTITは高くせずに、むしろ圧力比の方を比較的高くしている（図9-18）。軍用機エンジンの圧力比は最大で30を超える程度であるが、旅客機のエアバスA380やボーイング787用のエンジンでは圧力比が40〜50となっている。TITには余裕を持たせ、高温部品の耐久性、信頼性の確保を図っている。また、圧縮機の負荷も軍用機用エンジンに比較して中庸に抑えてある。

　TIT一定で圧力比を上げていくとSFCは、低減していく。圧力比一定でTITを上げると、逆にSFCは悪くなる傾向にある。一方、バイパス比はTITと圧力比一定のとき、SFCが最小となる最適値を境として、増加しても減少してもSFCが悪化するという特性がある。サイクル計算を繰り返して、SFCと騒音が最小となる圧力比、TITおよびバイパス比を決めてやる必要がある。このように、「高温化」と

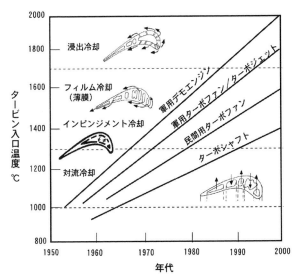

図9-17 タービン入口温度の変遷と冷却方式

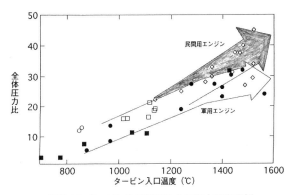

図9-18 タービン入口温度と全体圧力比の関係
燃料消費率の少ないことが重要な民間エンジンの方が
同一温度に対して全体圧力が高めになっている。

いっても一言で済むような単純な話ではないが、方向としては、SFCの低減、すなわちCO_2の削減に寄与するので、「高温化」に伴う諸技術課題の研究開発が今後、ますます必要となる。

挿話：地球規模の環境破壊の心配

　地域全体にまで拡散するような環境破壊の問題がある。まだ忘れられない経験として、1991年6月に大噴火を起こしたフィリピンのピナツボ山の火山灰の例がある。噴火で吹き上げられた火山灰が成層圏まで達して地球上のほぼ全域に拡散し、色々な異常現象が見られた。旅客機に乗ってまず気が着いたことは、大噴火の後、2〜3年の間、窓ガラスに無数の細かい傷がついており、窓に無神経な海外の航空会社の便に乗ると、外の景色がぼやけてしまってよく見えないという現象があった。窓の管理に行き届いた国内の航空会社では、その時期に窓の研磨や交換修理にかなり費用がかかったと聞く。

　また、フィリピンからはるかに離れた大西洋上58,000ftの高空を飛行する機会があったが、通常、その高度では上空が濃い藍色で、水平線との境は鮮やかな青から白に変化するが、この時期には、その境目は同じ青でも褐色がかった汚い色をしていた。さらに1993年6月に日本で見られた月食の皆既食中に月面に映った地球の影は、通常であればきれいな赤銅色になるはずだが、このときは汚れたこげ茶色を呈していた。地球の大気を太陽光が通過するときに浮遊火山灰によって何らかの影響を受けていたことを物語っていた。

　噴火後4〜5年も経つと、火山灰は地上に落下してしまったのだろう。上記のような異常現象は自然になくなってしまった。この噴火の場合は、大気の状態の変化が目に見えたうえ、気体より重い粒子が徐々に地上に落下し、時間の経過が問題を解決してくれた。しかし、これが目に見えない気体で、拡散の様子もよく見えず、いつの間にか大気中に蓄積されて、突然大きな気象変化などを引き起こすというようなものであった場合には、取り返しの付かないことになる。今日問題になっている地球温暖化ガスもその一つである。先進国と開発途上国でお互いに責任の押し付け合いをしているように見える。

　我々の子孫たちが安心してこの地球に住み続けられるよう、温暖化の恐ろしさを科学的に可視化して人類が一丸となって対策を考えたいものである。そういう意味でも、寄与率は相対的に低いとはいえ、ジェットエンジンにおけるCO_2の削減の努力は一日も怠ってはならないと強調したい。

第10章　環境に強く、信頼性の高いエンジンを目指して

10.1　設計／開発技術の進歩

　原子炉のメルトダウン事故や電車のカーブでの暴走脱線転覆事故、高速道路のトンネル天井板の落下事故等々、機器やシステムの設計または運用体制の不備に起因すると思われる不具合が目につく。報道された原因を見てみると、航空エンジンの開発に携わってきた者の目には、技術的、制度的に何かが欠如しているような気がしてならない。

(1) ジェットエンジンが世に出る資格を得るまで

　航空エンジンの開発では、軍用エンジンの場合には米国の軍規格（MIL）、民間エンジンの場合は連邦航空規則（FAR）など公的な基準に沿って設計や実証試験を行なって、決められた条件を満足したことが証明されて初めて製品として出荷できるという仕組みになっていることは周知の通りである。航空エンジンは、可能な限り軽量でコンパクトな設計でありながら、高性能で低公害という機体設計者や運航者側の要求に加え、特に上記の公的な基準では構造強度的、機能的に高い信頼性と耐久性が義務付けられる。これらによって、航空機の安全な運行が保証できるといえる。

　エンジン開発における試験では、航空エンジンが運用中に遭遇するであろう、あらゆる状況を模擬、またはその極限を目指した厳しい試験が要求される。特別に設計された地上の施設で高空の飛行状態を模擬して運転する高空試験（ATF）、計測設備を搭載した航空機に装着しての飛行試験（FTB）、構造強度の実証をする過回転試験、過温度試験、ファンブレード飛散試験、疲労寿命、潤滑油遮断試験、耐環境試験として鳥打ち込み試験、氷打ち込み試験、水吸入試験、環境氷結試験、横風試験、さらには、補機類や要素単体での機能試験や強度試験が課せられる。また、環境対策面では、騒音計測や排ガス計測試験なども行なわれる。

1種類のエンジンが型式証明または認定を受けるまでには、十数台のエンジンを造って、修理しながら、壊れるまで試験を繰り返すということになる。開発中にPFRT（予備飛行定格試験）などの所定の試験に合格すると実機に搭載して飛行試験が許されるが、その飛行試験用エンジンも加えると、場合によっては全部で30台に近いエンジンが試験に供されることになる。そして卒業試験に相当するTC（型式証明試験）やQT（認定試験）では、量産エンジンとしての材料や製造工程を確定凍結した上で厳しい条件による長時間運転などを繰り返すことになる。上記の各試験に先立ち、担当官庁に対して、その設計の妥当性を証明し、試験条件を設定しなければならない。設計の妥当性は、設計計算の結果を述べるだけではなく、なぜそれで大丈夫なのかを立証しなければならない。それには、信頼すべきデータが必要である。

(2) 設計／解析技術の進歩

　データには、試験片による材料試験データもあるが、それだけでは不十分で、やはり、先行他機種での運用実績に基づく実証データが最も信頼性が高いデータとなる。これは、一朝一夕で得られるものではない。過去の実績や失敗例に基づくデータ集または教訓集、さらには故障影響解析（FMEA）など、まさしく企業のノウハウの集積といえる。近年はコンピューターの著しい発達のお陰で、空力に関してはCFD（数理流体力学）を使って気流の剥離や乱れの状況も分かるようになり、昔のように圧縮機などの要素、またはエンジン全体を試験してみて、初めて性能不足や欠陥が発見されて、部品を造りなおすなどという後戻りのロスが少なくなった。

　また、構造強度や熱伝達に関してはFEM（有限要素法）により、局部的な応力の集中や、振動の様子などが予知できるようになった。特に、応力集中する傾向のあるディスクのハブやリムのコーナーなどは、計算のメッシュをその部分を集中的に非常に細かく切って精度をあげることで、応力集中のしにくい形状を設計できるようになった。かつてのように平均応力を求めたうえ、工学便覧などで調べた応力集中係数を掛けてやるなどということは昔話になった。

　ファン動翼に鳥が衝突したときにファン動翼がどのような挙動をするかも計算できるようになっている。さらに、不幸にしてファン動翼が飛散した場合、エンジンにどのような衝撃や変形を与えるかということなども計算解析できるようになっており、実際の確認試験を実施する前に必要な対策を施すことが可能になっている。

　また、材料強度も、かつては引張試験で得られた強度を基に使用環境などを勘案した経験則により安全率を掛けて求めていた。疲労などというものは、ほとんど考

えられていなかった。今日では、疲労寿命設計が発達し、多数の試験片を使って応力を変えて疲労試験を行ない、材料のバラつきの中で（例えば－3σというような）十分に低い値を疲労強度として使って強度解析を行なう。これにより、1,000個に1個の割合で検出可能な疲労亀裂が生じる寿命までその部品が使用できることを保証できる。昔のような安全係数という考え方は必要がなくなった。これは、新品の材料には欠陥がないという前提に立っているが、近年では、損傷許容設計といって、最も精密な検査方法で検査しても検出できないような小さな材料欠陥があって亀裂として進展したとしても、次の定期検査で検出されるまで重大な破損に至ることがないということを保証しようとする設計技術も普及してきた。このことは、亀裂の発展予測技術と破壊メカニズムの研究が進歩した成果によるところ大である。これにより、逆に亀裂の進展し難い形状を設計するという技術も生まれてきた。このような設計技術の進歩により、エンジンは限界ぎりぎりの設計が可能となり、部品の肉厚はますます薄くなってエンジンの高性能化に寄与している。

　航空エンジン（ガスタービンエンジン）では、圧縮機やタービンの動翼が多数植え込まれたローターが何段にもつながって高速で回転している。となると、回転数を2、3、4倍、……と何倍かしたような高低様々な周波数で強弱様々な空力的な励振力（振動を起こさせたり、大きくしたりする力）が常に存在することになる。一般的に高い周波数では励振力が小さく、従来はほとんど無視できたのであるが、高性能化のため圧縮機動翼のように部品がますます薄肉化することで、高周波数の小さな励振力でも局部的に共振する恐れがある。CFD解析により励振源も把握できるようになったが、全ての共振を避けるわけにもいかない。解析により、どれが危険なのかを見極めて対策を取ることが可能になってきた。要素試験やエンジン試験における計測技術の進歩も設計精度の向上に寄与している。

　運転中の部品、例えば、圧縮機動翼表面の温度や歪みを計測しようとすると、昔は熱伝対や歪ゲージを貼り付けることで対応していた。しかし、空気の流れに影響されたりして正確な計測ができない恐れがあった。しかしその後、厚さわずか数ミクロンという薄膜センサーが発達し、空気の流れを阻害することなく、温度、歪み、振動、熱流などの計測が高精度でできるようになった。また、高温のタービン動翼などは、直接的に接触しなくても、エンジン運転中に動翼先端に照射したレーザー光線の反射を2本のセンサーで受け、その位相差を計測することで振動現象を把握できるような装置も開発され、これを使うことにより量産前に必要な振動対策が取れるようになった。

　このように厳密に設計したエンジンでも開発試験中に不具合を生じる場合もあ

る。コンピューターを駆使して設計したとはいえ、その計算プログラムには、境界条件など過去の実績等に基づく推定や仮定が含まれる場合があり、その予測と実際に差が生じた場合に不具合を起こすこともある。しかし、その失敗を糧として計算プログラムを修正するなど、一歩前進ができる。開発中の失敗は、特に投資してくれている人達に対して決して歓迎されるものではないが、量産に移ってから発生する不具合に比較すればむしろ幸運ということもできる。開発中であれば試験・計測装置も揃っており、徹底した原因調査と完璧な対策が可能であるからである。

　人事を尽くしても失敗したことの教訓は、正しく後世に伝承していけば、将来的に同種の不具合を二度と起こさなくなるはずである。さらに大事なことは、コンピューターは万能ではなく、一般的に不具合の原因となる応力集中しやすい形状や、一目見て弱そうな構造などを見抜いて、対策を提案できるプロの目と良心を持った真のエンジニアを育成することだと思われる。

10.2　二次空気（副次的でない重要なもの）

(1) 二次とは？

　二次的とは、副次的とか、二義的とかともいわれ、ある根本的、主要なものに対して、付属的か、程度の低い付随的なものというニュアンスが感じられる。しかし、ジェットエンジンの場合、以下に述べるように重要な陰の役割を果たしているのである。

(2) 二次空気（重要な陰の役割）

　ターボファンエンジンの場合、ファンから入って圧縮され、バイパスダクトから直接噴出する空気、およびファンからコアエンジンに流入して、圧縮機、燃焼器、高／低圧タービンを経て排気ノズルから噴出する高温ガスは、いずれもエンジンの推力の発生に寄与するという点で一次的な主流ということができる。これに対して上記の主流から意図的に漏らしたり、抽気したり、または、寄り道をさせたりした空気を二次空気と呼んでいる（**図10-1**）。実際には目立たない存在だが、二次的とか副次的とはいえない、以下のような重要な役割を担っている。

(a) タービン動静翼の冷却

　エンジンの推力重量比の増大、および燃料消費率の低減のため、全体圧力比の増加とマッチして、タービン入口温度を上昇させる方向に進んでいる。タービン入口

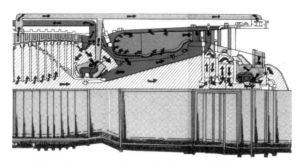

図10-1　ジェットエンジンの典型的な二次空気システム

図中の矢印が二次空気の流れ方向を示す。

温度を上げること自体は容易であるが、タービン部に使用されている材料の耐熱温度を超えることはできない。そのためタービン動静翼には耐熱性の高いニッケル合金などの単結晶材を使用するなど、材料面での高温化も進んでいるが、動静翼の内外面を空気で冷却して材料の温度を低下させる努力が続けられている。

　この冷却空気には圧縮機から来る空気が使用される。この空気は燃焼器ライナーの内外周を流れて、燃焼や希釈に使用される一方、燃焼器の冷却にも使用される。これに寄与しなかった空気をタービンディスクの内径側からタービン動翼の底に開いた穴を経て、翼部内に流入させるのが普通である。冷却方式には、時代の順に、対流冷却、インピンジメント冷却、フィルム冷却、そして最終的には浸出冷却と発達してきた（図9-17）。基本的には、動翼内部を対流冷却やインピンジメント冷却で冷却するとともに、動翼表面に開いた小さな穴やスロットから噴出して表面を冷却するようになっている。冷却することを前提に1500℃くらいまでガス温度を上げているわけであるから、この冷却空気が流れなくなるような事態が起こると、焼損などの重大な結果を招くことになる。

（b）タービンディスクの冷却

　タービン動静翼ほどではないが、高温に曝されるタービンディスクは、同時に強力な遠心応力を受けているので、長時間の寿命を保証するには、十分に温度を下げてやる必要がある。ここでも二次空気が冷却の役割を担っている。燃焼器内を素通りしてきた圧縮機出口空気をエアシールから必要量を漏らすなどしてディスクを冷却するのが通常である。日本初のジェットエンジンであるネ20では、燃焼器外周から4本のチューブで燃焼に関与しなかった圧縮機出口空気を抽気してタービン部まで送り、タービンディスクの後面に向けて設置されたチューブから冷却空気を吹き付けたうえ、燃焼器内径側を通過してきた圧縮機出口空気をタービンディスク前

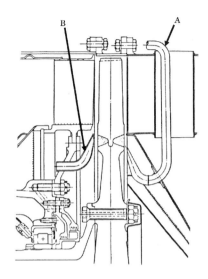

図10-2 ネ20エンジンのタービンディスクの冷却
A：タービンディスク後側冷却（圧縮機出口空気を外周からパイプ4本で供給して吹き付け）
B：タービンディスク前側冷却（燃焼器内径側を通過した圧縮機出口空気を吹き付け）

側に吹き付けていた（図10-2）。この時代から二次空気の重要性が認識され、活用する力があったのである。

（c）バランス・ピストン

　圧縮機もタービンも回転しながら軸方向に大きな推力を発生している。これを受け止めるのが、推力軸受（ボール・ベアリング）である。とはいえ、全推力を受けたのでは、ベアリングの寿命が短くなるばかりか、焼付きを起こす恐れもある。そこで、二次空気を使って圧縮機またはタービンディスクの前後面にかかる圧力を調整して軸方向に前向きまたは後向きのピストン力を生じさせ、これを圧縮機またはタービンの発生する推力と具合良くバランスさせてベアリングにかかる荷重を低減させるようにしている。

　上記のネ20でも圧縮機推力軸受の焼付きという不具合に見舞われたが、ベアリングを二重軸受にし、軸受の間にあらかじめ負荷をかけた輪バネを入れるなどの対策を行なったのに加え、圧縮機出口のエアシールの径や隙間を調整したり、空気抜きを設けたりするなどの工夫をしてバランスを取ることに成功した。この当時からバランス・ピストンに二次空気を使用する知恵と技術があったわけである。

　その他、サンプ室（軸受室）から潤滑油が漏れないようにするためのオイルシールの加圧にも使用されるなど、二次空気は目立たない存在だが、いずれも重要な働きをしている。

234

(3) 二次空気予測精度の向上

　二次空気の予測は、エアシールからの漏れの計算に始まるが、筆算でやっていた頃は実験値や経験値を基に求めており、予測精度に欠けていた。エンジンの高性能化、高温化が進み、冷却の必要性が高くなると同時に、冷却に使用する二次空気の温度も圧縮機の圧力比の向上に伴って高くなり、大量の二次空気で冷却せねばならなくなった。その結果、推力発生に寄与度の低い空気の量が増加することになり、せっかく高性能化しようとした目的と相反することにもなる。そこで、できるだけ少ない二次空気量で最大限の冷却効果を得る必要性が生じ、二次空気の予測精度の向上が不可欠となる。近年のコンピューターの著しい発達により、空気の流れについてはCFD（数理流体力学）でシールから漏れた空気の流れ方や温度なども正確に予測できるようになった。また、同様に構造強度に関してはFEM（有限要素法）により応力集中個所も含めて精度の良い予測ができる。さらにはこのCFDとFEMとを組み合わせて流体から構造体への熱伝導まで同時に解析することも可能になってきた。さらに回転中の冷却空気の挙動や、本流の熱いガスの巻き込みの影響まで予測できる見通しが出てきた。これらは、エンジン設計の中で二次空気キャビティーの解析という位置づけで、脚光を浴びている。

　また、計測技術の発達により、推力ベアリングへの負荷もエンジン運転中に正確に計測できるようになり、不具合が起こる前に対策が打てるようになった。タービンディスクや動翼の温度も色々な手法で計測できるようになり、その結果をフィードバックしてCFDやFEM解析の計算プログラムがより高精度なものに改善されている。

　上記のほかにも言葉の持つニュアンスから、重要でありながら、二次的と思われがちの部位がある。例えば、補機（アクセサリー）がある。エンジン本体に比べれば目立たない存在であるが、燃焼制御/供給、潤滑油の給/排油/冷却、点火装置等々、機能としては、とても「補う機械」などといえない重要な役割と影響力を持っている。

10.3　テーラー・メイドのエンジン

　国内で開発する航空機と平行してその搭載エンジンを国内開発することには航空機のミッションに合致した最適なエンジンをテーラー・メイドできるというメリットがある。T-4練習機とそのエンジン、F3-30の例を見てみる。

　機体とエンジンとの整合性で、重要な問題としてエンジン空気取入口（インテーク）がある。インテークは通常機体側で設計するが、エンジンの能力を最大限に発揮するには、飛行によって高速で流入する空気をエンジン前面に至るまでに、イン

テークの中でいかに効率良く減速させて圧力上昇に置き換えるかが重要になる。また、どのような飛行状態においても空気が乱れ（インレット・ディストーション）が少ない一様の流れがエンジンに来るようにする必要がある。そのため、エンジン側から見れば、極端な話、ベルやラッパの開口部のようにできるだけ大きな曲率を持った分厚いインテークが望ましいということになる。

　一方、機体側から見れば、特にT-4のようにエンジンを胴体内に装着するケースでは、インテークの外形はできるだけスリムにして機体の空気抵抗を最小限にする必要がある。となると、機体側にとってはシャープな口細のインテークが理想的となってしまう。そこで、この中間点のどこで折り合うかが、機体屋とエンジン屋の論点になる。T-4の場合、機体と同時開発とはいえ、F3-30エンジンの設計や試験が先行して行なわれており、機体の設計が行なわれる頃にはエンジンの能力や限界が、かなり明確に分かってきていた。機体屋とエンジン屋との話し合いが繰り返され、エンジン側は制限値を緩めるなどの譲歩を行ない、機体側も最大限歩み寄った結果、比較的分厚いながらもスマートで妥当なインテークが実現できたといえる（図10-3）。

　また、T-4は練習機なので、訓練のため機体を意図的にスピンに入れることも想定されており、それにより迎角や横滑り角が大きくなってインレット・ディストーションが生じてもエンジンが正常に作動することを要求されていた。通常、インレット・ディストーションの試験というと、エンジン前面円周方向に180°、または、半径方向に外周全域を邪魔板で覆って空気の流れに乱れを与えたりする。T-4の場合は、これに加え、機体会社でインテークの模型を作って風洞試験を行ない、高迎角、高横滑り角などの状態でのエンジン直前での圧力分布を実測し、その圧力分布

図10-3　川崎T-4練習機のインテーク
太からず、細からず、エンジン屋と機体屋の綿密な調整の結果決まった。エンジン／機体同時開発の利点の一つ。

図10-4　エンジンインテークのディストーション（空気の乱れ）を模擬した邪魔板のイメージ
黒い部分を空気が流れる。

を再現できるような特別な邪魔板（図10-4）を製作した。これをエンジンの前面に装着してインレット・ディストーションを発生させ、高空試験装置（ATF）で、実際にエンジンが遭遇するだろう飛行条件でエンジン試験を行なって、正常に作動することを繰り返し確認したのである。また、同様の理由で、高空でエンジンを停止した後の再始動特性が優れていることが要求されていた。これは、燃焼器の特性や性能にかかわる問題である。何種類かの燃焼器を設計し、燃焼器に必要とする他の特性（煙濃度、温度分布など）の犠牲を最小限にして再始動特性の優れた形態を要素試験で確認して選択した。実際、T-4の機体でのエンジンの操作性も良いと聞いている。これは、このような国産エンジンの同時並行的な開発ならではの成果だと考えられる。

　一方、量産エンジンの最終形態をフィックスする前に、機体のモックアップにエンジンを搭載して、整備性のチェックも行なわれた。手が届きにくいとか、取り扱いにくい個所については、エンジン側の設計を変更して対応できた個所もあった。中には、鋳物の形状まで変更して対応すべき部品もいくつかあった。外国から買ってきたエンジンでは、このような対応は難しいであろう。

　F3-30エンジンの開発試験[＊76]は米軍のMIL規格に準拠して行なったが、T-4の日本でのミッションに合致するように改良が加えられた。MIL規格には、黴（カビ）、砂塵、核放射能などの環境下での試験もあるが、本機のミッションでは関係ないこのような試験は除外された。その代わり、エンジンに鳥、氷、水などの異物を吸入させる試験は、MIL規格では最終の認定試験で実施するよう要求されているが、F3-30の場合は国情に合わせ、T-4の試験飛行開始前にも実施して安全性を確認した。

　このような試験項目、試験内容、試験結果、製品および設計の妥当性等については、官主催の技術審査会で審議して決定していた。審査を受ける側としては、時には、針のむしろに座らされている感じの辛い場面もあった。しかし、この審査では、パイロット、整備、技術、調達、機体メーカーなどあらゆる関係者が一同に会して審議をしたので、自分たちの乗る、または使う機体を安全でベストのものにしたいという意気込みが切々と感じられ、開発に従事している者にとっては大きな刺激となった。特に、量産に入って、機体も運用体制に入ると、設計者が直接パイロットに話を聞く機会はほとんど無くなってしまうので、この審査会はパイロットの生の声を聞く絶好の場だと感じていた。機体側の技術審査にも出席が許されていたので、ユーザー側の要望を痛いほど理解でき、エンジンの設計や開発にも極力反映して、より良いエンジンに仕上げたいという心境になれた。その意味で、この審査会は官民相互の信頼関係の確立にも貢献したのではないかと思う。また、この審査会はそ

の準備から発表、およびその要処置事項の処理に至るまで、担当する若手の育成にも有効であった。

　近年はコンピューターの発達で、大分様子も変わってきていると思うが、今思い返してもこの技術審査は良い制度だったと思っている。民間機でいえば、ワーキング・トゥゲザーの始まりのようなものであったと感じられる。上記の技術審査のように使う側と作る側が親身になって安全で信頼性の高いものを作り上げるのだという意気込みをもって審議を尽くせば、航空以外の分野でもきっと問題も解決するのではないかと思われる。

10.4 継続は力なり

(1) 国産開発エンジンの発展

　機体もエンジン (XF7-10) も国内開発になる次期固定翼哨戒機XP-1 (旧称P-X) が2007年9月末に初飛行に成功したという知らせがインターネットで写真付きで飛び込んできた。白い胴体に赤い線の入った4発機が脚を出したまま初飛行をしている写真を見て、そのときから22年前の夏、自分たちが開発したエンジンF3を搭載した中等練習機T-4の初飛行を同じ岐阜の滑走路の端で見守ったときの緊張と興奮が蘇って来るのを感じた。それと同時に二つの意味で深い感銘を受けた。

　一つは、1967年頃から開始され、計画のみで終わってしまった次期対潜哨戒機PX-Lで見た夢がようやく現実のものになったという思いである。当時の計画ではターボファンエンジンを4台搭載したDC-8に似た姿をした機体であった。エンジンとしてはまだ国産の適切なものがなく、外国製の軍用エンジンを技術提携で生産する計画であった。筆者なども海外にまで出かけてエンジンの勉強や調査を行ない、受け入れ態勢は十分であった。それが、1972年10月、次期対潜哨戒機の国産問題は白紙とすることが決まり、専門家会議を設立する等により輸入も含めて慎重に検討するということになってしまった。この検討には陰ながら全力で協力をした。しかし、数年にわたる専門家会議や関係省庁での検討・調整の結果、1977年12月、国産のPX-Lの代わりにターボプロップ機のロッキードP-3Cをライセンス生産することに決定した (**8.2 (i) 項**参照)。それから早や30年以上の年月が流れ、さらにそれの後継機XP-1を準備する時期となり、国内開発が行なわれた。そして、純国産のXP-1 (図10-5) が初飛行したのである。計画途中で消えたPX-Lの辛苦を味わった者にとってはこのうえない嬉しいニュースであった。

図10-5　国産のXP-1固定翼哨戒機
国産開発のXF7-10ターボファンを4発搭載。初飛行は2007年
9月28日。（厚木、2009年、鈴木幸雄氏撮影・提供）

　二つ目は、純国産のF3エンジンを搭載した純国産のT-4が1985年7月末に岐阜
で初飛行して以来22年ぶりに新しい純国産機が初飛行したわけだが、これは不連
続な事象ではなく、この間に営々と連続的に行なわれたエンジン技術の発展的な研
究開発が実を結んだのだと思うことである。前述の**10.3項**「テーラー・メイドの
エンジン」で触れたように、F3エンジンの開発が完了した1986年頃、F3よりも
タービン入口温度がそれぞれ350℃および500℃も高い技術レベルの先進的なエン
ジンを目指しての研究開発を社内的に開始していた。その成果がそれぞれ防衛庁（後
の防衛省）で試作したXF3-400および実証エンジンXF5-1に反映された。そして
XF5-1と共通のコアエンジンを用いて当時想定したよりも高い技術水準のXF7-10
という高バイパス比ターボファンエンジンが実現し、厳しい試験を次々に合格して
この度のXP-1の初飛行に至ったのである。特にエンジンに関しては地道に継続的
に行なってきた研究開発の成果といえる。

　防衛省のエンジンについて見れば、その時間的な間隔の長短は別として、戦後
T-1B用のJ3に始まり、T-4用のF3を経てXP-1用のXF7、およびさらにそれから
先の先進的なエンジンに繋がるであろう継続的な研究開発の体制がこれにより定着
したように思うのは期待し過ぎであろうか。「継続は力なり」である。

(2) 見習うべきアメリカでの継続的な研究〔*161〕〔*162〕〔*163〕

　アメリカではエンジン技術の研究開発が色々な形に姿を変えながらも長年にわた
り継続的に続けられている。それによってエンジンの技術を世界で最先端のものと
して維持し続けている。1960年代初頭、ATEGG（Advanced Turbine Engine Gas
Generator）というプロジェクトがアメリカ空軍のライト研究所の監督の下に開始
された。これはガスタービンエンジンの核を構成し、かつ最も重要な部分であるガ
スジェネレーター（コアエンジン）を常に最も先進的な状態に維持しておき、要求
があれば、この先進的なコアエンジンを使って高バイパス比ターボファン、または
アフターバーナー付きの超音速機用ターボジェットのいずれにでも直ちに最新鋭の
実用エンジンを開発できる態勢にしておこうという発想のプロジェクトであった。

ガスタービンエンジンは、ファン、圧縮機、燃焼器、タービンなどの要素を個別に開発したとしても必要に応じてサイズを適切に調整して組み合わせると所望のエンジンができ上がるという大きな利点を持っている。このATEGGには主要なエンジンメーカーが参画し、それぞれに一企業のみで実施するにはリスクの高すぎる飛躍的に進んだ技術の開発に挑戦してきた。

　このプロジェクトは、段階的に進められ、1980年代前半までに第5段階まで着実にプロジェクトが継続された。著名なエンジンの多くが、このATEGGから生まれている。例を挙げると、まず第1にGE社がATEGGで研究開発したGE1から発展したTF39（C-5Aに搭載）がある。このエンジンは高バイパス比エンジンの元祖ともいえるエンジンで後に民間用のCF6に発展したことは前述のとおりである。日本の航空自衛隊でも使用されているF-15戦闘機のエンジンF100もP&W社がATEGGで研究開発したJTF-22から発展したエンジンである。また、日本のF-2戦闘機のF110エンジンはGE社が、このプロジェクトで研究開発したGE23の成果を反映して開発したF101（B-1爆撃機に搭載）から発展したものである。

　1987年になると、空軍のATEGGと平行して進められていた海軍や陸軍やNASAなどのエンジン開発プロジェクトも統括してIHPTET（Integrated High Performance Turbine Engine Technology）という大きな国家プロジェクトに発展し、ATEGGもその中の一つとして継続的に進められた。全体の予算も年間200億円にも達するといわれていた。このプロジェクトの目標はエンジンの性能向上のパラメーターとしての推力／重量比を3段階で増加させ、最終段階ではこの値を2倍にしようとするものだった。このIHPTETで開発されたエンジンとしては、P&W社のPW5000として開発され、米空軍に採用されてXF119となったエンジンがある。このエンジンは後にF119としてF-22戦闘機に搭載され、スーパー・クルーズ（アフターバーナーなしでも超音速飛行が可能）もできるような高性能エンジンに発展したほか、F-35多目的戦闘機のF135エンジンおよびそのリフトシステムの開発に反映された。また、このプロジェクトで研究開発された先進技術は、すでに運用中のF-15やF-16およびF-18戦闘機のエンジンの性能・信頼性・耐久性向上等に適用された。IHPTETでは軍用エンジンのみならず、民間エンジンにも適用できるデュアルユースの技術の開発をも目標としていた。

　IHPTETは2005年に成功裏に完結し、後半から平行的に開始されていたVAATE（Versatile Affordable Advanced Turbine Engine）というプロジェクトに引き継がれた。このプロジェクトは、従来の性能の追求一辺倒ではなく、コスト的にも安いエンジンをも目標にすることになった。エンジン能力をコストで除した値

を評価パラメーターとして、その値がF119エンジンをベースとして2017年までに10倍となることを目標としている。分子側のエンジン能力は推力／重量比の関数として表し、分母側のコストは、開発費、製作費、整備・運用費の関数で表すことになっている。従来のプロジェクトに比較してより広範多岐にわたる用途に適用でき、さらに多様な機能を持ち、かつ、ユーザーにとって安くて使いやすいエンジンが実現することになる。F135やF136など最新鋭のエンジンをテストベッドとして革新的技術の研究開発が進められている。

　日本でもぜひこのような継続的なエンジン開発プロジェクトが立ち上がって欲しいものである。技術先進国といわれてきた日本も次第に開発途上国の急速な成長の前に陰りが見えてきた。航空エンジンは、まだ間に合う。国家的な戦略を持って重点産業として発展させたいものである。

10.5　鳥の吸込み [*77]〔*78]〔*79]〔*80]〔*81]〔*82〕

(1) ハドソン川の奇跡

　2009年1月16日の各テレビ放送局のニュースやインターネットのCNNのサイトでは、これまで見たこともないようなショッキングな映像を放映していた。現地時間1月15日午後3時過ぎにアメリカのニューヨークとニュージャージーとの間を流れるハドソン川に旅客機が不時着水して、大勢の乗客たちが半分水没した主翼や水平尾翼に群がって避難しており、観光船など数隻が集まってきて救助を行なっている光景だった。最終的には、この人達に一人の犠牲者も出ず、「ハドソン川の奇跡」として歴史に残る幸運な事故であった。

　その後、機体が吊り上げられ、フライトデータレコーダーやコックピットボイスレコーダーなどが良好な状態で回収されるなどして、情報が増えるにつれて次第に状況が見えてきた。乗客乗員155人を乗せてニューヨークのラガーディア空港（LGA）をシャーロット空港に向けて離陸したUSエアウェイズの1549便、エアバスA320が離陸90秒後、3,200ftに達した頃に「ドン」という音がして2台のエンジン（CFM56-5B）が同時に推力を失ってしまった。機長らが鳥の群を視認したその数秒後のことであった。操縦席の窓に多数の鳥が一杯に広がって見えたが、避ける間もなかったとのこと。機内には鳥の焼ける臭いが漂ったという。エンジンが鳥を吸い込んだことに間違いなかった。副操縦士がエンジンの再始動も試みたが、駄目だった。操縦を引き継いだ機長は、LGA空港に戻るには高度も速度も低過ぎてリ

スクが大きい、とはいえ、すぐ近くのティタボロー空港に向けて住宅密集地の上を推力のない飛行機で飛ぶわけにもいかないと判断し、敢えて150°も旋回してハドソン川への不時着水を決意したのだった。

　この機長は空軍出身のパイロットで、かつ、グライダーも操縦できるとのこと。USエアウェイズには1980年から勤務しているベテラン機長だった。CNNなどに公開された、いくつかの監視カメラの映像に着水の瞬間が写っているが、バウンドすることもなく、飛行艇の下手な着水よりも見事で、機長の操縦技術の高さを裏付けていた。機内前方では、ハードランディング程度の衝撃しか感じなかったという。ハドソン川にはその手前に高さ184m（604ft）のジョージ・ワシントン橋が掛かっているが、CNNに公開された飛行経路図を見ると、東岸を飛行することでこの橋をクリアしてから川の中に向かっていることから見てもこの機長の沈着さが分かる。

　過去の例では水上に不時着水しても機体が破壊されて多数の犠牲者を出すことが多かったことから見て、今回は機体の損傷が少なくて、かなりの時間水面に浮いていることができたのは幸運だったと思われる。それに加え、ベテラン機長や老練な客室乗務員による適切な避難誘導があったほか、不時着水４分後には１隻目のフェリー船が駆けつけて右翼上に避難していた乗客の救助を開始し、その２分後には２隻目、１分遅れて３隻目のフェリー船が現場に到着して救助に加わるというフェリー会社の機転も、全員無事生還の一要因になったのではないかと考えられる。その時の水温は0℃、気温は－6℃だったというから水に浸かった人間にとってはまさに分秒を争う問題だったわけである。1982年１月13日にワシントンDCで氷の張ったポトマック川にボーイング737が墜落して多数の犠牲者を出した悲惨な事故が頭をよぎった人も多かったのではなかろうか。

　その後、機体が引き上げられ、フライトデータレコーダーやコックピットボイスレコーダーなどが良好な状態で回収され、水中に沈んでいた左エンジンが回収されるなどして調査が進み、鳥を吸入したことが明らかになった。しかし、鳥吸入後、左エンジンはN1（ファン回転数）35%で回り続けていたとのことである。飛行するには推力は不足だが、油圧や電力は辛うじて供給され続けており、通常の操縦が可能だったことも幸いしたと考えられている。エンジンを再始動できなかったのは、エンジンが回っていたからと考えられる。右エンジンのN1はわずか15%だった。なお、片発停止で飛行を維持するにはN1が70%以上必要とのことである。エンジン内部には鳥など柔らかい物体の吸入によって生じたような損傷や、動物繊維が発見された。これらの残骸を調査した結果、吸い込まれたのはカナダ雁であると鑑定された。

(2) 鳥吸込み試験と対策〔＊82〕

　鳥吸込みといえば、エンジンの開発において最も重要な要件の一つであり、厳しい試験を繰り返し、規定の重さと数の鳥を吸入しても大きな事故にならないことを実証することになっている。具体的には、FAAの耐空証明の要求があり、時代とともに厳しさを増している。MIL規格にも同様の要求事項がある。鳥吸入試験には大、中、小3種類の大きさの鳥を使うが、その大きさや数はエンジン入口の面積によって決められている。

・大型の鳥としてA320級用のエンジンでは4lb（1.8kg）の鳥を1羽が要求されるが、GE90のような大きいエンジンでは8lb（3.6kg）の鳥が要求されている。この鳥を200ktの速度でフル回転をしているエンジンに打ち込むわけである。その結果、エンジンが火災になったり、エンジンの破片が飛散したり、エンジンの停止操作ができなくなるなどの不具合を生じないことが要求されている。

・中型の鳥としては鳥の群れを想定し、A320級用のエンジンに対しては、2.5lb（1.15kg）1羽に1.5lb（0.7kg）の鳥3羽が要求されている。

・小型の鳥としてはやはり群れを想定してエンジン入口面積0.032m²当たり0.187lb（85g）の鳥1羽の割合で最大16羽が要求される。

　中・小型の鳥の場合、いずれも航空機が1,500ftまで上昇するときの速度条件で打ち込むことになっている。その結果、エンジン推力が25％以上損失してはならないこと、および鳥打ち込み後約20分にわたって規定される手順に従ってレバー操作を行なってエンジン停止をさせるという厳しい要求がされている。

　実際の鳥打ち込み試験では、規定の重量になるように管理して育てた鶏などをあらかじめ安楽死させたうえ、サボ（蓋のない茶筒状の容器）に入れてエンジン入口の規定の場所に照準を定めた長い筒から高圧空気で所定の速度で打ち込むのが通例である。打ち込みの様子は高速度カメラで撮影して試験の評価などを行なう。鳥を打ち込むとエンジンは「ドーン」という音とともに一瞬サージを起こして排気などから火を噴くが、直ぐに回復して異音を発しながらも回り続けるのが通常である。

　鳥吸入に対するエンジン設計上の配慮としては、ファンの中間シュラウド（スナバー）を廃止して全体がしなやかに撓むようにすること、ワイドコードファンにして強度を増加すること、吸入した鳥をファン動翼の前縁でスライスできるようにファン動翼の迎角を空力的にも工夫すること、ファン後流の通路の形状を工夫して鳥などの異物をコアエンジンに入れず、ファンノズルから直接排出されるようにすることなどが考えられている。

(3) 鳥との衝突回避

　上記の不時着水した機体に装着されていた両エンジンの内部から発見、採集された遺物のDNA鑑定の結果、一般的に5.8〜8.7lb（2.6〜3.9kg）の重量があるカナダ雁（大きい個体では12lb〈5.4kg〉以上になる）を吸入したことが判明したという。試験で要求されて合格した4lb（1.8kg）を超える大きな鳥を吸い込んだことになる。この状態では、前述のようにエンジンが推力を保って運転し続けることまでは要求されていないのである。

　FAAのデータベースでは1990年から2008年までに民間航空だけで8.7万件近い鳥との衝突が報告されているとのこと。エンジンに関係する鳥衝突は32%にも達するそうである。2008年だけでもアメリカの民間航空で7,500件の鳥／野生生物、米空軍では、5,000件の鳥との衝突が報告されているとのことである。この中で1995年9月にアラスカで米空軍のE-3 AWACS（4発機）が離陸中に片側2発のエンジンに鳥を吸い込んで操縦不能となって墜落し、24人の乗員が死亡したケースは大きな事故の例である。

　今後、鳥との衝突や吸入による事故が増加するのではないかとアメリカでは懸念されている。飛行便数の増加に加え、野鳥そのものの生息数が増加しているからである。大型の鳥の代表としてカナダ雁はこの26年間に年間7.3%の割合で増加しているという。3〜4発機に代わって双発機の割合が増加していることから、鳥吸入時における冗長性からみてこれまで通りの基準でよいのかという問題も提起されている。鳥の大きさを8lb（3.6kg）のハクガンではなく、24lb（10.9kg）のカナダ雁にした方がより実際の脅威に近いのでないかということや、大型の鳥を吸入したときの推力低下を50%以内と規定するべきではないかという議論も出ている。

　内外の各空港では鳥を飛行機に近づけないように大きな音を出すなど、色々な工夫や対策が採用されているようである。しかし、今回のように3,000ftもの上空で大型の鳥の群れに遭遇しないようするにはどうするのか、レーダーのような感知器が有効なのか、課題は多い。

10.6 火山噴火と航空エンジン〔*83〕〔*84〕〔*85〕〔*86〕〔*87〕〔*88〕〔*89〕〔*90〕

(1) アイスランドの火山噴火で航空路線が麻痺状態に

　イギリスの北約1,000kmの大西洋に浮かぶ、アイスランドは火山の島として知られている。二つのプレートが接する中央海洋地溝帯の真上にあり、北海道に四国を加えたほどの面積の中に活火山が30以上もある。有史以来、大きな噴火を繰り返してきた。記憶に新しいところでは、アイスランド本島の南端から20kmほどの海上にあるヘイマエイ島で発生した1973年1月の噴火がある。この島の東岸にある街の外れで突然噴火が始まり、エドフェル火山が誕生した。噴火で生じた裂け目が瞬く間に長さ3kmにもなって島を縦断し、ここから流れ出た溶岩が多くの家屋を押し潰した。住民たちは海水を溶岩流に放水して被害を最小限にしようと努力を続けた。吹き上げる真っ赤な溶岩に向かって果敢に放水する人達の映像が目に焼き付いている人もいるであろう。

　それから37年経った2010年3月、今度はこのヘイマエイ島の対岸でアイスランド本島の南岸のエイヤフィヤトラヨークトル氷河の底から噴火が始まった。4月になり、氷山の下にある火口に溜まった水で水蒸気爆発的な大きな噴火を起こして火山灰が空高く吹き上げられた。ロンドンVAAC(Volcanic Ash Advisory Center)の発表データを見ると、火山灰は航空機が飛行する20,000〜35,000ftに達し、水平方向に拡散し、4〜5日間にわたってイギリス、フランス、ドイツなどヨーロッパ北部から東部にかけてのほとんどの国が火山灰の傘の下に入り続けたことが分かる。その結果、ヨーロッパ25ヵ国の飛行場が閉鎖され、ピーク時にはヨーロッパでの1日の飛行総数28,000便のうち、17,000便の飛行がキャンセルされるという事態になった。全期間を通じて約10万便が欠航し、950万人の旅行者に影響を与えたのみならず、貨物輸送も滞って経済的にも少なからぬ損害を与えた。これは、2001年9月11日の米国での同時多発テロ発生時を上回る混乱であった。火山灰の量も少なくなった噴火後4日目になると、各国独自に試験飛行を行なって安全を確認するなどして空域を限って飛行が再開され、1週間後にはほぼ正常に戻った。一部には飛行規制が厳し過ぎるのではないかという声もあったようであるが、火山灰に遭遇した過去の事例を見ると、いかに避けがたく、かつ、危険なものであるかが分かる。

(2) 火山灰に突入すると

　火山灰に突入した第1の例が1982年7月24日夜、BA 009便、ボーイング747-200がインドネシア上空でカルンガング火山の火山灰を吸入して発生した全エンジン停止である。当便はロンドンからニュージーランドのオークランドまでを4ストップして飛行する長距離便であった。不具合が発生したのはクアラルンプールを発ってオーストラリアのパースに向かうセクターのときだった。乗員、乗客262名を乗せてジャワ島上空を高度37,000ftで順調に巡航していた。窓の外にはきれいな星空が見え、気象レーダーにも異常は認められなかった。間もなく乗客から機内に煙が漂っている旨、苦情が寄せられた。ほぼ同時に機体各所に光輝く無数の粒子が衝突してはセントエルモの火のような発光をする現象が発生した。主翼も光で一杯だった。エンジンのインテークからも光が出て、暗夜にもかかわらずファンが回転するところまで見えたという。エンジンの排気は光って長く尾を引いたそうである。

　煙対策を開始しようとしたとき、No.4エンジンがサージしてフレームアウトした。1分後、No.2エンジンが停止したのに続いて、No.1とNo.3エンジンもフレームアウトしてしまった。エンジンの再始動を試みたが、全てのエンジンの推力を失った機体は急速に降下し、再始動に適した速度をはるかに超えていたので再着火はできなかった。しかし、13,500ftまで降下したとき、No.4エンジンが何の予告なしに突然に生き返り、降下率が少なくなった。12,000ftまで降りた頃、No.3エンジンも突然回復して推力を出し始めたため、右側エンジンのみで水平飛行を維持できるようになった。間もなくNo.1とNo.2エンジンも同時に回復した。No.2エンジンはその後もサージを繰り返して不安定だったため、これを止めてエンジン3発でジャカルタ空港に緊急着陸を試み、無事到着した。フロントガラスは真っ白に曇っていて視界確保に苦労したという。着陸後の点検で、機体各所に傷や火山灰の堆積が見られ、前夜噴火したジャカルタの南東175kmにあるガルンガング火山の火山灰に遭遇したものと分かった。エンジン（RB211）の燃焼器やタービンノズルから大量の火山灰が採取された。

　第2の例は、1989年12月15日、KLM 867便、ボーイング747-400がアンカレッジ付近でリダウト火山の噴火による火山灰に突入して4発エンジンがパワーロスした例である。この便はアムステルダム発でアンカレッジ経由の成田行きだった。アンカレッジに向けて高度39,000ftから降下中のことだった。26,000ftまで降下したとき機内に煙が入り込み、機外にセントエルモの火が見えたと同時に4つのエンジン全てが出力を失って（回転数が28〜30% rpmまで低下）しまった。しかし、13,300ftまで降下した時点で全エンジンの再始動に成功してアンカレッジ空港に着

陸できた。乗員、乗客245人は全員無事だった。機体外周にすり傷が発生し、コックピットや着陸灯などのガラス類は擦りガラス状になっていた。エンジン（CF6-80C2）の高圧タービンノズルには飴状の物質がべっとりと付着していた。

　アメリカ地理調査所でKLM867の機体から採取した灰を調査したところ、この灰はミクロン単位の細かい粒子で鋭く尖った硬い物質であり、リダウト火山のものであることが確認された。この標高3,108mのリダウト山は、アンカレッジの南西約200kmにあるが、KLM便が到着する1時間半前に噴火しており、アンカレッジ市内は降灰で昼でも薄暗いほどであった。しかし、高空にまで上昇して拡散し、雲に紛れ込んだ火山灰は航空管制レーダーや機上の気象レーダーでは識別することができず、KLM機も火山灰の位置を知るすべがないまま火山灰に遭遇する結果となってしまったのである。

　この時期に至って、火山灰予知が重要であることが認識され、世界的な警報網の確立に進み始めた。しかし、1991年6月に発生したフィリピンのピナツボ山の巨大噴火の場合は地上の避難対策が急務で、航空当局に対する危険空域の通知が後手に回ったこともあり、合計16機の航空機が火山灰に遭遇し、その中の2機がエンジン停止、5機の10台のエンジンが交換という事態となった。しかし、火山の近くで被害を受けたのは3機のみであり、残りの大半は火山から1,000km以上も離れた空域で被害にあったという。これも火山灰の恐ろしさの一つである。

(3) ジェットエンジンが火山灰を吸い込むと [＊89]

　火山灰の成分は基本的にはガラス成分である。硬くて角が尖った微粒子なので、航空機にぶつかると研磨剤のように機体表面や窓ガラスおよびエンジンのファン／圧縮機翼を浸食する。また、火山灰は1100℃くらいの温度で溶けるので、エンジン燃焼器の1600〜2000℃の焔に曝されて水飴のようになる。この水飴状の物質が燃焼器を出た後、空冷されている高圧タービン1段ノズルの表面に付着・堆積する。このタービンノズルは高圧タービン動翼に最適な角度で燃焼ガスを吹き付けて動力を発生させる役目に加えて、圧縮機とのマッチングを維持しつつエンジン内を流れる空気の量を所定の値に制御するという重要な役目を持っている。製造時にはノズル出口の寸法は厳しく管理され、部分組み立ての後、実際に流量計測を行なう場合もあるほどである。このようなデリケートな部分に飴状物質が堆積する訳だから空気流量が変化し、圧縮機の作動線が狂ってサージに至り、排温（EGT）の急上昇やフレームアウトが発生しても不思議ではない。また、この堆積物はタービンノズルやブレードの空冷用の穴を塞いでしまうので、素材の温度が過昇して焼損に至る恐

れもある。

今回のアイスランドの噴火でも飛行禁止になる前に訓練飛行をしたフィンランド空軍のF-18戦闘機のエンジン（F404-402）内部に溶けて堆積した火山灰が見つかったと報じられていた。

ボーイング社は噴火空域を避けることを推奨しているが、万が一火山灰に遭遇した場合には、エンジンをアイドルに戻せば火山灰の堆積を減らし、圧縮機のストールマージンを改善できるだろうとコメントしている。

現時点では火山灰には近寄るなということが、最も有効な対策のようである。

10.7　アンコンテインド・エンジン・フェイリャー

(1) 言葉の定義

アンコンテインド・エンジン・フェイリャーという言葉が2010年の後半頃一時的にメディアを賑わした時期があった。これは、エンジン運転中に内部の部品が破損するなどして、その破片がエンジン・ケースを突き破って外部に飛び出す事象で、飛散破片の持っている大きな運動エネルギーによって機体が破損したりして、飛行安全に重大な影響を及ぼす可能性のある不具合である。逆にエンジン部品が破損してもエンジン・ケース内に留まるか、または、排気から排出されるだけの場合は先頭の「アン」が取れて、コンテインド・エンジン・フェイリャーと呼び、それほど切迫した状況にはならないとされている。

(2) 事故の発生事例

アンコンテインド・フェイリャーなどという事象は滅多に発生することがないはずだと信じられてきた。

・2010年8月2日、ボーイング787用のRR社「トレント1000」エンジンが通常の台上運転でアンコンテインド・フェイリャーを起こしたというニュース〔＊91〕が流れた。それによると、「高出力運転中にオイルが火災を起こし、その熱でインターメディエイト・プレッシャー（IP）シャフトが"軟化"した結果、破断し、束縛のなくなったIPタービンが過回転状態となって究極的に（ディスクが）破断して破片がケーシングを突き破って飛散したものと推定され、エンジンのみならず、テストセルにも損傷を与える結果となった」とのことだった。

一方、「トレント1000」と似た構造をした「トレント900」（エアバスA380に搭載）

に対してオイルの火災に関するAD（耐空性改善通報）〔＊92〕が2010年1月に発行されていたが、RR社は双方エンジンの不具合に相関はないと言明している〔＊91〕。

・2010年8月30日、サンフランシスコ空港を離陸してシドニーに向けて上昇中のカンタス航空のボーイング747-400のNo.4エンジン（RB211-524G）がアンコンテインド・フェイリャーを起こして緊急着陸するという事象が発生した〔＊93〕。緊急着陸後の調査でIPタービンが破壊し、破片がエンジンから飛散し、エンジンナセルにも大きな穴が開いたりしたが、飛行に重大な影響は与えなかったとしている〔＊94〕。オーストラリア政府輸送安全局の発表〔＊98〕によると、事故の原因は、最初に低圧タービン2段目の動翼1枚が疲労破壊を起こして2次的に他の動翼を飛散させてエンジンのアンバランスを生じ、これにより低圧タービンのローラーベアリングに過荷重を生じてこれを破壊させた。その結果、低圧タービンシャフトが振れ回って中圧タービンシャフトと接触し、これを破断させたことが、中圧タービンの過回転となり、破損の過程で低圧タービン1段が破損して破片が飛び出したと推定している。

・2010年11月4日カンタス航空のエアバスA380、QF32便がシンガポールのチャンギ空港を離陸して高度7,000ftに達した頃、No.2エンジン（「トレント900」）がアンコンテインド・フェイリャーを起こし、機体にも大きな損傷を発生させるという不具合が発生した。当機は元の空港に戻り、469人の乗員、乗客は無事であった。着陸後、調査の結果〔＊95〕、No.2エンジンのIPタービンディスクがバーストしてアンコンテインド・フェイリャーを起こしていたことが判明。飛散したディスクの欠片が左主翼および付け根部フェアリングを貫通し、燃料漏れを発生させるなど、燃料系統、電気系統、油圧系統の作動に影響するような損傷を与えていたことが分かった。タービンディスクの破断面の目視検査では過大応力による延性破壊の様相を呈しており、既存の傷は発見されなかったとのこと〔＊95〕。

　それではなぜこのような不具合が発生したのだろうか。AD〔＊96〕を読むと、推定原因のヒントを読むことができる。それによると「高圧（HP）／IP組立の空洞部分におけるオイルの火災が、引き金となり、IPタービンディスクのドライブアーム（IPシャフトとの結合フランジ部）が破断し、IPタービンディスクが過回転してバーストに至ったということになる。

・2010年5月にNTSB（米国家運輸案全員会）からFAA（米連邦航空局）宛てに発行された緊急安全勧告〔＊97〕では、GE社のCF6-45/50のLPタービンディスク3段が高圧系の振動による高応力に耐え切れずにバーストしてアンコンテインド・フェイリャーに至った4例を挙げて検査とエンジンメーカーでの対策を要求している。エンジンの開発において、規定ではファンもタービンもブレードがシャンク部から破

断して飛散してもケーシングで受け止めてエンジン外部に飛び出さないように設計され、試験でも確認されている。しかし、怖いのはタービンディスクである。タービンシャフトが破断すると過回転となるが、この場合でもバーストしないように設計するしかない。例えば、ディスクの強度に十分なゆとりを持たせること、ブレードが先に破損するか抜けるかしてディスクの負荷を軽減させること、タービンローターが軸方向に移動してタービンノズルなど静止部品に絡み付いてブレーキをかけるなどが考えられる。また、型式証明ではファンや圧縮機やタービンのローターに対して最高温度の下で120％（エンジンで試験するときは115％）最高回転数で5分間試験を行なった後、ローター部品の寸法的な変化が過回転許容値以下であり、クラックの発生がないことを要求している。

　このように慎重に設計・試験してあっても予期せぬ原因で不具合が発生することもある。エンジンというものは奥の深いものだと痛感させられる。

第11章　将来動向

11.1　燃料の節約（低燃費）への傾向が強まる

　2011年の夏は東日本大震災で原子力発電所などの電力施設が被害を受けたため東京電力管内では15％の節電が要求された。やや抵抗を感じながらも我が家でも協力してみた。その結果、夏場4ヵ月間の電力使用明細書を調べてみると、前年度の同時期に比較して平均30％の節電を達成していたことが分かった。実行したことは昼間の酷暑の時間帯には一切エアコンを使わず、扇風機で汗を冷やすというごく自然の摂理にかなった生活様式に切り替えたことであった。航空機の世界では燃料を一気に30％も節約するなどということは一朝一夕ではとても達成できない目標である。

　前述のように2011年秋から世界で初めてANAの路線に就航した250席級の新鋭機ボーイング787「ドリームライナー」では、バイパス比10級の先進的な高バイパス比ターボファンエンジン、RR社「トレント1000」（JALの場合はGEnx-1B）が搭載されていてエンジンで13％程度の燃料節減に寄与しているが、これに加えて、機体構造にはその半分に複合材を使用して軽量化や抵抗の低減を図り、全体的な燃料節減は同サイズの従来機に比較して20％という値である。これは非常に革新的な数値であり、250席級の中型機でありながら、長距離の国際線への運航を可能にした。一方、150席級機の分野では、2010年12月に開発の発表があったエアバスA320NEO（New Engine Option）にはこの世界では新しい概念のギアドファンであるP&W社「ピュア・パワー」PW1100G-JMまたはCFMI社の革新的な高性能エンジン「LEAP-1A」のいずれかが搭載されるが、機体側の洗練と合わせて15％前後の燃料節減が期待されている。いずれのエンジンもバイパス比が11〜12という高バイパス比ターボファンにリエンジン（エンジン換装）することで2015年代の燃料節減15％という要求に応えようとしているわけである。ボーイングも同様の目的のために737のリエンジン型として「LEAP-1B」搭載の737MAXを2011年8月

に発表している。リエンジンについては11.2項で詳しく述べる。

　エンジンの燃料消費率（SFC）は1kgの推力を発生させるのに1時間当たり何kgの燃料を使うかという単位で表される。この数値が小さければ燃費（SFC）が良いということになる。SFCの大きさは推進効率と熱効率とを掛け合わせた積が大きくなると低減する特性がある。そのうち推進効率はエンジンの出力エネルギーがどれだけ有効な推進仕事に利用されたかを排気速度と飛行速度との関係で表した式になるが、この関係式を展開していくと最終的には排気速度が飛行速度に等しくなったときに推進効率が100%になるという関係が成り立つ。極端な話、排気速度が飛行速度と同じになると飛行はできないが、排気速度をできるだけ遅くして飛行速度に限りなく近づけていくと、推進効率は最大となる。排気速度の遅い分は大量の空気を流すことによって補うことになる。この状態を実現できるのは高バイパス比ターボファンエンジンである。従来のターボファンエンジンはバイパス比が5とか6程度であったが、前述のように新鋭機のエンジンではバイパス比が10に達している。バイパス比が増加した分、ファンの圧力比が低下して排気速度が遅くなり、大量の空気をゆっくりした速度で排気するという形態になっている。その分、推進効率が向上し、SFCの低減に寄与している。

　一方、熱効率は消費燃料エネルギーがどれだけエンジン出力エネルギーとして使えるかを表している。熱効率は全体圧力比を大きくすれば高くなる傾向にあり、SFCの低減に寄与する。圧力比を増加するために圧縮機の段数を増加したいところであるが、これでは重量もコストも増加してしまう。最新のエンジンでは、3次元設計の翼型を使うなどして、高い効率やサージマージンを確保しながら、少ない段数で最大限の圧力比を得るような努力が営々と続けられている。その際、その高圧力比を得るためにこれを駆動する高圧タービンの入口温度をその圧力比に相応するレベルまで上昇させる必要がある。特にバイパス比の高いエンジンでは低圧タービンでファンを駆動するための大きな動力を必要とするため、高圧タービン入口温度を十分に高くしておき、高圧タービンで高圧力比の圧縮機を駆動した後でもエネルギーが十分に残っている必要がある。高圧タービン入口温度を上昇させるには、高温でも耐久性の高い材料を使用するのに加え、金属表面の温度を許容値内に収めることができる効率の良い冷却技術が必要である。したがって、これらの材料技術や冷却技術のレベルによってタービン入口温度が自ずから決まってくる。近年、バイパス比10を超えるようなエンジンが登場したのはこのあたりの技術の進歩によるところが大である。温度や圧力が上昇すれば燃焼器でNOxが発生するので二重アニュラー方式とか予蒸発予混合方式のNOx低減対策も必要になる。また、バイ

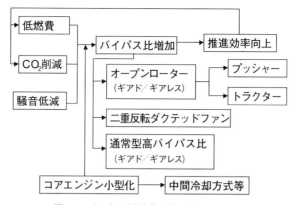

図11-1 さらなる低燃費、低騒音を目指して

・バイパス比の増加は推進効率の向上となり、低燃費、すなわちCO₂削減となると同時
　に騒音低減に寄与する。
・バイパス比増加の手法にオープンローター、二重反転ダクテッドファンおよび通常型の
　超高バイパス比エンジンが考えられる。その場合、減速装置(ギア)を付ける場合とつ
　けない場合がある。また、オープンローターの場合プッシャー(押す)かトラクター(牽引)
　の選択がある。
・中間冷却器等を付けてエンジンを小型化し、バイパス比を見かけ上、増加する方法も
　検討されている。

パス比の増加によりファンの直径が増加し、先端で高速になり過ぎないように回転
数を下げる必要があるが、ファンを駆動する低圧タービンにとっては低回転でも十
分に仕事ができるように段数を6～7段と多くせざるを得なくなるが、それによる
重量増加をTi-Al(チタン・アルミナイド)合金のような軽量耐熱材を使用して対応
したりしなければならない。または、別の方法として、低圧タービンとファンとの
間に減速装置を入れた、いわゆるギアドファンにして低圧タービンの回転数を高回
転に保つということになる。騒音はバイパス比の増加で低減の傾向にはなるが、騒
音規制が厳しくなる一方であるし、巡航時の機内騒音の低減などのためシェブロン・
ノズルのような対策も必要である。このように、航空エンジンの場合、燃料を節約
するといってもそう簡単ではない。過去からの研究開発で営々と蓄積してきた技術
を基にその時代のブレークスルー的な技術を開発することで段階的に燃料の節約が
進んできたということができる。

　復習になるが、歴史的に見ると、1950年代はバイパス比0の純ターボジェットが
全盛であったが、この時代のエンジンを基準として比較すると、1958年、バイパス
比1.4のJT3D低バイパス比エンジンが出現してSFCは20%近く低減した。1960年
代末のC-5A大型輸送機用エンジンTF39高バイパス比エンジンの開発に助長され
て、1970年代にはCF6、JT9D、RB211などのバイパス比5～6級の大型の民間用

高バイパス比エンジンが出揃い、SFCはさらに25％程度と大幅に低減した。世界はジャンボ機による大量輸送時代に入った。この段階では、バイパスが大きくなったことに加え、圧力比やタービン入口温度、各要素の効率などに革新的な進歩があった。1980年代にかけて高バイパス比エンジンにも派生型を含む第4世代の機種が何種類も開発され、圧力比やタービン入口温度の上昇等により、SFCはじわじわとさらに10％程度の低減を見せている。V2500などの150席級旅客機用の中型のエンジンでも高バイパス比エンジンが開発された。この時代のエンジンに比較してボーイング787のエンジンや150席機用リエンジンとして開発されるギアドファンなどのエンジンでは、SFCが10数％低減される。純ターボジェットの時代から約70年間で総合的に見ると50％もSFCが改善されることになる。さらなる燃料節約の次のステップチェンジは、いよいよオープンローターの出現だろうか、それとも先進的なギアドファン等でしばらく進むのであろうか。(図11-1)

11.2 リエンジンか、オールニューか
─150席級旅客機の後継機問題

(1) 時代背景

　1969年2月に初飛行して以来40年余にわたって大量航空輸送時代を担ってきたボーイング747も2009年11月に最終の1419号機が納入される一方、最新型エンジンGEnx-2Bを搭載するなどで姿を一新した最新型の747-8F/Iが就航し、一つの時代に区切りが付けられたということができる。前述のように、このGEnxなど、推力50,000lb（22,680kgf）級以上の大型ターボファンエンジンの世界では、GP7272およびトレント900がエアバスA380用に開発されて運航中であり、また「トレント1000」もボーイング787に搭載されて2011年11月1日からANAが世界で初めて国内の定期路線での運航を開始した。GEnx-1B搭載のボーイング787もJALの国際線で2012年4月22日から就航している。一足先に開発された世界最大推力を持つGE90-115Bもボーイング777-300ERに搭載されて順調に運航が続けられている。さらにA350XWB用のトレントXWBも開発中である。この推力クラスでは、これからの時代を代表する先進的な高バイパス比エンジンが出揃ったということができる（図11-2）。一方、エンジン推力でいえば25,000〜30,000lb（11,340〜13,600kgf）級が搭載される150〜200人乗りの単通路狭胴機では、ボーイング737とエアバスA320の2機種がほぼ独占的に運航されてきた。これからもそれぞれ

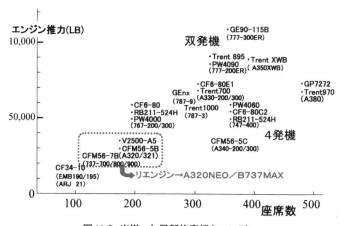

図11-2　出揃った最新旅客機とエンジン

座席数150〜200でエンジン推力30,000lb付近の後継機としてエア
バスA320NEOとボーイング737MAXのリエンジンがスタートした。

2,300機ほどの受注残を持っているほどのベストセラーになっている。

　CFM56-3搭載のボーイング737-300が初飛行したのは1984年2月で、V2500搭載のA320が初飛行したのは1988年7月（CFM56-5搭載機は1987年2月）であり、航空機の寿命を25年と仮定すると、早晩その後継機を考えねばならない時期に来ている。搭載エンジンについても2007年頃まではエアバスA320やボーイング737後継機を目指したエンジンの検討が各社で行なわれてきたが、具体的な動きが報じられるようになったのは、2008年7月のファンボロー航空ショーの頃からであった。P&W社は三菱のMRJ（Mitsubishi Regional Jet）およびボンバルディア社のC-シリーズなど、リージョナル機用に開発中のPure Power PW1000Gギアドファン GTF〔*99〕をエアバスA320やボーイング737の後継機用に2014年までに製造することができ、燃料消費を12%削減、さらに2020年までに追加して5〜7%削減することができると発表したのである〔*100〕。GE社とスネクマ社との合弁会社CFMI社は2005年に開発を開始していたLEAP56をさらに発展させて燃料消費を16%削減したLEAP-Xを2016年までに開発し、その後はオープンローターとして燃料消費26%削減を狙うと発表していた〔*101〕。RR社はOption 1-50という研究計画を開始しつつあり〔*102〕、2軸（RB282-2）または3軸式ターボファンで12〜15%の燃費削減、オープンローターで追加的に10〜15%削減という計画を持ち〔*102〕、オープンローターの縮小モデルでの台上試験も行ないつつあるとのことであったが、静観の態度を保っていると報じられていた〔*100〕。

図11-3　エアバスA320NEO
PW1100GまたはCFMI社のLEAP-1Aを搭載。
(from website of Airbus)

**図11-4　P&W/IAE社PW1100G-JMギアドター
ボファン**
この写真はエンジン試験用初号機(FETT)。
(Reprinted with the permission of United Technologies Corp., Pratt & Whitney division – all rights reserved)

(2) リエンジンへの動き

　そこに2008年後半頃からオールニューで新規参入の機種が開発されるという新しい動きが出てきた。中国で初めての150〜200席級の単通路機としてCOMAC社(中国商用飛行有限公司)がC-919の開発を2016年頃を目標に開始した。また、ロシアでは150〜210席級のイルクーツMS-21の開発を始めた。エアバス社とボーイング社の独占市場に新たな競合機種が現れた訳である。また、エンジンメーカーは上記の新参機のタイミングに合致するように新しいエンジンの開発を加速し始めた。高バイパス比では世界初のギアドターボファン(GTF)をリージョナル機、三菱MRJ(PW1200G：推力15,000〜17,000lb〈6,800〜7,710kgf〉級)およびボンバルディアC-シリーズ(PW1500G：推力19,000〜23,300lb〈8,620〜10,569kgf〉級)向けに開発中のP&W社は150〜200席単通路機向けにも推力30,000lb(13,608kgf)級のGTF(PW1100G)の開発に着手した。そしてPW1400G(推力30,000lb級)がロシアのMS-21に採用が決まった。一方、CFMI社は在来のCFM56に代わる先進エンジンLEAP-Xの開発を加速し、LEAP-1Cとして中国のC-919への搭載が決まった。いずれのエンジンもこれまでのターボファンに比較して12〜16%も燃料消費を削減することを目標にしている。ボーイング737やエアバスA320についてもこれらの先進エンジンの開発が間に合うのであれば、機体の改造を最小限にして、これでリエンジン(エンジン換装)することによってオールニュー機を待たないでもよいのではないかという風潮が生まれてきた。そこで生まれたのが、リエンジンか、オールニューかという議論である。

　そして1年が経ち、状況が進展した。2010年12月1日、エアバス社は燃料節約型の新エンジンをオプションとしてA320ファミリーにオファーすることを決定したと発表した〔*104〕のである。これはA320NEO(図11-3)と称されるリエンジ

図11-5　CFMI社のLEAP-1Aターボファンエンジン
(Courtesy of Snecma)

図11-6　ボーイング737MAX
CFMI社のLEAP-1B搭載。(from website of Boeing)

ンの機体である。エアラインは搭載エンジンとしてP&W/IAE社のPure Power PW1100G（推力：24,000〜30,000lb〈10,886〜13,608kgf〉／バイパス比12）（図11-4）かCFMI社のLEAP-1A（推力：24,000〜32,900lb〈10,886〜14,923kgf〉／バイパス比10.5）（図11-5）かのいずれかを選択できる。A320NEOは燃料消費を15%削減して年間1機当たり3,600トンのCO_2の削減に寄与するほか、NOxや騒音レベルや運行費を2桁のオーダーで低減でき、航続距離が500nm（926km）延びるか、またはペイロードが2トン増加するとしている。また、ウィングレット（主翼端に立つ小さな翼）の一種であるSharkletsの採用により長距離運航の場合3.5%の燃料節減が期待できるとされている。この発表後すぐにインド最大のLCCエアラインIndigo社やアメリカのVirgin America社がA320NEOを導入することになり、ローンチ・カストマー（新型機製造計画を立ち上げる「後ろ盾」）となった〔＊104〕〔＊105〕。A320NEOは開発の発表から1年も経たない中に累積合計1420機の受注（含確約）を受けるという短期間大量受注の新記録を樹立したという。

　これに対してボーイング社はリエンジンの動きに対しては批判的であり、2020年代のオールニュー機の開発を主張してきた。しかし、A320NEOへの対抗上なのか、遂に2011年8月30日、ボーイング737のリエンジン型「737MAX」（図11-6）の開発決定を発表するに至った〔＊107〕〔＊108〕〔＊109〕。737MAX7、737MAX8、737MAX9を新世代の737系に加えようとするものである。それにより、Max（最大）の効率とMaxの信頼性および「ボーイング・スカイ・インテリア」によってMaxの客室快適性を与えるものであるとしている。エンジンとしてはCFMI社のLEAP-1B（推力：20,000〜28,000lb〈9,072〜12,700kgf〉／バイパス比8.5）を搭載することによって現行型のA320に対して16%の燃費改善、A320NEOに対して4%の改善、そして運航費を7%改善するとともに世界最高の定時出発率99.7%を確保するものであると

している。この発表以降、アメリカンエアから100機の確約があったほか、インドネシアのライオン・エアから201機という大量の確約があるなど、A320NEOに劣らぬ関心を集めている。これで当面の間はエアバスとボーイングの両社ともリエンジンで進むことになった訳である。

余談であるが、「リエンジン」(re-engine) とは単純に日本語に言い換えれば「エンジン換装」という意味になる。既存の航空機を大改造することなしに、エンジンをより高性能、低公害のものに換装して、航空機の性能向上や燃料消費削減、空港騒音や排ガスの低減などに期待した計画のことである。過去の例では、ボーイング737-100/200シリーズのP&W社のエンジンJT8D-9をCFMI社のCFM56-3Bに換装して737-300シリーズとした例、ダグラスDC-9のP&W社JT8Dエンジンを低騒音化した「リ・ファン」型のJT8D-200シリーズエンジンに換装したMD-80シリーズ、ダグラスDC8-60シリーズのP&W社のJT3DエンジンをCFMI社のCFM56に換装してDC8-70シリーズとしたなどの例がある。これらは1970年代後半から1980年代前半にかけての頃で、騒音規制が強化される1985年に向けて低騒音化を図って生き延びるための「リエンジン」ブームだったということもできる。

A320NEOや737MAXのリエンジン用に提案されている2機種のエンジンのうちLEAP-XはCFM56を製造するCFMI社が継続することで良いのだが、V2500を製造するIAE社 (P&W + RR + JAEC + MTU) がその後継としてPW1100Gを製造するのかという点については、メンバーのRR社がギアドファンの概念とリエンジンの計画に同調しない立場を取ってオールニュー機用の革新的エンジンの開発に注力しており、IAE社のその後の成り行きが注目されていた。そして2011年9月28日、P&W + JAEC + MTUの3社でA320NEO用のエンジンPW1100G-JMの共同開発について基本合意に至った旨、発表があった〔*107〕〔*108〕〔*109〕。JAECのシェアは23%でファン、低圧圧縮機などを、MTU社のシェアは18%で低圧タービンと高圧圧縮機の一部を、P&W社が高圧タービンなど残りの部分を担当するとのことである。

一方、2011年10月12日、RR社とP&W社が等分シェアで次世代中型機 (120〜230席) 用エンジンの新規開発を目指してJV (共同企業体、joint venture) 会社を設立することに合意した旨、発表があった。同時にRR社はIAE社内のシェア相当額を$1.5bilでP&W社に売却すること、V2500搭載機の飛行時間に比例した対価を15年間受領できること、V2500の担当部位の製造や組立等は継続すること、PW1100G-JMの開発に適度な財政的投資を行なうことが発表された。〔*157〕

(3) LEAPエンジン 〔＊158〕〔＊159〕

　LEAPエンジンは、前述のようにCFMI社がCFM56の後継エンジンとして開発中の２軸式の高バイパス比ターボファンエンジンである。燃費は従来機種に比較して最大15％の低減が期待できるとのこと。

　LEAPエンジンには搭載機種によって３種類に分かれる。

・LEAP-1A：エアバスA320NEO用で、推力は24,500〜32,900lb（10,886〜14,923kgf）、ファン径は約78インチ（約2m）でバイパス比は10.6になる（図11-5）。

・LEAP-1B：ボーイング737MAX用で、推力は20,000〜28,000lb（9,072〜12,700kgf）、ファン径は約69インチ（1.75m）でバイパス比は8.5になる。

・LEAP-1C：中国のCOMAC　C919用で、推力は27,980〜30,000lb（12,692〜13,608kgf）、ファン径は-1Aと同じで78インチ（約2m）である。

　ファン動翼はスネクマ社のMascot技術実証プログラムで開発された3DW-RTM（３次元繊維織物構造樹脂圧入成型）方式で造られた複合材でできており、枚数は18枚と最新のCFM56-7Bの24枚より少なくなっている。したがってファン動翼全数の重量もチタニウム製動翼を使っているCFM56の約半分の軽さになっている。

　ファンのハブ側後方にはブースト段（低圧圧縮機）があり、その段数はLEAP-1Aと-1Cの場合は４段、737MAX用の-1Bの場合は３段となっている。

　高圧圧縮機は10段で構成され、圧力比は22とやや低めになっている。前側５段はブリスクといって圧縮機動翼とそれを埋め込むディスクが一体化したものが使われ、部品点数や重量の低減に寄与しているほか、継ぎ目のないスムーズな空気通路を形成し、性能の向上にも寄与している。

　燃焼器はTAPSⅡ（二重アニュラー予混合過流式燃焼器の第２世代のもの）が採用されており、NOxの排出を従来機に比較して50％も削減しているほか、性能や耐久性にも優れたものになっている。

　高圧タービンは２段で構成されている。タービンの覆いを形成するタービンシュラウド（静止部）には高温に耐え、強度も強いCMC（セラミック基複合材料）が使用されている。将来的にはタービン動翼にもCMCが使用される計画である。

　低圧タービンの段数はLEAP-1Aと-1Cの場合は４段で、737MAX用の-1Bでは３段である。タービン動翼には将来的には軽くて耐熱強度の高いTi-Al（チタン・アルミナイド）が使用される計画である。

　2015年に型式証明取得を目標に開発が進められた。

（4）PW1000G-JM ギアドファンエンジン（図11-4）〔*159〕〔*160〕

　エアバスA320NEOといっても姉妹機としてA319NEOおよびA321NEOがあり、3型式に分類されるが、これらに搭載されるPW1100G-JM系のエンジンも搭載機の型式および推力によって以下の3型式に分類される。

・PW1124G：A319NEO用で、推力23,500lb（10,660kgf）

・PW1127G：A320NEO用で、推力26,250lb（11,907kgf）

・PW1133G：A321NEO用で、推力32,100lb（14,561kgf）

　いずれも燃費およびCO_2を在来機種より15%低減するという先進エンジンである。

　ファン径は、いずれも81インチ（2.057m）でバイパス比は12と大きく、騒音基準のステージ4に対して15dBも低騒音である。ファンは低圧タービンによって駆動されるが、途中にある減速比3：1の減速装置によって減速されて低い回転数で回るようになっている。この減速装置は低圧タービンシャフトにつながっている中央のサンギアが位置固定の5個の遊星ギアを駆動し、その外側にあるリングギアを回転させてファンを駆動する。ファンはこの減速装置により低圧タービンシャフトの1／3の回転数で回転する。この減速装置で減速される前に3段からなる低圧圧縮機があり、低圧タービンによって高回転で駆動される。高圧圧縮機は8段から構成され、高圧圧縮機も含む全体圧力比は約45といわれている。

　燃焼器はTALON（Technology for Advanced Low NOx ＝先進低NOx技術）に基づく設計になっており、CAEP6（国際民間航空機関ICAOの航空環境保全委員会で2008年以降に型式証明を受けるエンジンに適用）の排ガス基準に対して50%の余裕を持たせてある。

　高圧タービンは2段で先進的な冷却技術が使われている。低圧タービンは3段で、ギアドファンの効果で、これまでのエンジンに比較して高回転数で回転させることができ、最適な状態を保つことができる。2014年第4四半期の型式証明取得を目指して飛行試験などが行なわれている。

　なお、A320NEO用のPW1100G-JMのほかに搭載機種と推力により以下の型式に分類される。

・PW1200G：三菱MRJ用で、推力15,000〜17,000lb（6,804〜7,711kgf）、ファン径56インチ（1.42m）、バイパス比9。エンジン構成的には低圧圧縮機の段数が3段ではなく、2段であること以外は他の型式と同一である。

・PW1500G：ボンバルディアCシリーズ用で、推力19,000〜23,300lb（8,618〜10,569kgf）、ファン径73インチ（1.85m）、バイパス比12。このエンジンは2013年2月に型式証明を取得した。

・PW1400：イルクーツMC-21用で、推力24,000〜33,000lb（10,886〜14,969kgf）
ファン径81インチ（2.057m）、バイパス比12。

次項でギアドファンの生い立ちの背景などを述べる。

11.3　ギアドファン 〔＊40〕〔＊110〕〔＊111〕〔＊112〕

エアバスの150席級旅客機A320NEOや三菱のMRJやボンバルディア社のC-シリーズに搭載が決まったことで、P&W社のGTF（ギアド・ターボファン）が脚光を浴びている。

この形式のターボファンエンジンでは、前述のようにファンと、これを駆動する低圧（LP）タービンとの間に減速用のギアボックス（減速装置）があり、LPタービンの回転数を十分に高く保持したままファンの回転数を低く抑えることができる。そのためそれぞれにとって効率の良い最適な状態で運転できるという利点があり、これまでもギアドファンという形式で後述のように幾つかの実例があった。しかし、燃料消費率と騒音の大幅な低減を主目的とした超高バイパス比エンジンの一形式としてGTFの商品名でギアドファンが提案されたのはV2500スーパーファンがキャンセルされて以来、これが初めてで、画期的なことだといえる。

（1）ギアドファンのはじまり

ギアドファン方式で実用化されたエンジンとしては、ギャレット社（アライド・シグナル社を経てハニウェル社）のTFE731エンジンおよびアブコ・ライカミング社（テキストロン・ライカミング社を経てハニウェル社）のALF502エンジンがある。

TFE731エンジンは1969年にギャレット社で開発が開始されたビジネス機用のターボファンエンジンであるが、同社が得意とするAPU（補助動力装置）や既存のエンジンの要素技術を最大限に活用するという方針の下に開発が進められた。詳細については後述の「挿話：ギアドファンでビジネス機を育てたTFE731エンジン」を参照されたい。

一方、T53やT55というヘリコプター用エンジンを大量生産していたアブコ・ライカミング社では、T55ターボシャフトエンジンをコアとして推力7,000lb（3,175kgf）級、バイパス比6級のターボファンエンジンALF502の開発を1971年に開始した。このエンジンにもギアドファンが採用された。ALF502は、カナディア「チャレンジャー600」やBAe146に搭載された。これらのエンジンでは既存のエンジン要素を利用してターボファンエンジンを開発するための簡便な手段として

ギアドファンの概念が採用されたに過ぎなかったのではないかと思われる。

(2) 超高バイパス比エンジンとしてのGTFの開発 [＊40][＊113][＊149][＊150][＊151]

　オイルショックによる燃料価格の急騰を受けて、1985年頃から欧米の各エンジンメーカーやNASAなどの研究機関は、燃料消費率を著しく低減させることを目標に、こぞってUDF（アンダクテッドファン）とか、プロップファンと称して、ファンが剥き出しになったエンジンを開発し、何種類かの飛行試験まで行なった。その後、燃料価格が安定傾向になったことなどから、実用化への動きもないまま、そのブームが下火になった1993年頃、実用化を念頭にP＆W社がADP（アドバンスド・ダクテッド・プロップ）という名称で超高バイパス比エンジンを試作し、NASAの風洞で実証試験を行なった。この実証エンジンはPW2000をコアとして推力53,000lb（24,040kgf）の能力を持ったバイパス比15のエンジンであった。直径約3mの可変ピッチファンがLP（低圧）タービンとの間に置かれた40,000hp、減速比4の減速装置で駆動されるというギアドファン方式が採用されていた。これによりファンの周速は当時のバイパス比5程度のファンに比較して68％程度と低速で騒音低減に大きく寄与した。

　この実証エンジンの試作にはドイツのMTU社がLP系、イタリアのフィアット（アビオ）社がギア系で協力した。その後、2001年に実証試験が行なわれた推力13,000lb（5,897kgf）のATFI（アドバンスド・テクノロジー・ファン・インテグレーター）を経て、2007年頃進められたプロジェクトで、PW6000をコアとする推力30,000lb（13,608kgf）、バイパス比10〜12のGTF実証エンジンが試験された。ここでは直径1.9mのファンをCLEANで開発したMTU社の高速LPタービンにより31,000shp、減速比3というアビオ社の減速装置を介して駆動するようになっていた。

　このGTF実証エンジンは2008年中頃にはB747 FTBに搭載してこの種のギアドファンとしては初めて飛行試験を行なった後、エアバスA340-600にも搭載されて飛行試験を行なっている。このような長年にわたるギアドファンの研究成果を反映して実用GTFが開発されたのである。

(3) ギアドファンの利点と課題

●利点：ギアドファンでは、LPタービンと低圧圧縮機の回転数を高く保ったまま、同時にファンの回転数を下げることができるので以下のような利点がある。

①ファンの出口空気速度が低減するので、推進効率が向上し、燃料消費率が大幅に低減できる。GTFの場合12％の削減が可能とのこと。

②ファンおよびジェット騒音が低減できる。GTFの場合（騒音規制のステージ4に対して）−20dBの低減が可能としている。

③LPタービンの回転数の上昇（GTFの場合2.5倍といわれている）により、

(a) 同じ仕事をするのに少ない段数で済むことになり、部品点数の削減と重量の低減に寄与する。バイパス比10以上では6〜7段も必要であったLPタービンもギアドファンにすることにより3段でよいとされている。それにより直結式のものに比較するとギアドファンのLPタービンは重量が40%低減できる。

(b) 空力的な負荷（周速の2乗に反比例）が小さくなり、効率の高いところで作動できるようになる。それにより燃料消費率低減にも寄与する。

(c) LPタービンのブレード通過音（BPF）の周波数が高くなり、人間の耳に聞こえない周波数領域に達し、また、空気による伝播吸収が大きくなり、遠くへ伝播しなくなることにも期待できる。特に着陸時の低騒音化に寄与する。

●**課題**：ギアドファンでは以下のような課題をクリアしなければ、せっかくの利点が活かせないことにもなるので、慎重な設計が必要である。

①低圧タービンなど低圧系での重量軽減ができる反面、減速装置の重量が加算されるので、何万hpという動力を伝える減速装置の発熱を防ぎ、いかにコンパクトで、かつ信頼性の高いものに設計するかが鍵になる。前記のADPの場合、潤滑と冷却に必要なオイルは通常のターボファンの2倍程度で、オイルクーラーの大きさも通常のエンジンの2倍程度でよかったとしている。GTFではP&W社における20年におよぶ研究成果を反映するとともに使用するギアや軸受の設計荷重を既存の成熟したターボプロップエンジンの80%台に抑えてゆとりのある設計にするとのことである。

②低圧タービンの回転数が上昇することで遠心力も増加し、それに耐え得るようタービンディスクが分厚いものになるので、無駄肉のない綿密な設計が必要である。また、動翼自身も遠心力を受けるので先端に向けてテーパーを付けるとか、ティップシュラウドを無駄のない形状にして軽量化するなどの工夫が必要である。

③エンジンの外径が大きくなるので、機体搭載を考慮してよりスリム化、軽量化の努力が必要になる。

挿話：ギアドファンでビジネス機を育てたTFE731エンジン[*40]

(1) 時代背景

　1950年代中頃からロックウェル「セイバーライナー」(T-39の民間型でエンジンはP&W社J60／JT12A)、ロッキード「ジェットスター」(C-140の民間型でエンジンはJT12A)、さらには1960年代初頭にはゲイツ「リアジェット23」(エンジンはGE社CJ610)やホーカー・シドレー「HS125」(エンジンはRR社「バイパー」)などのいわゆるビジネス・ジェット機がアメリカを中心に社用や商用に使用されるようになった。エンジンはいずれも推力3,000lb(1,360kgf)級の純ターボジェットで、騒音が大きいのに加えて燃料もたくさん消費するのでアメリカ大陸を無着陸で横断するという要求には応えられていなかった。中型のビジネス機に適合したサイズの燃費の良いターボファンエンジンの出現が宿望された。

　このような絶好な時期に適切な規模のターボファンエンジンとして出現したのが、ギャレット社のTFE731 (図11-7) であった。1969年4月に正式にTFE731の開発が公表された。TFE731は2軸式で、かつ、世界で初めて量産・運用されたギアド・ターボファンエンジンである。同社はそれまで、APU(補助動力装置)のメーカーとしては定評があったが、主推進エンジンのメーカーとして活動を始めたのは1960年になる頃であった。

(2) APUから主推進エンジンへ

　TFE731を生み出すまでのギャレット社の生い立ちを見てみる。

　クリフ・ギャレット氏がダグラス社等の支援を受けて1936年に設立し

図11-7　TFE731エンジン(ギアドファン)
推力3,000～5,000lb(1.360～2,268kgf)と幅広く、少なくとも25機種のビジネス機に搭載され、その発展に寄与した。
(NBAAショー、1981年9月)

た会社はエアクラフト・ツール＆サプライ・カンパニーと呼ばれ、コンソリデイテッド、ダグラス、ロッキードなどの航空機会社に治工具類、装備品、部品等を供給する販売を主とする会社であった。1939年にエアリサーチ・マニュファクチャリング社を設立し、B-17爆撃機の中間熱交換器や第２次世界大戦機のオイルクーラーなどの製造を開始した。社内に高空試験装置を設置し、キャビン与圧バルブの試験も行ない、終戦までに機内空調装置も製造するようになった。1944年末までに膨張タービンがコックピット冷却用にロッキードXP-80に搭載されて飛行を行ない、ギャレット社もターボ機械メーカーの仲間入りを果たした。1945年春、APU（補助動力装置）用小型のガスタービンの基本設計が始まった。最初のエンジンは自立運転不能で中止されてしまった。米海軍では従来のレシプロエンジン式のAPUをガスタービン化しようとしていた。コンベアXP5MY飛行艇の5,525shpのXT40ターボプロップエンジンを従来の電気式スターターに代えて、空気圧力で始動することになり、35shpのエアタービンスターターATS35をギャレット社と契約した。そして、このスターターの空気源としてGTC43/44ガスタービン圧縮機が開発された。色々な問題を乗り越えて1950年代初期までにGTC43/44は500台が製造され、ガスタービンAPUにおけるギャレット社の地位を得た。さらに高性能のGTC85シリーズが1953年頃から開発され、最も成功したAPUとして1996年までに30,000台が製造され、ロッキードC-130、ボーイング727／737、ダグラスDC-9、センチュリー・シリーズの戦闘機などに搭載されたほか、グランドカート用としても使用され、APUにおけるギャレット社の地位を確実なものにした。30〜850shpのガスタービンで80%のシェアがあったという。

　ギャレット社が主推進用エンジンを手がけたのはGTP331APUをベースとしたTPE331ターボプロップからであった。クリフ・ギャレット氏は主推進用エンジンを開発することには消極的であったが、彼の死後、開発が許された。575hpのTPE331-25（YT76-2/-4）がノースアメリカンOV-10Aに採用され、1,078台が出荷された。これはギャレット社の変換点となった。TPE331は最終的に1,759shpまで大きくなり、BAe社の「ジェットストリーム」コミューター機にまで使用された。そのほかに、TPE331は「ターボコマンダー」、MU-2、ビーチ100などに搭載された。1996年までに12,774台が出荷された。

(3) TFE731の出現

　ギャレット社では1960年代初めからビジネス機用ジェットエンジンはターボファン化されるという見通しを立てており、最初に計画されたのはアメリカで初の3軸式ターボファン、ATF3であった(**5.4(3)項**「3軸式エンジンの変わり種」参照)。非常に燃費が良いエンジンであったが、発想は余りにも革新的であり、構造的に複雑となって重量やコストの上昇を招き、TFE731の出現に拍車をかけることになった。開発リスクと製造コスト削減のためDC-10用の先進的な2軸式APU、TSCP700のコアを用いてビルディング・ブロック方式でTFE731を開発することが強く要求された。2軸式で軸流＋遠心式結合圧縮機を用いる形態はTSCP700型APUから踏襲している。遠心圧縮機と逆流式燃焼器はTPE331ターボプロップから発展させたものであった。

　しかし、搭載が予定されていたリアジェットの機体要求に合致させるには性能が不十分だった。そこで、より空気流量の多いボーイング747用のAPU、GTCP600の低圧圧縮機をTSCP700のものに置換することによって性能を満足させることになった。GTCP600の4段軸流低圧圧縮機は設計が良く、かつ、好調に運用されていたので、これをそのままの形(回転数を下げない)で使用したいことと、ファン先端周速が超過しないようにするため、低圧圧縮機とファンとの間に減速ギアを置いたギアドファンで進むことになった。ターボプロップエンジンで培ったギア技術を駆使し、直径260mm長さ90mmというコンパクトな減速比1.8で3,000hpの減速装置を開発した。位置が固定されたプラネタリーギア5個を中央のサンギアにより回転させ、これらのプラネタリーギアと噛み合う外周のリングギアを駆動し、これに結合されたファンを回転させる。この方式はP&W社のギアドターボファンPW1000Gの方式と同じである。燃料コントロールにはアナログ式の電子コントロールが使用された。

　1970年9月にTFE731-2(推力3,500lb = 1,588kgf、バイパス比2.67)の初回運転が行なわれた。減速装置では、サンギアの動きを拘束する必要が生じたり、潤滑油の発熱量が想定より50%大きいなどの問題は生じたが、改良を行なうことで解決し、より静かでスムーズな減速装置となった。1971年5月にはリアジェット25で初飛行が行なわれた。1972年にはTFE731の量産が始まり、1974年にはリアジェット35/36が運用段階に入っている。推力を3,700lb(1,678kgf)に増加したTFE731-3は「ジェットス

図11-8 ファルコン50
TFE731を3発搭載の高級機。
（カンザスシティーNBAAショー、1980年9月）

図11-9 リアジェット36
TFE731を2発搭載。
（東京国際航空宇宙ショー、1979年11月）

ター」や「セイバーライナー」およびHS125など、純ターボジェット搭載の機体にリエンジン（新型エンジンへの換装）された。このクラスでの競合エンジンがなかったこと、開発終了時にオイルショックがあって燃費の節減が重要課題となったことなどから、TFE731は多機種のビジネス機に搭載され、エンジンの型式もTFE731-2/-3/-4/-5と増加した。推力も-5では4,500lb（2,041kgf）にまで増強された。さらに1992年には大幅な改良を加えられたTFE731-20/-40/-50/-60シリーズが開発された。推力は-60では5,000lb（2,268kgf）に増強されている。TFE731全体で、少なくとも25機種のビジネス機に搭載されおり、ビジネス機の発展を促した。TFE731は2004年2月までに11,718台が出荷されている。

　代表的な機体としては、「ファルコン10／50（図11-8）／20／900」「リアジェット31／35／36（図11-9）／40／45／55」「サイテーションⅢ／Ⅵ／Ⅶ」「ホーカー800／900」等々である。なお、先述のとおりギャレット社はその後、ハニウェル社となっている。

　それまでの実績で確立された技術を踏襲して低価格と信頼性向上を図るとともに、それにこだわることなく、新しく開発された技術を適用して搭載機種の増加に対応していくやり方がエンジン開発の一つの方向性を示しているように思われる。

11.4　オープンローター

「オープン・セサミ！」といえば、日本語で「開けゴマ」となり、「アラビアンナイト」の「アリババと40人の盗賊」の話の中で、盗賊達が洞窟の扉を開けるときに使う呪文ということは誰でも知っている。これが転じて「望みをかなえてくれる魔

法の鍵」という意味にも使われているようである。

一方で「オープンローター」という言葉があるが、これは、通常のターボファンエンジンにあるようなダクトがなく、ファン・ローターがオープンで剥き出しになったエンジンのことを意味している。

1980年代前半に起こった石油価格高騰のいわゆるオイルショックの頃、燃料消費の少ないエンジンの切り札としてUDF（アンダクテッドファン）とかATP（アドバンスド・ターボプロップ）やプロップファンなどという呼称で超高バイパス比エンジンが一世風靡したが、これらが「オープンローター」と名を変えて21世紀に再登場してきたということができる。当時このUDFやATPなどは、飛行試験まで行なわれ、燃料消費の削減には有効な推進システムであることが実証される一方、騒音対策の必要性などの課題も明確になった。しかし、その後、石油価格の上昇も心配するほどでもなかったことなどから、実用化にまでは至らず、この技術はお蔵入りをしてしまった。その代わり、同じ時期にNASAのE³（Eキューブド＝エネルギー高効率エンジン）計画の中で研究された先進技術を活用して開発された第4世代ともいわれる高効率な高バイパス比エンジンが広範な推力レベルにおいて各種出揃って市場の要求を一通り満足させてきた。

しかし、比較的安定していた石油価格も2003年のイラク戦争開始の辺りから上昇の一途に転じ、特に石油の需給バランスに加えて投機資金流入の影響もあり、年間に原油価格が2倍に暴騰したり、または上げ止まりの様相を呈するなど不安な要素が多い。原油価格高騰で大きな影響を受けるのは航空会社である。省エネルギー型の航空機の需要が高くなり、旧式機の中古価格が暴落するような状態になってきた。一方、次世代の旅客機がどうあるべきかという議論の中で、エンジンのひとつの候補として超省エネルギーである「オープンローター」という案が浮上してきたのも自然の成り行きと思われる。

アメリカではGE社が20％燃料消費が少ないCF34の後継エンジン（NG34）の

図11-10　博物館に保管されているUDF
可変ピッチ式の二重反転プロペラが二重反転式のLPタービンで直接駆動される。左側にブレードが2列に並んでいる。

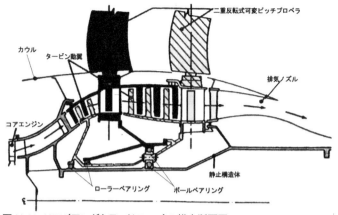

図11-11 UDF（アンダクテッドファン）の推定断面図

前側のファンを駆動するタービン動翼列（黒塗り）と後側のファンを駆動するタービン動翼列（白抜き）が静翼なしに交互に反対向きに回転する。コアエンジンは図の左側につながる。

研究開発を独自に進めると同時にNASAと共同で燃料消費30%低減を目標とした「オープンローター」の研究を開始することになった旨報じられた〔*114〕。

　NASAとGE社は1980年代にF404をコアとし、カウンターローテーション（二重反転式）の低圧タービン（タービン動翼と静翼に相当するブレードが互いに反対方向に回転）で直接的に二重反転式可変ピッチプロペラを駆動する方式のUDF（後にGE36）（図11-10）（図11-11）をB-727およびMD-80に搭載して飛行試験を行ない、データを蓄積した。

　また、P&W／アリソン社もアリソン571をコアとしてギアを介して二重反転式のプロップファンを駆動する方式の578-DXをMD-80に搭載して飛行試験を行なっている。

　その当時に比べ、その後に関連技術が著しく進歩した。それを受け、このUDFを全体システム、コアエンジン、材料特性などに関して新しい技術で再評価するのに加え、プロペラ翼を最新の電算技術で3次元解析などにより評価しなおしたり、台上試験を行なって最新の計測解析技術を適用するなどによって、より高性能で低騒音の翼型が開発されることが期待されるといわれている。

　一方、ヨーロッパでは、CO_2やNOx、さらには水蒸気（H_2O）排出量が少なく低騒音のエンジンを求める声が強く、ユーロ連合として色々なプロジェクトが進められている。その一つにDREAM〔*115〕（「革新的エンジン構造システムの確認」）という2008年から開始されたプロジェクトがある。5つのサブプロジェクト（SP）に分かれて研究が進められているが、その一つのSPとしてRR社がギアドオープン

ローターを、スネクマ社がギアなしのオープンローターを担当することになっている。スネクマ社は1980年代にGE社がUDFを研究した際、一緒に研究を行なった経験を持っている。同社は当時のデータをいち早くデジタル化するなど、今後、オープンローターの研究でGE社との連携がより強くなるものと考えられる。

また、2020年頃の航空輸送のビジョンを描きながら、2008年から7年計画でより広範な研究を行なう「クリーンスカイJTI」〔＊116〕というEUの大きなプロジェクトがある。スマート固定翼機、グリーン・リージョナル機、グリーン回転翼機等、6項目の技術評価課題があるが、その一つに「継続使用可能なグリーン・エンジン」という課題がある。CO_2を15～20％削減、NOxを15～40％低減、騒音を15dB低減することを目標としている。前述のDREAMの成果を反映しつつ、革新的なシステムおよび通常型エンジンの両面から何種類かの実エンジンを試作して研究することになっている。その中、前者の革新的システムとしてGE社のUDFと同様の二重反転式可変ピッチオープンローターが提案されている。ギアド（減速装置付き）か、直接駆動か、およびプッシャー（推進式）か、プラー（牽引式）か、など色々な選択肢はあるが、最初は直接駆動のプッシャー式のデモから開始されるようである。2011年までに空力、音響的な試験は終了したという。

オープンローターではバイパス比が非常に大きく（GE36の例では35程度）、大量の空気をゆっくりした速度で押し出すため、推進効率が良く、また、大きなナセルが不要になるため重量と抵抗の低減ができ、燃料消費が大幅に削減できるメリットがある。飛行速度は従来のターボプロップ機よりも高速度ではあるが、ターボファン機よりもやや低速になるため、旅行時間は若干増加する可能性はある。これが許容範囲なのか、燃料価格の上昇具合との兼ね合いになると思われる。オープンローターの実用化に向けて解決すべき第一の課題としては地上および機内に対する騒音を低減することがある。1980年代にUDFの飛行試験を行なった際には、聞き慣れない音がしたために一部の人達は抵抗感を感じたと聞く。最新の技術を駆使すれば騒音レベルは許容値内に収められるのではないかと期待されている。

次にブレードが飛散した場合のコンテインメント（封じ込め）の課題がある。前述のUDFの場合、回転数が低く、ブレードが複合材製なので、ブレードが飛散しても機体の胴体を突き破るほどのエネルギーはなかったともいわれているが、研究は進められるはずである。また、ローター・ブレードの可変ピッチ機構をどのようにするかも一つの課題である。その他、従来にない革新的な形態の推進システムだけに、構造の簡素化、機体への搭載方法、整備・点検上の問題、型式証明のやり方等々、これを実用化するまでに取組むべき課題は多々残っている。

近年の検討ではオープンローター機が出現するのは早くて2025年以降ではないかといわれている。「オープンローター」が地球温暖化防止やクリーンな地球の「望みをかなえてくれる魔法の鍵」となり得るのか、欧米での今後の研究成果に期待される。

余談：カウンターローテーション

　航空機やそのエンジンの話題の中に「カウンターローテーション」という言葉を頻繁に見聞きするようになった。これは、２軸式のターボファンエンジンで高圧（HP）系と低圧（LP）系の回転方向が互いに反対向きであることを表したり、または、オープンローター（またはUDF）の一型式として二重反転式のファンということを表す言葉として使われているようである。いずれの場合も同一中心軸での回転である。

（1）コントラローテーション

　従来、プロペラ機の場合、同一中心軸で互いに相反する方向に回転する二重のプロペラを有する場合、これは「コントラローテーション」と呼ばれていた。いわゆる二重反転式のプロペラである。その利点は通常の一重のプロペラでは特に低速度のとき、プロペラを通過した空気が真っ直ぐ後方ではなく、かなり横向きの捩れた流れとなり、胴体や垂直尾翼に当たって非対称力を生じて操縦性を損なうのみならず、性能的にも損をすることになる。これを二重反転式のプロペラにすると後ろ側に追加したプロペラにより横向きの流れを極力真っ直ぐ後ろ向きになるように整流することができ、操縦性も向上するばかりでなく、性能的にも損失を低減することができる。プロペラは大馬力を吸収して大きな推力を発生する。また、プロペラによるジャイロモーメントも打ち消すことができる。その代表例として、レシプロエンジンでは、二重反転式のRR社「グリフォン」（2,000hp）

図11-12　アブロ「シャックルトン」
二重反転式のRR社「グリフォン」を4発搭載。この種のエンジンは「スピットファイア」の後期型にも採用。初飛行は1955年9月。
(Courtesy of Imperial War Museum, Duxford) 1997.11

図11-13 フェアリー「ガネット」
2台のターボシャフトから共通減速装置を経て
二重反転式プロペラを駆動。
(Courtesy of Imperial War Museum, Duxford)
2008.7

を搭載し第2次世界大戦後に製造されたイギリスの4発の爆撃機アブロ「シャックルトン」(図11-12)がある。このエンジンは後にスーパーマリン「スピットファイア」(Mk.XIV、Mk.21、22等)に二重反転式プロペラとともに搭載された。「シャックルトン」の「グリフォン」エンジンを搭載し、二重反転式プロペラをつけたレース用のP-51「ムスタング」(RB-51「レッド・バロン」)が1979年に803km/hrの速度記録を樹立したことは有名な話である。日本では旧海軍の単フロート式水上偵察機、川西「紫雲」(E15K)に三菱「火星」(1,620hp)で駆動される二重反転プロペラが使われたが、量産はされなかった。

　ターボプロップエンジンを使用した「コントラローテーション」の究極の機体の例として、フェアリー「ガネット」対潜哨戒機(図11-13)があった。本機にはアームストロング・シドレー社「ダブル・マンバ」ターボプロップエンジン1台が搭載されているが、実際には2台のエンジンが並列に置かれ、共通のギアボックスを介して同一出力軸の二重反転式プロペラを駆動していた。「ガネット」は離陸時には両エンジンをフルに使っていたが、長距離哨戒の際には2台のエンジンの中の1台を停止し、一つのプロペラをフェザリングして燃料の節減を図ることも可能であった。旧ソ連のクズネツォフNk-12ターボプロップエンジン(14,795eshp)で駆動する二重反転式プロペラを4発搭載したツポレフTu-20爆撃機(後にTu-114旅客機に発展)は、世界最速のターボプロップ機と呼ばれるほど高速で最高速度920km/hに達していた。プロペラ効率の良くない高速域を高馬力のエンジンと二重反転プロペラで強引に引っ張っていたという感じである。

(2) カウンターローテーション

　プロペラ機の世界で「カウンターローテーション」とは、双発機以上の

図11-14 エアバスA400M
TP400-D6ターボプロップエンジンを4発搭載。片翼ごとにプロペラが矢印のように空気を下に押し込むように互いに逆方向に回転する。(ファンボロー航空ショー、2010年7月)

場合、左右のプロペラを相反する方向に回転させる場合を意味していた。これにより、プロペラトルクや後流による非対称力を相殺し、安定性を良くしようとしたものである。ライト兄弟が世界で初めて動力飛行に成功した「ライトフライヤー」1903年型機は、1台のエンジンでチェーンを介して2つのプロペラを駆動していたが、プロペラトルクやジャイロモーメントを懸念して、すでにこのときから2つのプロペラは互いに相反する方向に回転する「カウンターローテーション」になっていた。そのために1つのプロペラの駆動用チェーンを途中で交差させるような工夫も取り入れてあった。

　また、「カウンターローテーション」の典型的な例として双胴の戦闘機、ロッキードP-38「ライトニング」がある。同形機の中でも同一方向回転のプロペラを有する型式に比較して「カウンターローテーション」の機体では機銃の命中率が高かったといわれている。それだけ安定性が良かったのだといえる。小型機で有名なパイパー社の双発機ではプロペラを「カウンターローテーション」方式とするというポリシーがあったようで、PA-31「ナバホ」、PA-34「セニカ」、PA-44「セミノール」などにこの方式が採用されていた。これによってプロペラのトルクが相殺され、初心者にも操縦しやすい機体になっていた。セスナ社でも同様の目的でセスナT303「クルセダー」に「カウンターローテーション」を採用したことがあった。

　最新の例では、エアバスA400M大型輸送機がある(図11-14)。本機には11,000shpのTP400-D6ターボプロップエンジンが4発搭載されているが、「ダウン・ビトゥイン・エンジン」と称して片翼ごとに2発のプロペラの間を流れる空気を下に押し込むような形で互いに「カウンターローテーション」になっている。これにより主翼を通過する空気を整流でき、性能および安定性の向上とともに、機体重量の軽減にも寄与しているといわれている。

(3) エンジンでのカウンターローテーション

　オイルショックに影響されて1980年代にUDFやプロップファンの研究開発が盛んになった時期があったことは前述の通りである。MD-80で飛行試験を行なったアリソン社578-DXはターボシャフトエンジンでギアボックスを介して二重反転式の剥き出しのファンを駆動していた。また、B-727などで飛行試験を行なったGE社のUDF（GE36）は二重反転式のタービンそれぞれの外周に直結した二重反転式の裸のファンを駆動していた（図11-10）が、この辺の時期からこれらの方式を本来の「コントラ」ではなく、「カウンターローテーション」と呼ぶようになったように思われる。UDFの場合、前側のファンを駆動するタービン動翼と後ろ側のファンを駆動するタービンの動翼はタービン静翼なしに交互に並んでいて互いに反対方向に回っている（図11-11）。近年はタービン静翼のある通常型のターボファンエンジンでもHP系とLP系が「カウンターローテーション」している例が増加している。

　その理由は以下のように考えられる。高温に曝されるHPタービンは、その段数が少ない方が、コスト的にも重量的にも理想的だが、段数を減らすとスワール（接線方向の流れ）が残ってしまう。その中でLPタービンをHP系と同じ方向に回そうとするとタービン静翼で強引に流れを曲げる必要があり、そこに損失が生じる。それならばいっそのことスワールを積極的に利用してLPは反対方向に回せば性能的にもよいではないかということで「カウンターローテーション」の発想が生まれたわけである。ボーイング787用のGE社のGEnx-1B、F-22「ラプター」用のF119、GE-ホンダのHF120、前述のTP400-D6（3軸式でIPとHPが反転）などに採用されているとのことである。日本でもエコエンジンで研究が行なわれ、成果を挙げている。

　前述の定義に従って厳密にいえば、エンジン内部での二重反転やプロップファン（オープンローター）での二重反転は「カウンターローテーション」ではなく、「コントラローテーション」というべきなのかも知れない。しかし、このように言葉の定義も時代とともに変化するのは面白いものである。

11.5 未来の航空機

(1) NASAの研究 [*152]

　2011年頃にかけてNASAでは航空機やエンジンメーカー数社と大学や研究所を動員して20年後の革新的な旅客機の概念について研究を行なった。その結果、1998年の航空機を基準として燃料消費で50％、NOx排出量で50％、空港周辺の騒音影響区域の面積を83％低減することが可能との見通しを得たという。この目標を達成できるという代表的な機体は①ボーイングの「ハイブリッド・ウィング・ボディー」機（図11-15）でギアドファンを搭載する方式、②ロッキード・マーチンの「ボックス・ウィング」機（図11-16）でバイパス比が現用機の5倍もある超高バイパス比エンジンを搭載するもの、③ノースロップ・グラマンの「フライング・ウィング」機（図11-17）で、エンジンが翼内に埋め込まれていて騒音に対してシールド効果がある方式などがあり、さらに研究が続けられるものと思われる。そのうえ、この一連の研究の中で各種の先進エンジンについても検討されている。

　その主なものとしては、①全電気式ターボファン、②燃料電池使用ハイブリッドガスタービン、③先進ガスタービン、④電気式ハイブリッドガスタービンなどがあ

図11-15　20〜30年後の旅客機、ボーイング案のHWB（ハイブリッド・ウィング・ボディー）
エンジンはギアドファン。(from website of NASA)

図11-16　20〜30年後の旅客機、ロッキード・マーチン案のボックス・ウィング
エンジンは超高バイパス比ターボファン。
（from website of NASA)

図11-17　20〜30年後の旅客機、ノースロップ・グラマン案のフライング・ウィング
エンジンの騒音はシールドされている。
(from website of NASA)

り、将来的には燃料電池などを併用して、より電気に依存したガスタービンの出現が想定されている。

(2) 昔の人が想像した未来都市の交通〔＊117〕

　近年では、赤坂のミッドタウン、六本木ヒルズ、東京スカイツリーのソラマチ等々、高層ビルの林立する数万人規模の人が集まる、新しい街がこつ然と現れるようになった。ビルの間を高速道路や新交通システムなどが縫うように走り、ビルの屋上にはヘリコプターも飛んでくる。深い地底まで地下鉄が網の目のように走っている。昔の人は東京がこのような都市になることを予想できたであろうか。

　昔の人が想像した未来都市に関する絵と記事が『子供の科学』（誠文堂新光社刊）の昭和5年（1930年）1月号に掲載されていた。「想像された未来の都市」という題のカラーグラビアの1枚の絵（図11-18）である。誰がいつ描いた絵なのか正確には分からないが、1930年以前にその100年後の都市の想像図として描いたもののようである。簡単なキャプションが付いている。それによると、「地上には磁力応用車輪なしの自動車、ビルディングの周囲には螺旋式に上下する自動車、あるいは飛行式架空電車、地下には水平エスカレーター式自動路、さらには屋上に広壮な飛行機飛行船発着場を持った未来都市の想像図であるが、果たしてこうした都市が実現され

図11-18　1930年より昔の人が想像した未来都市
想像するのは楽しいことだが、想像力だけで未来を書くのであれば、書かない方が良いと忠告している。
（「想像された未来の都市」『子供の科学』誠文堂新光社刊、昭和5年1月号より）

るかどうか、詳細は本文をお読みください」となっている。そして本文「勝手な想像をやめて、科学的に考えると未来の都市はどうなるか」という早大の白鳥義三郎教授の解説記事につながっていく。絵から受ける印象とは全く逆に、この想像図は未来の夢の礼賛ではなく、むしろ反省材料として引用されていたことを再認識させられた。

　この記事によると、「それまでの未来都市の想像図というものは、この図のように高層建築と交通機関のすばらしい発達だけを考えて、林のように建ち並んだ高塔や、谷間のように深い市街の中に沢山の自動車や二重三重も高速度機関や、すばらしく大きな飛行機などを雑然と配置してあったにすぎませんでした」と述べている。想像力を豊かにして理想化された世界のことを考えるのは特に若い人達にとって楽しいことですが、「想像力だけで未来の絵を描くことは、見たこともいない天国の絵を描くようなもので何にもならない」と言い切っている。大切なことは、「歴史をよく勉強して善いにつけ悪いにつけ、現在の都市では現在のような都市が出来上がらなければならなかった、根本原因は何だったのか、それが社会的な変遷につれてどう変って行くか、どう変って行かねばならないかを考えなければいけない」と忠告している。

　航空機の例を上げて、「100年も前に飛行機を発明しようと苦心していた人々はたいてい鳥のように翼をばたばたと動かして飛ぶものばかりを考えていたではありませんか。10間(18.182m)以上も大きな翼をもち、竹トンボのようなものを1秒間に何百回転させて飛行することなど全く想像してもみなかったでしょう。(中略)ただ豊富な想像力だけで先走ったことを考えたり、只一つのことだけを推し進めて複雑な世界を考えたりすると、とんでもないお伽噺の中の機械や夢の中の世界が出来上がってしまいます」と強調している。これは現代人にとっても示唆に富んだ問題提起であり、大いに参考にしたいところである。昭和5年頃は上記のような都市計画の基本理念のようなものを『子供の科学』の読者である小・中学生に語りかけていたのだから、昔の子供は凄かったのだなと感心させられる。

　上記のような観点でこの想像図を見てみると、高層ビルが林立していること、それらを縫って自動車道が走っていること、および懸下式のモノレールが走っているところなどは、今の東京に似ていると思うが、航空機に関しては当時の技術レベルに基づいて想像を巡らして描いたのであろう。その姿とはかけ離れたものになっている。上空には飛行船と思しき航空機が飛び交っている。1920〜30年代は大型飛行船の建設ブームの時期であったが、その時代背景を物語っているような光景であるといえる。

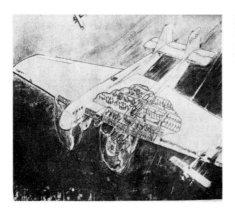

図11-19 ジェット旅客機のなかった昔の人も HWBのような発想があった
（「世界一の飛行機の想像図」『子供の科学』誠文堂新光社刊、昭和5年3月号より）

　ビルの屋上のゲートからは奇妙な飛行船のような乗り物が出入りしている様子が描かれているが、これが図のキャプションでいう飛行式架空電車なのだろう。それにしてもこの架空電車の浮力や推進力は何によって得ようとしていたのか知りたいものである。また、この図には今日のようなヘリコプターの姿が見当たらない。それもそのはず、この年代はオートジャイロがようやく開発された頃であり、ヘリコプターの出現まであと10年待たねばならなかった。そのような背景を読むことができる。最も高い空を黒いジェット機のような乗り物が飛行している。この時代はジェットエンジンという概念は全くなかったので、これはウィング・ボディーのような航空機を想像していたのかも知れない。この種の航空機としては、同じく『子供の科学』の昭和5年3月に プロペラ駆動の206人乗りの巨大なウィング・ボディー機の計画図（**図11-19**）が載っていたので、この時代でもこの程度の想像は可能だったと考えられる。

　もし、我々に今、100年先の航空機を想像して描いてみなさいという設問を与えられたとしたら果たしてどのような絵が画けるであろうか？

　前述のNASAの研究にあったようなギアドターボファンエンジンを背中に背負ったブレンデッド・ウィング・ボディー機だろうか、それともプッシャー式オープンローターを搭載したフライング・ウィング機だろうか？　燃料問題、環境問題、国際情勢、さらには人間の生活様式や理念等がどのように変化し、その中で時代の要求を先取りした航空技術がどのように発展していくかで描く絵も変わってくるであろう。想像だけで描くのであれば何もしないのと同じという上記の論理からいえば、白紙がベストなのかも知れない。少なくとも燃料が枯渇したり、極端に環境破壊が進行したり、世界的恐慌や政情不安などにより飛ぶ航空機がありませんなどということには絶対にしたくないものである。

引用・参考文献

1. F.C.W. Kasmann, "World Speed Aircraft – The Fastest Piston Engined Landplanes Since 1903" Putman Aeronauticla Book, 1990
2. Sir Frank Whittle "The Birth of the Jet Engine in Britain" The Jet Age - 40 years of Jet Aviation 1979, Smithsonian Institution Press, 1979, p.4
3. David S Brooks, "Viking at Waterloo - The wartime work on the Whittle jet engine by the Rover Company", Rolls-Royce Heritage Trust, Historical Series No.22, 1997
4. Bill Gunston, "World Encyclopaedia of Aero Engines", 3rd Edition, Patrick Stephen Limited, 1995, p.53, p.66
5. Gordon Swanborough, "British Aircraft at War 1939-45" HPC Publishing, 1997
6. ロンドン科学博物館「Metrovick F2/4 "Beryl" Turbojet」説明パネル
7. G. Geoferey Smith, "Gas Turbines and Jet Propulsion", 5th Edition, Iliffe & Sons Ltd,
8. Sir Stanley Hooker, an Autography, "Not Much of an Engineer", Airlife Publishing Ltd., 1984
9. Dr. Max Bentele, "Engine Revolutions : The Autobiography of Max Bentele"
10. Hans von Ohain "The Evolution and Future of Aeropropulsion Systems" The Jet Age, p.40
11. Anselm Franz, "The Development of the "Jumo 004" Turojet Engine", The Jet Age - 40 Years of Jet Aviation 1979 Smithsonian Institution Press, 1979, p.69
12. Wolfgang Wagner, "The History of German Aviation-The First Jet Aircraft", p.29
13. "Eight Decades of Progress - a Heritage of Aircrfat Turbine Technology", General Electric Company, 1990
14. E.T. Woodridge, Jr., "The P-80 Shooting Star - Evolution of a Jet Fighter", Smithsonian Institution Press, 1979
15. Rick Leyes "History of North American Small Gas Turbine Aircraft Engines", p.39
16. Walter J. Boyne and Donald S.Lopez, "Jet Fighter", Jet Age, p.53
17. 「アメリカ空／海軍ジェット戦闘機」航空ジャーナル社、1978
18. 種子島時休（海軍大佐）「日本におけるジェットエンジン開発の技術史（英文）」
19. 永野治（技術少佐）「戦時中のジェットエンジン事始め」
20. 永野治『ガスタービンの研究』鳳文書林、1953
21. 航空情報編「太平洋戦争 日本海軍機（再版）」酣燈社、1976
22. 種子島時休「わが国におけるジェットエンジン開発の経過（2）」機械の研究、第21巻12号、1969
23. 「ネ20型 計画概要」第1海軍技術廠噴進部設計係 発行
24. 大塚新太郎「随筆「ネ-20」のころ」ガスタービン学会誌、11-42、1983
25. 百合草三佐雄「表紙によせて―ネ0エンジン」日本ガスタービン学会誌、Vol.26、No.02、1998
26. 永野治「国産ジェットエンジン物語」世界の航空機第5集、1952
27. 日本航空史編集委員会（代表：粟野誠一）『わが国航空機の軌跡―研三・A26・ガスタービン』丸善、1998
28. 日本航空学術史編集委員会『日本航空学術史（1910 - 1945）』丸善、1990
29. Report 60409.8 "Japanese Ne-20 Turbo-jet Engine, Construction and Performance", April 7, 1947, Chrysler Corporation Engineering Division

30. Pierre Sparaco "Snecma-Engine in the Sky", le cherche midi, June 2007
31. Vladimir Kotelnikov and Tony Buttler, "Early Russian Jet Engines - the Nene and Derwent in the Russian Union, and the evolution of the VK-1", Rolls-Royce Heritage Trust Historical Series No.33, January 2002
32. V. Sosounov and Boguslaev, "The Technology of Aviation Engines in USSR", 91-YOKOHAMA-IGTC-S4, Oct.27th ～ Nov.1st, 1991
33. ベ・エス・ステーチキン編・濱島操訳『ジェットエンジン理論・ターボ機械』コロナ社、1969
34. Stewart Wilson, "Viscount, Comet & Concorde", Aerospace Publications Pty Ltd, 1996
35. GE 社 80 年史
36. Robert V. Garvin, "Starting Something BIG - The Commercial Emergence of GE Aircraft Engines", AIAA, 1998
37. Jack Connors, "The Engines of Pratt & Whitney：A Technical History", 2009, AIAA, p.216
38. Bill Gunston, "World Encyclopaedia of Aero Engines", Patrick Stephens Limited, 1995, p.123
39. Gerhard Neumann, "Harman the German", William Marrow and Company, Inc., New York, 1984
40. Richard A. Leyes Ⅱ, William A. Fleming, "the History of North American Gas Turbine Aircraft Engines", AIAA, Smithsonian Institution, 1999
41. Ronald O'Rourke, "VH-71 Presidential Helicopter Program：Background and Issues for Congress", Specialist in Naval Affairs, June 9, 2009
42. GE - Aviation：50 Years and Counting for the GE T58 Engine, http//www.geae.com
43. Walter J. Boyne/Donald S. Lopez, "Vertical Flight", Smithsonian, Institution Press, 1984
44. http://www.aviastar.org/helicopter_eng/Aerospatiale.html
45. Willikinson Aircraft Engine of the World
46. Rolls-Royce, "History of the Rolls-Royce Dart", T.S.D.1576, August 1968
47. John Golley, "Genesis of Jet" Airlife Publishing Ltd., 1997
48. Bill Gunston, "World Encyclopedia of Aero Engines", Patrick Stephens limited, 1995, p.152
49. John WR Taylor and Kenneth Munson, "History of Aviation", Crown Publisher, INC., 1977
50. Jack Conners/Ne Allen editor-in-chief, "The Engines of Pratt & Whitney：A Technical History", AIAA, 2009, p.209, p.397
51. Brian H. Rowe, "The Power to Fly - An Engineer's Life", AIAA, 2005
52. Robert V. Garvin, "Starting Something Big - The Commercial Emergence of GE Aircraft Engines", AIAA, 1998, p.27
53. Richard A. Leyes Ⅱ 他, "The History of North American Gas Turbine Aircraft Engines", AIAA, 1999, p.279
54. Douglas J. Ingells, "747- Story of The Boeing SUPER JET", Aero Publishers, Inc., 1970
55. Philip Ruffeles, "The RB211 The First 25 Years", 31st Short Brothers Commemorative Lecture 1992 to the Royal Aeronautical Society at The Queens University of Belfast on 16th January 1992
56. Pierre Sparaco, "Snecma-Engine in the Sky", le cherche midi, June 2007
57. 石澤和彦「F-1/T-2 の心臓、「アドーア」解剖」世界の傑作機 No.117『三菱 F-1』、文林堂、2006
58. Robert W. Drewes, "The Air Force and The Great Engine War", National Defense University Press, 1987

59. "VTOL engines Experience & Capability", TS1130, Issue 3, October 1978, Rolls-Royce Limited Aero Division Derby
60. Hugh W. Cowin "Research Aircraft 1891-1970 X-Planes", Osprey Aviation, 1999
61. Jim Winchester（General Editor）", Concept Aircraft", Grange Book, 2005
62. "AV-8 Harrier", by James Wogstad & Jay Miller, Aerophile Extra No.1, 1982
63. "Pegasus Power The Practical Solution to V/STOL", Rolls-Royce Limited
64. 松木正勝「超軽量ジェットエンジン JR100、表紙に寄せて」日本ガスタービン学会誌、vol.27、No.2、1999、pp.57-59
65. 航空エンジン事業部技術部、科学技術庁航空宇宙技術研究所「JR220 リフトジェットエンジンの概要」石川島播磨技報第 11 巻第 3 号、1971、pp.266-269
66. Alan Baxter, "OLYMPUS-the first forty years", Historical Series No.15, Rolls-Royce Heritage Trust, 1990
67. Philip Birtles, "The Avro Vulcan - Brotain's Cold War Warrior", Midland Publishing, April 2007
68. Jeannette Remak and Joe Ventolo Jr. "XB-70 Valkyrie-The Ride to Valhalla" MBI Publishing Company, 1998
69. GE 社 80 年史、p.158
70. Christopher Orlebar, "The Concorde Story", The Hamlyn Publishing Group Limited, Eighth impression, 1994
71. F.G. Clark & Arthur Gibson, "Concorde", Phoebus Publishing Company / BPC Publishing Limited, 1976
72. "Avro Vulcan-Aircraft of the World", http://www.aeroflight.co.uk/types/uk/avro/vulcan/Vulcan.htm
73. "The V Force", プラカード, Royal Air force Museum, Hendon
74. Aviation Week & Space Technology, November 10, 2003
75. D.W. Bahr 他, "Technology for the Reduction of Aircraft Turbine Engine Pollutant Emissions", ICAS Paper No.74-31, August 25-30, 1974
76. H. Yamada, H. Hamatani and K. Ishizawa, ASME 87-GT-26 "Development of the XF3-30 Turbofan Engine", May 31-June 4, 1987
77. CNN.com//US；http://edition.cnn.com/2009/01/16/Hudson.plane.crash/index.html 他 01/18 までの CNN.com
78. http://www.flightglobal.com/articles/2009/01/15/321166
79. 14 CFR 33.76-Bird ingestion；http://cfr.vlex.co/vid/19560094
80. USATODAY.com；http://www.usatoday.com/travel/flights/2009-01-19-plane_N.htm
81. Significant Bird Strike to Aircraft；http://www.birdstrike.org/commlink/signif.htm
82. Final Rule, Engine Bird Ingestion Airworthiness Standards；http://www.aviation-safety-security.com/November-2007
83. CNN.com
84. asahi.com
85. geology.com
86. NTSB 資料（ANC90FA020）
87. VAAC
88. Wikipedia
89. Macarthur Job, "Air Disaster Vol.2", Aerospace Publications Pty Ltd, March 1996

90. NHK教育TV「時の記録—NHKスペシャル選『謎のエンジン停止—ジェット機と巨大噴火』」1999.11.20 放映

91. Aviation Week & Space Technology, September 6, 2010

92. EASA Airworthiness Directive AD No.2010-0008, Date：15 January 2010

93. Flightglobal. com 2010/08/31

94. Aviation Week & Space Technology, November 1/8, 2010

95. "In-flight uncontained engine failure overhead Batam Island, Indonesia 4 November 2010, VH-OQA Airbus A380-842", ATSB Transport Safety Report, Aviation Occurrence Investigation AO-2010-089 Preliminary, December 2010

96. EASA Airworthiness Directive AD No.2010-0242R1, Date：21 December 2010

97. "Four Recent Uncontained Engine Failure Events prompt NTSB to issue Urgent Safety Recommendations to FAA", NTSB News for immediate release：May 27, 2010, SB-10-20,

98. 「こうくうあんぜんにゅーす—Boeing 747-438 型機のエンジン部品飛散事故」航空技術、日本航空技術協会、2012、p.42

99. Airbus Press Release, December 1, 2010

100. Airbus Press Release, January 11, 2011

101. Airbus Press Release, January 17, 2011

102. Flightglobal.com, 2011.3.10

103. Aviation Week & Space Technology, April 11, 2011

104. Airbus Press Release, December 1, 2010

105. Airbus Press Release, January 11, 2011

106. Airbus Press Release, January 17, 2011

107. Aviation Week & Space Technology 各号

108. Flight International 各号

109. 各社のプレス発表

110. Aviation Week & Space Technology, July 26, 1993, p.40

111. Flight International 9-15 October 2007

112. Flight International 20-26 November 2007

113. C. Riegler, C. Bichlmaier, MTU, "The Geared Turbofan Technology - Opportunities, Challenges and Readiness Status", http://www.mtu.de/en/technologies/engineering_news/Riegler.pdf

114. Aviation Week & Space Technology, May 12, 2008

115. http://www.ecare-sme.org/plus/download/10_DREAM.pdf, DREAM-valiDation of Radical Engine Architechture systems, Rolls-Royce

116. http://www.cleansky.eu, Nick Peacock, "CLEANSKY TAKE-OFF, 5　Feb. 2008 Engine ITD-Key deliverable"

117. 白鳥義三郎「想像された未来の都市」「勝手な想像をやめて、科学的に考えると未来の都市はどうなるか」子供の科学、誠文堂新光社、1930

118. Jeffery L. Ethell, "Fuel Economy In Aviation", NASA SP-462, Scientific and Technical Information Branch, NASA, 1983

119. "New Engine Series Stresses Efficiency",Aviation Week & Space Technology, May 30, 1983

120. "Model CF6-80C2", http://www.geaviation.com/engines/commercial/cf6.html

121. Keith F. Mordoff, "PW4000 Uses JT9D, New Technology", Aviation Week & Space Technology, March 28, 1983

122. PW4000 Engine Family, http://www.pratt-whitney.com/Commercial_Engines

123. "CFM56 Engine Family", CFMI 社カタログ

124. 「航空機エンジン国際共同開発　30 年の歩み」、（財）日本航空機エンジン開発協会、2011

125. 石澤和彦「発展型 V2500 ターボファンエンジンの開発」日本航空宇宙学会誌、第 41 巻　第 479 号、1993

126. "The GE90 Engine Family", http://www.geaviation.com/engines/commercial/ge90/

127. "The GP7200 Engine", http://www.geaviation.com/engines/commercial/gp7000/

128. "The GEnx Engine Family", http://www.geaviation.com/engines/commercial/genx/

129. "GE Aviation GEnx a product of ecomagination", GE 社パンフレット

130. http://www.geae.com/education/thater/genx/

131. "Rolls-Royce Trent",（Trent 500, 700, 800, 900, 1000）http://en.wikipedia.org/wiki/Rolls-Royce_Trent（Trent_500,_700,_800,_900,_1000）

132. Trent 500, 700, 800, 900, 1000, XWB, http://www.rolls-royce.com/civil/products/largeaicraft/trent_500,_700,_800,_900,_1000,XWB

133. Max Kingsley-Jones and Tim Bicheno-Brown, "A350 Ready to Roll", Flight International 9-15, June 2009

134. S.F.Powel IV, "On the Leading Edge：Combining Maturity and Advanced Technology on the F404 Turbofan Engine", ASME 90-GT-149, June 11-14, 1990

135. L. Larson, L.B. Veno, and W.J. Daub, "Development of the F404/RM12 for the JAS 39 Gripen", ASME 88-GT-305, June 6-9, 1988

136. http://www.globalsecurity.org/military/systems/aircraft/systems/f414.htm

137. "Model F414", http://www.geaviation.com/engines/military/f414/

138. http://www.pratt-whitney.com/F119_Engine

139. http://www.pratt-whitney.com/F135_Engine

140. http://www.geae.com/engines/military/f136/background.html

141. http://en.wikipedia.org/wiki/General_Electric/Rolls-Royce_F136

142. Jean Christophe Corde, "SNECMA M88 Engine Development Status" ASME 90-GT-118, June 11-14, 1990

143. "Dassault Rafale", http://en.wikipedia.org/wiki/Dassault_Rafale

143. "Eurojet Turbo GmbH-Technology", http://www.eurojet.de/en/

144. "EJ200", http://www.rolls-royce.com/defence/products/combat_jets/ej200.jsp

145. "Europrop International TP400-D6", http://www.europrop-int.com

146. Launa D.Barboza and Alan W. Moffatt, "The V-22 Osprey-Propulsion System Supportability in a Joint Development Program", AIAA-88-2797, July 11-13, 1988

147. John R. Arvin, "Development of the T406-AD-400 Oil Scavenge System for the V-22 Aircraft, 88-GT-297, June 5-9, 1988

148. 航空エンジン事業部 F3 エンジン部「F3-IHI-30 ターボファンエンジンの開発」石川島播磨技報第 27 巻第 1 号、1987

149. Stanley W. Kandebo, "Pratt & Whitney Starts New ADP Test Phase" Aviation Week & Space Technology, July 26, 1993, p.40

150. Rob Coppinger / Graham Warwick, "GTF Programme gets CLEAN Approach", Flight International 9-15 October 2007

151. Graham Warwick, "Geared turbofan to power CSeries", Flight International 20-26 November 2007

152. http://www.nasa.gov/topics/aeronautics/features/future_airplanes.html
153. http://www.enginealliance.com
154. Bob Burnett, "A Boeing-led team is working to make quiet jetliners even quieter", Boeing Frontiers Online, December 2005/January 2006, Vol.04, Issue 8
155. "Boeing Quiet Noise Technology Initiatives", Backgrounder, Boeing Commercial Airplanes Communications, 206-766-2949, April 2007
156. Guy Norris/Los Angeles, "Wearing Chevrons", Flight Global, http://www.flightglobal.com/news/articles/wearing-chevrons-203087
157. P&W Press Release, http://www.pratt-whitney.com/2011/10_oct/10-12-2011_00000.asp
158. 日本航空技術協会編集部「LEAP エンジンの概要」航空技術、日本航空技術協会、2012
159. Leap-X_PW1000G, Aviation Week@aviationweek.com
160. Pure Power Engine Family Specs Chart http://www.pratt-whitney.com/Content/PurepowerPW1000G_Engine/pdf/B-1
161. P.V. Arszman, ATEEG, "The Leading Edge", Summer 1989, GE Aircraft Engines
162. "IHPTET, Affordable, Robust, High Performance Turbine Engine", IHPTET のパンフレット
163. AIAA Air Breathing Propulsion Technical Committee, "The Versatile Affordable Advanced Turbine Engine (VAATE) Initiative", AIAA, January 2006
164. "RB199-Power for the Tornedo", Rolls-Royce, RB199 fact sheet, http://www.rolls-royce.com/defence_aerospace/products/combat/rb199/default.j

●航空技術「飛行機 Now & Then」よりの引用・抜粋

<第2章>

エピソード　日本初のジェットエンジン・ネ 20 の意外な功績：(41)「日本初のジェットエンジン・ネ 20 の意外な功績」2005 年 12 月号

<第3章>

3.2　ジェットエンジンのベストセラー出現（GE 社 J47）：(90)「ベストセラー（J47 ターボジェット）」2010 年 1 月号

3.3　第 2 次世界大戦後ジェットエンジンに参画した国々（1）フランス：(118)「フランスのジェットエンジン」2012 年 5 月号

3.3　第 2 次世界大戦後ジェットエンジンに参画した国々（2）ロシア（旧ソ連）：(121)「ソ連（ロシア）の初期のジェットエンジン」2012 年 8 月号

3.5　超音速飛行を可能にしたエンジン（J57）：(92)「初めて超音速飛行を可能にしたエンジン（J57）」2010 年 3 月号

3.6　マッハ 2 を目指して開発されたエンジン（GE 社 J79）：(98)「マッハ 2 を目指して開発されたエンジン（J79）」2010 年 9 月号

3.8　回転翼機の発展を促進したターボシャフトエンジン（1）ヘリコプター専用ターボシャフトエンジンの開発：(70)「ターボシャフトエンジン（回転翼機の発展を促進）」2008 年 5 月号

3.8　回転翼機の発展を促進したターボシャフトエンジン（2）信頼されたターボシャフトエンジン－ GE 社 T58：(87)「信頼されたターボシャフトエンジン－T58」2009 年 10 月号

3.8　回転翼機の発展を促進したターボシャフトエンジン（3）フランスでのターボシャフトエンジンの発展：(72)「ターボシャフトエンジン－フランスでの発展」2008 年 7 月号

3.9　大型ターボプロップエンジンの開発も盛ん：(45)「大型ターボプロップエンジン」2006 年 4 月号

3.10 T64 ターボプロップエンジンー国産エンジン開発の陰に：(102)「国産エンジン開発の陰に ーT64 ターボプロップエンジン」2011 年 1 月号

3.11 成功したユニークな設計の小型エンジン（1）アリソン（ロールスロイス）モデル 250：(82) 「成功したユニークなエンジン」2009 年 5 月号

＜第 4 章＞

4.2 創成期の頃のターボファンエンジン（次項を除く）：(62)「創成期の頃のターボファンエン ジン」2007 年 9 月号

4.2 創成期の頃のターボファンエンジン　■GE 社ーアフトファンエンジン盛衰記：(59)「後ろ か前か？（アフトファンエンジン盛衰記）」2007 年 6 月号

＜第 5 章＞

5.2 超大型輸送機 C-5A の開発で誕生した高バイパス比ターボファン TF39：(49)「高バイパス 比エンジンの発展」2006 年 8 月号

挿話 スペーシャス時代の盛衰：(84)「スペーシャス時代」2009 年 7 月号

5.4 ロッキード「トライスター」で実用化された 3 軸式ターボファン RB211（2）3 軸式と 2 軸 式ターボファンの比較：(109)「多軸式エンジン」2011 年 8 月号

5.4 ロッキード「トライスター」で実用化された 3 軸式ターボファン RB211（3）3 軸式エンジ ンの変わり種：(57)「エンジン変り種」2007 年 4 月号

＜第 6 章＞

挿話 大エンジン戦争（Great Engine War）：(122、123)「大エンジン戦争（前、後編）」2012 年 9、 10 月号

＜第 7 章＞

7.3 SST（超音速輸送機）の開発競争（1）（C）「コンコルド」の終焉：(11)「コンコルド運行終 了の報に接して」2003 年 6 月号

挿話「バルカン」XH558 号の復活：(86)「バルカン」2009 年 9 月号

＜第 8 章＞

8.3 第 4 世代の民間エンジンの出現（i）CF34、対潜哨戒機からリージョナル機のエンジンへの 変身：(105)「対潜機からリージョナル機のエンジンへ（TF34/CF34）」2011 年 4 月号

8.5 近代的なターボプロップ／ターボシャフトエンジンの出現　■TP400-D6：(45)「大型ター ボプロップエンジン」2006 年 4 月号

8.5 近代的なターボプロップ／ターボシャフトエンジンの出現　■V-22「オスプレイ」のエン ジン（AE1107-1 ターボシャフト）：(110)「ティルトローター（V-22「オスプレイ」）」2011 年 9 月号

＜第 9 章＞

9.1 飛行機の音（2）騒音対策：(32)「飛行機の音」2005 年 3 月号、(116)「シェブロンノズル」 2012 年 3 月号

9.2 飛行機の煙（2）目に見えない煙（排ガス）：(35)「飛行機の煙」2005 年 6 月号、(49)「青 空イコール暗い夜空と限らず」2009 年 1 月号

9.2 飛行機の煙（3）CO_2 削減と地球温暖化対策：(51)「温暖化 vs 高温化」2006 年 10 月号

挿話 地球規模の環境破壊の心配：(67)「環境雑感」2008 年 2 月号

＜第 10 章＞

10.1 設計／開発技術の進歩（2）設計／解析技術の進歩：(24)「設計技術の進歩」2004 年 7 月号

10.2 二次空気（副次的でない重要なもの）：(28)「二次空気（副次的でない重要なもの）」2004 年 11 月号

10.3 テーラー・メイドのエンジン：(31)「テイラー・メイドのエンジン」2005 年 2 月号

10.4 継続は力なり：(65)「継続は力なり」2007 年 12 月号
10.5 鳥の吸込み：(80)「鳥の吸込み」2009 年 3 月号
10.6 火山噴火と航空エンジン：(95)「火山噴火と航空エンジン」2010 年 6 月号
10.7 アンコンテインド・エンジン・フェイリャー：(103)「アンコンテインド・エンジン・フェ
　　 イリャー」2011 年 2 月号
＜第 11 章＞
11.1 燃料の節約（低燃費）への傾向が強まる：(113)「節約（低燃費）」2011 年 12 月号
11.2 リエンジンか、オールニューかー150 席級旅客機の後継機問題：(94)「賑やかになってきた
　　 後継機計画」2010 年 5 月号、(107)「リエンジンかオールニューか」2011 年 6 月号、(114)「リ
　　 エンジンでゴー」2012 年 1 月号
11.3 ギアドファン：(66)「ギアドファン」2008 年 1 月号
挿話 ギアドファンでビジネス機を育てた TFE731 エンジン：(117)「ビジネス機を育てた
　　 TFE731 エンジン」2012 年 4 月号
11.4 オープンローター：(73)「オープン・ローター」2008 年 8 月号
余談 カウンターローテーション：(76)「カウンターローテーション」2008 年 11 月号
11.5 未来の航空機：(78)「昔の人が夢見た"未来都市"の交通」2009 年 1 月号

Acknowledgement

　　The author would like to express his sincere thanks to the following engine manufacturers for permission to use the images of their engines: IHI, General Electric, Pratt & Whitney, Rolls-Royce, Snecma, Engine Alliance, Turbo-Union and Eurojet.

　　The author also would like to express his sincere thanks to the following museums for permission to use the photographs, taken by himself, of their exhibits:
The Smithsonian National Air and Space Museum
The National Museum of the U. S. Air Force
The Science Museum in London
The Royal Air Force Museums in Hendon and Cosford
The Imperial War Museum in Duxford
Kakamigahara Aerospace Museum

　　Unless otherwise specified, the publisher has made every effort to trace the copyright holders of all the illustrations used in this book.

あとがき

　本書は、「航空技術」のコラム欄「飛行機Now & Then」の記事約120本の中から、エンジンに関係するものを抽出して『ジェットエンジン史の徹底研究』として集大成するべく、執筆内容の再検討や大幅な加筆等を行ない、まとめたものである。このコラム欄は連載とはいえ、時宜に応じた話題としていろいろなエンジンのエピソードを書いてきたので、話題が断続的にならざるを得ず、時系列的に整理してまとめるため前後のつながりを調整し、抜けや、重複をなくすように努めた。話題とすべきエンジンも幅広く選ぶようにし、特にエンジンメーカーについては極力平等に扱うようにしたが、航空史を書き換えるような顕著な貢献をした機種を中心にまとめる方針としたことに加え、読者にとっても興味のありそうなエンジンに絞ったので、話題の範囲はある程度限定されたものになってしまったのはやむを得ないと感じている。

　コラム欄を書いた10年間という、この限られた期間を見ただけでも航空技術や業界の変化も大きく、コラム欄執筆時点では未来形か進行形であったものが、過去形になっていたり、なかには消えてしまったりしたものもあった。

　ジェットエンジンの歴史を振り返ると、ようやく推力を出せるか出せないかという初期の時代にジェットエンジンとしての形態はほぼ決まってしまい、その後は圧力比、タービン入口温度、バイパス比、各要素効率の向上およびそれらを可能にした設計技術、材料技術、冷却技術、加工技術の進歩によっていくつかの段階を踏んで飛躍的に発展してきた。また、その発展と裏腹に環境に対する影響も深刻となり、騒音対策や排ガス対策技術も発達して、高性能ながら地球に優しいエンジンに向けて絶え間なく進歩が続けられている。また、ジェットエンジン技術の進歩は、特にコンピューターの発達によるところが大きいことも注目される。

　ジェットエンジンの発達過程において、朝鮮戦争を始まりとして、東西冷戦時代、ベトナム戦争、湾岸戦争、アフガニスタンやイラクでの戦争など、不幸にしていくつかの戦争があったが、これら実戦の経験を基に航空機もジェットエンジンも、その要求に応えられるような発展を遂げたことは否めない事実である。しかし、それによって進歩させられた技術は形を変えて民間用のジェットエンジン（ターボファン）に応用され、燃費の少ない経済的で環境に優しい旅客機を発展させてきたといえる。また、その逆のこともいえる。

　ジェットエンジンの開発には多くのリソースと時間がかかり、かつ、リスクが大きいという特徴がある。それが国際共同開発を活発にしている一つの要因であるが、同じくらいに重要なこととして、いったん開発に成功したエンジンは、その基本形を執拗に踏襲しながら、段階的に圧力比やタービン入口温度を向上させて発展型を開発し、同系列エンジンによるファミリー化を図っていることである。これにより新規開発をした場合

よりリスクを軽減することが可能となる。さらに、ジェットエンジン（ガスタービン）の大きな利点として、ファン、圧縮機、燃焼器、タービンなどエンジンの主要要素を、常に時代の先端を行く技術を適用して、単独に開発をしておけば、必要なときにこれらの要素のサイズを適切に調整することによって、その時代の要求に応じた任意のジェットエンジンを構築できることである。特に高圧圧縮機、燃焼器および高圧タービンからなるコアエンジン（ガスジェネレーター）を常に先進的なレベルに保つような研究開発を継続することが、その後のエンジン開発にとって最も重要なことである。エンジン先進各国では国策的にこの種の研究開発に力を入れているところが多い。

　いくつかの紆余曲折を経ながらも航空輸送は増加の一途である。運航経済性のための低燃費化のみならず、地球温暖化対策のためのCO_2削減の要求から、エンジンの高温化、高圧力比化、高バイパス比化などはさらに進むものと考えられる。しかし、今日のエンジン形態で、その限界に達した時には、オープンローターやクラスターエンジン、さらには電気エンジンなど、まったく新しい概念のエンジンが出現するかも知れない。

　航空機の出現からようやく100余年、ジェットエンジン時代に入ってからはわずか70余年、人類の歴史の長さから見てもほんの短時間である。まして地球の歴史から見れば一瞬の間である。化石燃料の消費、大気汚染や地球温暖化、さらには放射能汚染などによりその一瞬の間に航空機も飛べないなどという星にしてしまわないよう、切に願うところである。

　ジェットエンジン開発技術者として長年従事してきた筆者にとって、様々な技術革新の過程や、国産ジェットエンジンの奮闘の様子を目の当たりにしてきた経験は、貴重なものであったと考えており、日本のメーカーの今後のさらなる飛躍を願わずにはいられない。新たな技術開発には、先人の歩んできた足跡を知ることもとても重要である。これからを担う若い技術者の方々をはじめ、多くの方々にご覧いただければ幸いである。

　最後に、この本の出版を企画していただいたグランプリ出版の小林謙一氏、編集作業を担当していただいた山田国光氏と木南ゆかり氏、およびコラム欄「飛行機Now & Then」からの引用の便宜を図っていただいた日本航空技術協会の山縣伸行事業推進部部長に厚くお礼を申し上げたい。また、エンジンの写真やカット図などの資料の使用を快く許諾していただいたIHI、ジェネラル・エレクトリック、プラット・アンド・ホイットニー、ロールスロイス、スネクマ、エンジン・アライアンス、ターボユニオンおよびユーロジェットなどエンジンメーカー各社に深く感謝する。さらに、筆者の撮影した写真の使用をお許しいただいた、かかみがはら航空宇宙科学博物館、国立米国空軍博物館、ロンドン科学博物館等の各博物館にもお礼を申し上げたい。その他、資料等の使用に当たっては著作権等に最大限の注意を払っていることを申し添えたい。

石澤和彦

著者略歴

石澤　和彦（いしざわ・かずひこ）

1937年4月10日〜2015年11月16日。
大学卒業後、1961年石川島播磨重工業(IHI)航空宇宙事業部に入社。F104J戦闘機用J79エンジンの組立指導を担当。1966年よりP-2J対潜哨戒機およびPS-1飛行艇用T64エンジンの改良設計に携わる。1972年よりエンジン騒音対策調査・試験、将来機種の技術および市場動向調査を担当。1980年よりT-4中等練習機用F3-30エンジンの開発でチーフエンジニアを経て技術部長。1988年より技術部長として防衛庁向け全エンジンの技術統括を務める。1991年より日本航空機エンジン協会(JAEC)の技術部長としてV2500の開発における技術統括。1994年よりIHI航空宇宙事業本部 技術開発 事業部長としてエンジンの研究開発の統括。1997年より2000年まで超音速輸送機用推進システム技術研究組合 常務理事としてHYPR/ESPRの技術統括。
航空ジャーナリスト協会会長、日本ガスタービン学会、日本航空宇宙学会、日本機械学会(永年会員)、AIAA等の会員。学会賞受賞3回。著書に『海軍特殊攻撃機　橘花—日本初のジェットエンジン・ネ20の技術検証』、および『破壊された日本軍機　TAIU(米航空技術情報部隊)の記録・写真集』(Robert C. Mikesh著"Broken Wings of the Samurai"の翻訳・新訂)(ともに三樹書房)のほか、日本航空技術協会の月刊誌「航空技術」のコラム欄「飛行機Now & Then」を2002年8月から連載執筆。

ジェットエンジン史の徹底研究
基本構造と技術変遷

著　者	石澤和彦	
発行者	山田国光	
発行所	株式会社グランプリ出版	
	〒101-0051　東京都千代田区神田神保町1-32	
	電話 03-3295-0005㈹　FAX 03-3291-4418	
	振替 00160-2-14691	
印刷・製本	モリモト印刷株式会社